编程之美

—— 微软技术面试心得

《编程之美》小组 著

电子工业出版社
Publishing House of Electronics Industry
北京·BEIJING

内 容 简 介

本书收集了约 60 道算法和程序设计的题目，这些题目大部分在微软的笔试、面试中出现过，有的曾被微软员工热烈地讨论过。作者试图从书中各种有趣的问题出发，引导读者发现问题、分析问题、解决问题，寻找更优的解法。本书内容分为以下几个部分。

游戏之乐：从游戏和其他有趣问题出发，化繁为简，分析总结。

数字之魅：编程的过程实际上就是和数字及字符打交道的过程。这一部分收集了一些好玩的对数字进行处理的题目。

结构之法：汇集了常见的对字符串、链表、队列以及树等进行操作的题目。

数学之趣：列举了一些不需要写具体程序的数学问题，锻炼读者的抽象思维能力。

书中绝大部分题目都提供了详细的讲解。每道题目后面还有一至两道扩展问题，供读者进一步钻研。

书中还讲述了面试的各种小故事，告诉读者微软需要什么样的技术人才，重视什么样的能力，如何甄别人才，并回答了读者关于 IT 业面试、招聘、职业发展的疑问。这本书的很多题目会出现在 IT 行业的各种笔试和面试中，但本书更深层的意义在于引导读者思考，和读者共享思考之乐、编程之美。

未经许可，不得以任何方式复制或抄袭本书之部分或全部内容。

版权所有，侵权必究。

图书在版编目（CIP）数据

编程之美：微软技术面试心得 /《编程之美》小组著. —北京：电子工业出版社，2018.11

ISBN 978-7-121-33782-6

Ⅰ．①编… Ⅱ．①编… Ⅲ．①程序设计 Ⅳ.①TP311.1

中国版本图书馆 CIP 数据核字(2018)第 038905 号

责任编辑：刘 皎
印　　刷：北京天宇星印刷厂
装　　订：北京天宇星印刷厂
出版发行：电子工业出版社
　　　　　北京市海淀区万寿路 173 信箱　邮编：100036
开　　本：787×980　1/16　印张：22.75　字数：400 千字
版　　次：2018 年 11 月第 1 版
印　　次：2023 年 3 月第 11 次印刷
定　　价：79.00 元

凡所购买电子工业出版社图书有缺损问题，请向购买书店调换。若书店售缺，请与本社发行部联系，联系及邮购电话：（010）88254888，88258888。

质量投诉请发邮件至 zlts@phei.com.cn，盗版侵权举报请发邮件至 dbqq@phei.com.cn。

本书咨询联系方式：010-51260888-819，faq@phei.com.cn。

推荐序

我在卡内基梅隆大学毕业找工作的时候，经常和其他同学一起交流面试的经验。当时令求职者"闻面色变"的公司有微软，研究所有 DEC 的 SRC。每次有同学去微软或 SRC 面试，回来的时候都会被其他同学追问有没有什么有趣的面试题。我也是那时第一次听说"下水道井盖为什么是圆的"这一问题。

我自己申请加入微软美国研究院时被面试了两天，见了 15 个人，感觉压力很大。至今还记得当有一位面试者不断追问我论文中一个算法的收敛性时，我们进行了热烈讨论。在微软工作的十几年中，我自己也面试了非常多的新员工。特别在微软亚洲研究院的 9 年，经常感觉很多刚刚毕业的优秀学生基础很好，但面试的准备不足。我非常欣慰地看到邹欣工程师和微软亚洲研究院其他同事们努力编写了这本好书，和大家一起分享微软的面试心得和编程技巧。相信更多的同学会因此成为"笔霸"、"面霸"，甚至"offer 霸"。

程序虽然很难写，却很美妙。要想把程序写好，需要学好一定的基础知识，包括编程语言、数据结构和算法。程序写得好的人通常都有缜密的逻辑思维能力和良好的数理基础，而且熟悉编程环境和编程工具。古人说"见文如见人"，我觉得程序同样也能反映出一个人的功力和风格，好的程序读来非常赏心悦目。我以前常出的一道面试题是"展示一段自己觉得写过的最好的程序"。

编程很艰苦，但是很有趣。本书的作者们从游戏中遇到的编程问题谈起，介绍了数字和字符串中的很多技巧，探索了数据结构的窍门，还发掘了数学游戏的乐趣。我希望读者在阅读本书时能找到编程的快乐，欣赏到编程之美。本书适合计算机学院、软件学院、信息学院高年级本科生、研究生作为软件开发的参考教材，也是程序员继续进修的优秀阅读材料，更是每位申请微软公司和其他公司软件工程师之职的面试必读秘笈。

人类的生活因为优秀的程序员和美妙的程序而变得更加美好。

沈向洋

微软公司杰出工程师
微软公司全球资深副总裁
2008 年春节于香港

序

一位应聘者（interviewee）在我面前写下了这样的几行程序：

```
while (true) {
  if (busy)  i++;
  else
}
```

然后就陷入了沉思，良久，她问道："那 else 怎么办？怎么能让电脑不做事情呢？"

我说："对呀，怎么才能让电脑闲下来？你平时上课、玩电脑的时候有没有想过？这样吧，你可以上网查查资料。"

她很快地在搜索引擎中输入"50% CPU 占用率"等关键字，但是搜索并没有返回什么有用的结果。

在她忙着搜索的时候，我又看了一遍她的简历，从简历上可以看到她的成绩不错，她学习了很多程序设计语言，也研究过"设计模式""架构""SOA"等，她对 Windows、Linux 也很熟悉。我的面试问题是："如何写一个短小的程序，让 Windows 的任务管理器显示 CPU 的占用率为 50%？"这位应聘者尝试了一些方法，但是始终没有写出一个完整的程序。面试的时间到了，她看起来比较遗憾，我也一样，因为我还有一系列的后续问题没有机会问她：

- 如何能通过命令行参数，让 CPU 的使用率保持在任意位置，如 90%？
- 如何能让 CPU 的使用率表现为一条正弦曲线？
- 如果你的电脑是双核（dual-core CPU）的，那么你的程序会有什么样的结果？为什么？

自从 2005 年回到微软亚洲研究院后，我面试过不少应聘者，作为面试者，我最希望看到应聘者给出独具匠心的回答，这样我也能从中学到一些"妙招"。遗憾的是看到"妙招"的时候并不多。

我也为微软校园招聘出过考题，走访过不少软件学院，还为员工和实习生做过培训。我了解到不少同学认为软件开发的工作没意思，是"IT 民工""软件蓝领"。我和其他同事也听到一些抱怨，说一些高校计算机科学的教育只停留在原理上，忽视了对原理和技术的理解和运用。

写程序真的没有意思吗？为什么许多微软的员工和软件业界的牛人乐此不疲？我和一些喜欢编程的同事和实习生创作编写了这本书，我们希望通过分析微软面试中经常出现的题目，来展示编程的乐趣。编程的乐趣在于探索，而不是在于背答案。面试的过程就是展现分析能力、探索能力的过程，在面试中展现出来的巧妙的思路、简明的算法、严谨的数学分析就是我们这本书要谈的"编程之美"。

有时候会有同学问："你们是不是有面试题库？"言下之意是每个应聘者都是从"库"中随机抽出一道题目，如果答对了，就中了；如果答错了，就 bye-bye 了。书中有一些关于面试的问答，我想它们可以回答这样一些疑惑。

本书的题目，一部分源自各位作者平时想出来的，例如，有一次一位应聘者滔滔不绝地讲述自己如何在某大型项目中进行 CPU 的压力测试，听上去水分不少，我一边听一边琢磨"怎样才能考察一个人是否真正懂了 CPU，任务调度……"，后来就有了上面提到的"CPU 使用率"的面试题。有些题目来自于平时的实践和讨论，比如一些和游戏相关的题目。有些题目是随手拈来，比如我看到朋友的博客上有一道面试题，自己做了一下，发现自己的解法并不是最优的，但是，倒是可以作为一个面试题的题目，第 2 章的"程序理解和时间分析"就是这么得来的。书中有些题目在网上流传较广，但是网上流传的解法并不是正解，我们在书中加上了详细的分析，并提出了一些扩展问题。还有一些题目在教科书和专业书籍中有更深入的分析和解答，读者可以参考。

书中的大多数题目都能在 45 分钟内解决，这也是微软一次技术面试的时间。本书不是一个"答案汇编"，很多题目并没有给出完整的答案，有些题目还有更多的问题要读者去解答，这是本书和其他书籍不一样的地方。面试不是闭卷考试，如果大家都背好了"井盖为什么是圆的"的答案来面试，但是却不会变通，那结果肯定是令人失望的。

为了方便读者评估自己的水平，我们还按照每道题目的难度制定了相应的"星级"：

- 一颗星：不用查阅资料，在 20 分钟内完成；

- 两颗星：可以在 40 分钟内完成；

- 三颗星：需要查阅一些资料，在 60 分钟内完成。

由于每个人的专业背景、经历、兴趣不一样，这种"星级"仅仅是一种参考。

作者们水平有限，书中的题目并不能代表程序设计各个方面的最新进展，虽然经过几轮审核，不少解法仍可能有漏洞或错误，希望广大读者能给我们指正。我们已在微软亚洲研究院的门户网站（www.msra.cn）上开辟专栏（www.msra.cn/bop）和读者交流——初学者和高手都非常欢迎！

本书的内容分为下面几个部分。

- **游戏之乐**：电脑上的游戏是给人玩的，CPU 也可以让人"玩"。这一部分的题目从游戏和作者平时遇到的有趣问题出发，展现一些并不为人重视的问题，并且加以分析和总结。希望其中化繁为简的思路能够对读者解决其他复杂问题有所帮助。
- **数字之魅**：编程的过程实际上就是和数字及字符打交道的过程。如何提高掌控这些数字和字符的能力对提高编程能力至关重要。这一部分收集了一些好玩的对数字进行处理的题目。
- **结构之法**：对字符及常用数据结构的处理几乎是每个程序必然会涉及的问题，这一部分汇集了对常用的字符串、链表、队列以及树等进行操作的题目。
- **数学之趣**：书中还列了一些不需要写具体程序的数学问题，但是其中显示的原理和解决问题的思路对于提高思维能力还是很重要的，我们把它们单独列出来。
- **关于笔试、面试、职业选择的一些问答**：微软的面经，各种技术职位的介绍是很多学生所关心的内容，因此我们把一些相关的介绍和讨论也收录了进来。

我们希望《编程之美》的读者是：

1. 大学计算机系、软件学院或相关专业的大学生、研究生，可以把这本书当作一个习题集；

2. 面临求职笔试、面试的 IT 从业人员，不妨把这本书当作"面试真题"，演练一下；

3. 编程爱好者，平时可以随便翻翻，重温数学和编程技能，开拓思路，享受思考的乐趣。

《编程之美》由下面几位作者协同完成，如果把这本书的写作比作一个软件项目，它有下面的各个阶段，每个阶段则有不同的目标和角色。

1. 构想阶段：邹欣。
2. 计划阶段：邹欣、刘铁锋、莫瑜。
3. 实现阶段/里程碑（一）：上述全部人员，加上李东、张晓、陈远、高霖（负责封面设计）。
4. 实现阶段/里程碑（二）：上述全部人员，加上梁举、胡睿。
5. 稳定阶段：上述全部人员，加上博文视点的编辑们。
6. 发布阶段：邹欣、刘铁锋和博文视点的编辑们。

这本书从 2007 年 2 月开始构思，到 2007 年 11 月底交出完整的第一稿，花费的时间比每一位作者预想的要长得多，一方面是大家都有日常的工作和学习任务要完成；更重要的是，美的创造和提炼，是一个漫长和痛苦的过程。要把"编程之美"表达出来，不是一件容易的事，需要创造力、想象力和持久的艰苦劳作。就像沈向洋博士经常讲的一句话——Nothing replaces hard work。

这本书的各位作者，都是利用自己的业余时间参与这个项目的，他们的创造力、热情、执着和专业精神让这本书从一个模糊的构想变成了现实。 通过这次合作，我从他们那里学到了很多，借此机会，我对所有参与这个项目的同仁们说一声：谢谢！

在本书编写过程中，作者们得到了微软亚洲研究院的许多同事的帮助，具体请参见"致谢"。

我们希望书中展现的题目和分析，能像海滩上美丽的石子和漂亮的贝壳那样，反映出造化之美，编程之美。

邹欣

2007 年 11 月于北京

补记

一晃《编程之美》已经出版10年了，在10年之后的今天，仍然有机会再次更新序言，唯有感谢和荣幸！

重读自己10年前写的文章（http://www.broadview.com.cn/33782），"简化、持续挑战、开拓"，这三个观点依然在持续践行……在过去的10年中，我已离开微软亚洲研究院、创办海豚浏览器、并购退出，并即将开始第二次创业旅程。每一次重大决定，都代表着我的不断挑战和开拓。

回想起当年"痛不欲生"地在邹老师的"摧残"之下，一次次迭代改进，似乎暗无天日、永远没有尽头……这段经历，已经成为我用来实证"坚持努力，做足过程，成果自现"的案例。

感谢读者的认可，感谢出版社和编辑的不懈努力，才有机会让这本书再次出发！

祝每一位读者都能挑战自己的极限，开拓一片天地！

刘铁锋

2018年8月

致　谢

《编程之美》这本书从构思、编写到最后的出版，得到了许多同事和朋友的帮助。在此作者们要特别感谢以下人士。

微软亚洲研究院的多位同事热情地与我们分享了他们觉得有意思的题目，他们分别是：邓科峰、宋京民、宋江云、刘晓辉、赵爽、李劲宇、李愈胜和 Matt Scott。

感谢微软亚洲研究院技术创新组的同事梁潇、殷秋丰，他们认真审阅了所有的题目和解答，找出了不少 bug[1]。技术创新组的另外几位优秀工程师李愈胜、魏颢、赵婧还帮助我们解决了书中的几个难题。

感谢研究院的同事、著名技术作家潘爱民对我们的鼓励，他审阅了全部稿件，并且提出了不少意见。

本书的封面和插图都出自研究院的实习生高霖之手，他在 10 余个构图都被否定的情况下，坚持不懈，最后拿出了"九连环"的封面设计，得到作者和出版方的一致认同。

在本书写作的过程中，作者们各自的"老板"——杨晓松、姚麒、田江森和刘激扬都给予了不少支持，在此特表示感谢。

作者们的"老板的老板"，研究院前任院长，微软公司资深副总裁沈向洋博士，现任院长洪小文博士对本书一直很关心和支持。沈向洋博士在百忙之中还亲自为本书写了序。

1　本书残留的 bug 都是作者们的责任。

微软亚洲研究院市场部的金俊女士、葛瑜女士对本书的推广提供了很大帮助。负责 www.msra.cn 网站的徐鹏、马小宁、黄贤俊为本书设计了专栏。

感谢博文视点编辑团队。感谢在本书写作前期与我们合作过的编辑方舟，在写作后期参与合作的编辑徐定翔和李濒波。特别感谢自始至终和作者们一起工作的编辑周筠、杨绣国。他们和作者们一同构思，耐心修改，没有他们的不懈努力，以及细致的编辑和推广工作，就没有《编程之美》的成功上市。

作者

2007 年 11 月

目　录

第 2 章 数字之魅——数字中的技巧   117

面试杂谈

背景

每年从金秋九月起，校园里的广告栏中、BBS 上的招聘信息就逐渐多了起来。小飞是一名普通高校的应届计算机专业硕士毕业生，他勤奋好学，成绩中上，爱好广泛。看到身边的同学都在准备精美的简历，参加各种各样的招聘会，笔试、面试，他也坐不住了。他在 BBS 上看了各式各样的"面经"，也挤过招聘会上的人潮，长叹："行路难，行路难，好工作，今安在？"

小飞从网上了解到了有关招聘的各种术语，他整理了一个列表：

名词	解释
面经	面试的经历。
默拒	投了简历，进行了面试，但是公司从此再也没有消息，询问也不回答。
Offer	公司给学生发的入职邀请。
群殴	通常指一群人一起参加面试，一般以多对多的形式同时进行，最后总是会有人被不幸淘汰，这一过程就叫做"群殴"。
听霸	凡校内招聘演讲会都出席旁听的。
投霸	凡公司招人都投简历的。
笔霸	凡投出简历都能得到笔试机会的。
面霸	凡参加笔试都有面试通知的。
巨无霸	在招聘过程屡屡被拒、机会全无的，江湖人称"巨无霸"！
霸王面	"霸王面"指没有获得面试资格，却主动找用人单位，要求面试的人，源自吃饭不给钱的"霸王餐"，即"没机会面，创造机会也要面"。

小飞获得了一个在微软亚洲研究院实习的机会,在工作中认识了一位有丰富招聘经验的研发经理。他对经理进行了非正式的采访,希望能得到第一手的"内幕"消息。下面就是小飞整理出来的问答。小飞的问题用 Q 来标注,经理的回答用 A 标注。

典型面试

备注:在本文中,应聘者(英文为:candidate, interviewee)指应聘公司职位的学生或其他社会人士;面试者(英文为:interviewer)指公司里进行招聘和面试的人员。

Q:经理,您好。我就开门见山,能否分享一下当年您第一次去面试的故事?

A:好,大学毕业后,我进入了学校"产业办"开的公司。有一天,一家美国公司(我们姑且叫它 H 公司)来招人,这是我的第一次面试。那个公司的代表和我寒暄之后,递给我一道题目,题目大意是"写一个函数,返回一个数组中所有元素被第一个元素除的结果"。我当时还问了一些问题,以确保理解无误,所谓 clarification 是也。那位面试者简单地解释了一下,然后就在电脑上敲敲打打,也不理我了。我想这也不难,如何能显示我的功力呢?于是我就把循环倒着写 for (i=n; i>=0; i--),因为我当时看到一本 UNIX 书上是这么写的。

代码大概是这样的:

```
void DivArray(int * pArray, int size)
{
    for (int i = size-1; i >= 0; i--)
    {
        pArray[i] /= pArray[0];
    }
}
```

写完之后,他看了看就问我,你为什么要这么写循环?如果不这么写可以吗?我说,也可以呀。他问了两遍,如果正着写循环会出现什么问题。我想,能有啥问题?就把循环正着写。噢,原来陷阱在这里!你知道这个陷阱是什么吗?

Q:让我想一想,知道了,如果循环从数组的第一个元素开始,并且不用其他变量的话,在循环的第一步,第一个元素就变成了 1,然后再用它去除以其他元素,就不符合题目要求了。

A:对,同时还有另一个陷阱——看看你是否会检查除数为零的情况,以及对参数的检查,等等。

Q：这不是很简单吗？一会儿就写完了。

A：面试题大多数不难，但是通过观察应聘者写程序的实际过程，面试者可以看出应聘者的思维、分析、编程能力。面试者一般还会有后面几招留着。比如，如果你要测试刚才写的这个函数，你的测试用例有多少？或者改变一些条件，能否做得出来？

Q：很多人说，面试是一个不公平的游戏，因为信息不对称。比如：面试者知道问题的答案，而应聘者不知道，面试者知道今年公司要招几个人，而应聘者不知道。

A：但是，应聘者手头有几个 Offer，面试者也不知道。应聘者是否喜欢公司提供的职位和薪酬，面试者也不知道。一方面，应聘者在"求"职，另一方面，面试者也在"求"才。面试也是一个增进双方互相了解的有效途径。

既然扯到了"信息不对称"，我再讲一个我的故事。当年 H 公司来我校面试的时候，我对 H 公司的了解仅限于 H 公司捐赠给我们计算机系的一个有些过时的小型机系统。我想，这个 H 公司是不是还有一些新东西？那时候还没有互联网，于是我就托人借了几本原版的 *Byte* 杂志来看，那是很厚的一本杂志，非常多的广告，看了半天，夹在杂志中的小广告掉了一地。我只看到杂志对 H 公司新出的一个桌面管理软件"NewWave"的评价，我琢磨了半天，大概搞懂了这是一个什么东西，市场上还有什么竞争对手，等等。

过了两天，面试开始了，对方端坐在沙发里问"你对我们 H 公司有何了解？"我先说了 H 公司的小型机系统，然后说，"By the way，我还了解了 NewWave"。于是我把看到的东西复述了一下。没想到对方坐直了身子，说这个 NewWave 就是他曾经领导的项目。于是我就根据杂志上的描述问，"您怎么看某某竞争产品？"他很兴奋地跟我谈了 NewWave 是如何的领先，等等。后来我们又聊了不少相关的东西。

最后所有人面试结束之后，我们的领导说，美方觉得我很突出，知道不少东西，包括 NewWave，口语也很好。领导就要求我给所有人都介绍一下 NewWave，我只好把看到的东西又复述了一次。不久，H 公司过来面试的另一个经理不解地对我们领导说："为什么你们这么多人知道 NewWave？"

前不久，我在面试的时候问一位同学，"你对微软亚洲研究院有什么了解？"他说，"没啥了解，昨天打电话叫我来面试，我就来了……"对于这样的同学，信息的确是非常不对称，那他吃亏也是难免的了。还有一位在面试中发挥得很不好的同学跟我说，他特地没有做任何准备，因为他想显示他的"raw talent"……

Q：关于 Test（测试）的职位，有没有一些典型的题目呢？

A：有哇，典型的题目如给你一支笔，让你说说你如何测试——据说要测试 12 个方面；再比如判断一个三角形的特性（直角、钝角、锐角、等腰）——据说有 20 多个测试用例，这是要考察大家思考问题的全面程度和逻辑分析能力（测试用例见 4.8 节"三角形测试用例"）。

Q：网上有些非常流行的问题，都号称是从大公司流传出去的，是真的吗？

A：对，是有一些题目比较常见，例如"下水道的井盖为什么是圆的"，还有一个问题一度非常流行，据说早期应聘 PM（Program Manager 程序经理）职位的应聘者大多曾碰到这个题目：

房间里有三盏灯，屋外有三个开关，分别控制这三盏灯，只有进入房间，才能看到哪一个电灯是亮的。请问如何只进入房间一次，就能指明哪一个开关控制哪一个灯？

传说在晚上，微软一些会议室的灯忽明忽灭，就是一些还没有搞懂的同事们在实地钻研。

Q：我大概了解了 Dev/PM/Test 这三种工作的典型面试题，那么这些题目的答案别人都知道了，还怎么面试呢？

A：对，会有不少题目流传出去，这本来无妨。但是一些人知道答案之后，就开始背诵，或者原封不动地拿它去面试应聘者，忘了"知道答案"和"能做一个好员工"的关系。知道了题目的答案，就能做一个好的开发人员、项目经理，或者销售经理吗？一个极端的情况会是：公司里每一个人都知道哪盏灯是由哪一个开关控制的，如何测试三角形的类别等，但是这个公司真能从此开发出更好的软件吗？

一句话：关键不在于答案，而在于思考问题的方法，这也是我们没有"题库"的原因。

研发职位的选择

Q：微软及很多其他软件公司都有不少研发职位，名称不尽相同，而且还是缩写，能不能讲解一下？

A：不少同学对微软公司的各种研发职位（Discipline）并不太了解，我们在面试进行到一半的时候，经常发现一个应聘者其实更适合做其他类型的工作。当然这时我们可以调换面试的方向，但是对应聘者来说总不是一件好事。我刚好在 BBS 上看到了一篇文章，这篇文章从个人的角度出发，非正式地讲了 R&D 各个方向的特点，虽然并非完全正确，介绍也不一定全面，但是我们不妨看看。

aR：Assistant Researcher，助理研究员，也可以叫研究员助理，主要在"R&D"的"R"这一端，工作是读论文，提想法，被否决后再提想法（如此反复 N 次），赶在截止时间之前提交论文。aR 的想法得到初步验证之后，还要跟其他部门推销自己的想法，争取把想法变成产品。aR 的乐趣是能在一个领域中深入研究，发表论文，申请专利，每个专利申请（无论是否批准）都能让自己得一块黑色立方体石头（如图 1 所示）。好多人的桌面上堆了不少石头，好像他们没什么苦恼。aR 有时做的事情和 RSDE 差不多。aR 以后会成长为 Associate Researcher（副研究员）、Researcher（研究员）、高级研究员，等等。总之，最后就成了大家小时候特别梦想做的"科学家"。

图 1　申请专利得到的石头

Dev：正式的名称叫 SDE（Software Development Engineer），这个职位和 aR 相对，是在"R&D"的"D"这一端。他们在一个产品团队中，按照严格的流程开发产品。MS 的一个产品发布之后，所有成员会得到一小块铁皮（学名叫"Ship-it Award"，如图 2 所示），上面写着产品的名字和发布日期，资深的 Dev 会收集到不少，他们会认真地把这些小铁皮整齐地贴起来，摆在办公桌最高的位置上。Dev 的乐不少，这里就不列举了。但是苦也有不少，比如产品的周期有时非常长，过程定义得非常完备（有时不免觉得太完备了）；比如要维护老版本；比如要用比较成熟的技术，而不是用最时髦的东西来开发产品。另外，Dev 要负责一个或几个模块，这些模块不一定和最终用户打交道，未必是整个产品的核心模块。做一个好的 Dev 要生活在代码中，对代码和平台的各种细节要非常熟悉，掌握非常底层的技术，有些人以此为乐，有些人则未必。Dev 的职业发展道路很多，如果只想钻研技术，不乐意做很多管理工作，Dev 可以成为非常高级的工程师，直到杰出工程师（Distinguished Engineer）。当然，Dev 也可以成长为开发主管（Dev Lead），开发总经理（Dev Manager），等等。

图 2　Dev 得到的小铁片 Ship-it

Test: 正式名称是 Software Development Engineer in Test(SDET)，简称为 Test 或 SDET（读作 S-DET）。这个职位看似没有 Dev 和 aR 酷，但是很有前途，首先中国的同学由于种种原因（不了解，看不起，做不来）不太愿意做这种工作，因此，公司找人非常急迫，相对容易进入。这一职位所谓的苦（也反映了一些人的偏见和误解）从传统意义上说，SDET 得等着上家（PM/Dev）给你东西，你才能"测试"。然而，现代软件工程要求 TEST 从项目一开始就积极参与项目的规划，了解客户需求，制定测试计划，设计测试架构，实现测试自动化，等等。事实上这些都是开发的工作，所以他们叫 SDE in Test。而且 SDET 能更深入地了解产品的各个模块是如何合作，如何在实际情况下被用户使用的。从代码之外理解程序，这是测试之乐。那种"产品发布前一个星期让测试人员来测一下"的情况在微软是不会发生的。而做软件的功能测试，并报告 bug 的人员被称为 Software Test Engineer（STE）。用足球比赛作比喻，Test 就是最后一道防线，如果你没有防守好 bug，bug 就会跑到顾客那里去，因此 Test 工作非常重要。Test 的职业发展和 Dev 类似，一直到有专门管 Test 工作的副总裁（VP）。

PM: 这恐怕是外界误解最多的行当，简而言之，Program Manager（程序经理）做的是开发和测试之外的所有事情。有些同学会问"我写程序都不用测试，那么除了开发和测试之外还有什么事儿?"在公司里开发商业软件可没有那么简单，比如有 10 个 Dev 和 5 个 Test 要在一起开发下一个版本的 MSN Messenger，那我们到底要做多长时间才能完成？什么事情先做，什么事情后做？项目进行到一半的时候，领导说我们改名叫 Live Messenger 吧，那这一改名意味着什么？如何调整进度？最后还剩下两个月的时候，看起来我们的确完不成全部任务，那要怎么办？你又不是 Dev 和 Test 的老板，他们凭什么听你的呢？这也是 PM 的苦。PM 的乐看起来在于，他们可以全盘掌控一个产品，广泛了解一个行业，和用户打交道，代表团队出席各种会议，在公司内部的曝光度也比较高。Dev/Test/PM 在产品开发中各负其责，互相协助，为共同的目标努力。产品成功发布之后，他们都会得到 Ship-it 小铁片儿。

RSDE：好了，我们最后看看 RSDE（Research SDE），这是微软亚洲研究院一个比较特殊的队伍。RSDE 的乐趣在于可以接触到各种最新的研究成果，并用它来解决挑战性的问题。RSDE 的苦在于项目都是 V0.1 版，而且做得成功的项目大多数会转化（Transfer）到产品组中，由别人推向市场。RSDE 在和研究部门合作的时候，就要负起 aR 和 PM（甚至 Test）的责任。刚开始，RSDE 既没有 R 的黑石头，又没有 D 的 Ship-it 小铁片。RSDE 参与的项目有比较大的风险，经常会不如预期，或者会失败（这也是科学研究的特点）。项目失败后，RSDE 掩埋了项目的尸体，擦干自己的血迹，又得找新的领域和新的项目。RSDE 还有"创新"的任务，这个词人人都会说，但是要做出来就不是那么容易了，全世界有这么多人在琢磨计算机，你能在什么地方做得比其他任何人都更进一步呢？这也是 RSDE 的乐趣吧。有些同学能力很强，兴趣广泛，但是一时也拿不准自己要深入研究哪一个领域，这时不妨来做 RSDE。做得好的 RSDE，他们的工作成果推进了研究，又走向了市场，这样就既可以拿到黑石头，又可以拿到 Ship-it 小铁片儿。我个人认为能有机会做 RSDE 是很令人自豪的事情，相当于参军当上了特种兵，很好，很强大。

Q：看起来真是眼花缭乱……

A：总之，每类职位都很重要，都有存在的理由，都有不错的发展前景，都有自己的苦和乐。微软很大，微软中国研发集团（CRD）内部有很多不同的机构和部门，这也意味着有许多机会，让有能力的同学尝试 aR、Dev、Test、RSDE、PM 的职位。

求职攻略之笔试答疑

微软中国每年都会举行几次技术笔试，2006 年的笔试结束后，主持笔试的经理回答了学生提出的很多问题，小飞把这些问答整理如下（下文的"我们"指的是策划并批改试卷的技术人员）。

Q： 笔试的难度是不是有些太高了？

A： 从分数看，参加笔试的同学普遍得分较低，这说明不少同学大大低估了试题的难度，或者说低估了我们对答案的期望。一言以蔽之，我们希望看到接近"职业"水平的答案。

Q： 为什么有些人笔试得了负分呢？

A： 这是因为我们对选择题采用了"不做得零分，做错倒扣分"的判卷策略。公司的大部分同事们认为倒扣分是比较有效的甄别方法。而且我们尽量避免非常偏僻的知识点和有争议的答案。

Q： 你们是不是只选取了其中一些卷子判分？

A： 我们对大多数的卷子全部判分，每个部门都会抽调不少工程师加班判卷，同学们写的每一行文字都会被看到，对于一些很难读通的程序，我们还会一起分析，不会因为一眼看不懂就给个 0 分。对于单项题答得非常好的同学，我们会特别标记。像这样的无绝对标准答案的试卷，判卷是相当累人的活儿。至于是否全部判分，会不会把所有分数都全部告知考生，这由各个部门决定。

Q： 笔试题目全是英语，这究竟是考英语还是考技术？为什么不用中文出题呢？

A： 微软公司的工作语言是英语，公司在中国的各个部门（研究院，工程院等）都是如此。我们注意在考卷中不用很生僻的词汇，以免影响同学们的发挥。在有些题目中，我们还增加了一些注释，并且有一些小题目注明可以用中文回答。有些考生英语写得不错，起承转合，很像 GRE/TOEFL 的作文，可惜只有结构，实质内容不多，得分也不多。

Q： 笔试的题量为什么这么大？很多人根本没有足够的时间做完！

A： 每次开发新的软件，我们的时间也不够，这就是做软件项目的特点。 我们看到很多同学有些大题一个字也没有写，感到很可惜。其实，如果时间安排得当，至少应该每一道题试着回答一些基本问题。我们的很多监考人员也会提示大家注意时间分配。况且，如何在有压力的情况下最有效地分配时间，这也是一个人非常重要的能力。

Q： 我觉得我回答得不错，每道题目都差不多做出来了，为什么分数很低？

A： 有必要解释一下，我们的评分标准可能和学校里不一样。比如说有一道程序改错题，正确的回答要纠正全部 5 个错误。我们的评分标准是：

如果 5 个错误全部改正，满分。

如果找到 4 个错误，只能得一半分。

如果只找到 3 个错误，得 1/3 分。

如果只找到 2 个错误，得 1/4 分。

我们的评分标准要拉开"满分"和其他"差不多"的答案的距离。如果你每一道题目都"差不多"，那你的总分将是全部分数的一半以下。

Q：我会 C#、VB.NET，为什么微软的笔试偏偏要求用 C 语言答题？

A：对于微软的工程师来说，C 语言是基本功。

Q：为什么我投一个技术支持的职位也要用这么难的题来折磨我？

A：因为投同一个位置的人太多了。大家的简历都很优秀，所以只好用笔试来进行一次筛选。

Q：考题包罗万象，甚至包括我不熟悉的知识领域，难道微软需要的是"全才"吗？

A：我们的考试是想考察在实战中的基本知识和基本技能。考试不是万能的，笔试总分很高的同学，也有在面试中表现得很不如人意的。如果有人在某些题目中有优异的表现，即使总分不高，我们也会考虑的。

Q：我申请的职位比较特别，自己的专长没有能够显露，通过这样的一个考试不能真实反映出个人特点，有什么办法呢？

A：这一点我们同意，我们考试的主要目的是把所有考生中的优秀学生选出，并安排他们进入下一轮。至于在某一方面有专长的同学，他们应该直接和有关部门联系，或者我们的有关部门应该直接联系这些同学，例如在某些研究领域发表过高水平文章的同学。

Q：笔试通不通过是不是还有些运气成分在里面？

A：当然有，大家也都知道，一次笔试不能够反映一个人完全的、真实的水平。同学们寒窗十多年，经历了无数闭卷考试，作为一个过来人，我觉得职业生涯和人生不是一次两小时的闭卷考试能决定的，希望这样的笔试是大家人生中倒数第几次的闭卷考试之一。人生是更加开阔、充满更多变数的开卷考试。不管是开卷、闭卷，都是一分耕耘，一分收获。

求职攻略之决胜面试

经历了笔试、电话面试之后，许多同学接到了微软公司的邀请——来公司进行面对面的考察。

Q：既然微软这么重视实际的能力，每一个人都会经过几轮面试的考察，在学校时的学习成绩是否就不重要了？

A：也不一定。同样，关键不是在于静态的成绩，而是通过成绩了解成绩取得的过程，了解一个人的特质。曾经有一个面试者详细询问了一个应聘者在学校里的各种表现，最后在面试报告中写道："我详细询问了她从中学到大学、研究生的情况，她在学校里没有一科的成绩是非常拔尖的，也没有太坏的成绩。她从来没有做过出格的事情，如逃课、自己写一些程序、打工等。我在她身上看不到对卓越的追求，也没有看到她有实现自身价值的想法……所以我认为本公司不应该雇用她。"

Q：虽然我没什么想法，但我觉得微软太有名了，我也不用多想了，我就是要进这样的公司，你叫我干什么都可以！

A：我们恰恰不太需要没什么想法的人，这也许和企业文化有一些关系。在中国一些企业的文化中，往往是领导安排你做什么，你就做什么。在微软，我们认为每个人都是独立的个体，我们希望雇员能够"在其位，谋其事"，同时能考虑到自己三五年后的发展，并且能自己制定计划去实现事业目标，这是公司的文化。

Q：面试的时候要穿什么衣服？

A：在没有特别规定的情况下，穿你觉得舒服的衣服就行。我们看到不少应聘者穿着明显不舒服的西装来面试，这样不会给自己加分，当然也不会减分。但是自己太不舒服，会影响发挥。

Q：不舒服没关系，只要你们公司觉得舒服，我就舒服。

A：我们刚刚说过，微软更看重的是"你"是否觉得舒服，"你"要做什么，以及"你"有什么创意。

Q：有没有在面试中作弊的呢？

A：说起来，还真有。有一天，我在微软外面的一个中餐馆吃晚饭，这个餐馆很小，大家坐得比较挤，我不得不听到邻座的高谈阔论。原来是一个刚刚在微软面试过的学生在和几个同学聚餐，他很兴奋地谈着当天面试的经历——

"他问了那个在链表中找回路的问题了吗？"

"问了，我假装思考了一下，稍稍试了试别的解法，然后就把你说的那个解法讲了出来……"

对于这种人，我们内部叫"Poser"——摆姿势的人。如果你在面试时恰好被问到了一道知道答案的题目，你可以向面试者提出来。摆姿势的话，万一被戳破，会比较难堪。既然你已经花了时间了解解法，不妨和面试者深入地探讨一下。

Q：大家发表在 BBS 上的面经，公司看不看？

A：公司的一些员工也在看，有一次，HR 在某 BBS 上看到一篇很详细的面经，文笔生动，此文章从他看到 HR JJ 的那一刻写起，直到做了什么题目、怎么做的、说了什么话、最后如何走出了公司大门他都做了详细记录。从描述上看，我们很容易就能推断出这是哪一位应聘者。他似乎发挥得很不错，可惜他忘了在开始面试的时候，HR JJ 给他讲的，他也签了自己大名的保密协定。对于这样的同学，我们只能遗憾地放弃了。

Q：整个面试过程中我觉得自己答得很不错了，面试者指出的问题我大部分都能回答出来，为什么我还是没有通过？

A：一个原因是有比你更厉害的应聘者，另一个大家容易忽略的原因是，应聘者和面试者对于"不错"的定义是不一样的（参见对笔试问题的回答）。

对于在校学生，觉得自己写的程序，涂涂改改，大概逻辑能通过就行了，面试者指出的问题能答出来一些就行了。但是对于将来的公司员工，我们要考察：程序设计的思路如何？编程风格如何？细节是否考虑到？程序是否有内存泄露？是否采用了最优算法？是否能对程序进行修改以满足不断变化的需求？是否能举一反三？

另外，除了专业技巧，我们在面试中还会考察应聘者的职业技巧（professional skills，也有人称为 soft skills）。这个人的交流能力、合作能力如何，对自己的评价和期望是什么？在有压力的情况下，能否发挥水平？是否追求卓越？这些"非技术"的因素相当重要。

Q：很多有名的企业面试只要求谈谈就可以了，为什么微软一定要写代码？

A：我们的绝大部分工作，都是通过代码而来，很大一部分的问题，也是由代码所导致的。所以我们不能不重视写代码这件事。当然有很多其他工作不需要写代码，但这不在我们的讨论范围内。

有一次我在过道上碰到一个同事陪着一个应聘者走出大楼，这位应聘者边走边侃侃而谈。后来我问这位同事详情。他说，"这位先生表达能力不错，但是当我叫他写一个小程序的时候，他死活不动手。他说在以前的工作中，如果要写代码，从 MSDN 上拷贝一些下来就行了。我和他僵持了一会儿之后，只好说，那你要是不写，我们就没什么可谈的了。所以后面的面试都没有必要了，我直接送他出了门。"

有一次我收到我们开发总经理的邮件，上面强调了面试的时候一定要让应聘者动手写代码等，这时对面的一位同事不好意思地说，他今天碰到的应聘者是以前朋友的朋友。两人聊了很长时间的闲话，后来他不好意思叫他写代码，时间也不够了，于是就写了一些反馈，说这人看起来还行。没想到开发总经理眼尖，把这个问题揪出来了。

Q：市场上有很多号称宝典的面试书籍，这些的确是外企用的面试题目吗？我看到一本，就像是网络上流传的各种面经的汇编，好像没有太大的价值。

A：我觉得最好的技术面试"宝典"，就是讲算法和数据结构的经典著作。微软亚洲研究院的工程师们在长期的面试过程中，也收集了一些有意思的面试题目，叫《编程之美》，听说马上就要出版了。

Q：太好了！这本书里面一定有无数的源代码供学生们钻研吧？

A：其实，大部分题目都不需要连篇累牍的程序来解决，聪明的解法通常是非常简明的。药灵丸不大，棋妙子无多，程序也是这样，许多题目的核心算法就是寥寥几行。这可以说是编程之美的一种表现形式。我们面试就是要寻找能体会到编程之美的人。

另外，我们的这一番对话应该给微软的技术面试做了相当的"去神秘化"（demystified）的工作。我还要提醒同学们要"去粉丝化"——不要像极品粉丝追逐明星那样，如果明星不能满足自己见一面的要求（或者其他要求），就觉得天旋地转，痛不欲生。如果你经过努力，仍然没有进入微软公司，你并非一无是处，天也不会塌下来。微软公司不过是很多软件公司中的一个，它要寻找"合适"它条件的员工，这个公司不合适你，还有下一个，或者干脆你自己开创一个吧。

Q：技术面试还有什么特别的诀窍吗？

A：微软全球资深副总裁，亚洲研究院的前任院长沈向洋博士经常讲的一句话是"Nothing replaces hard work"，既然同学们知道技术面试不外乎就是这些类型的题目，那大家就自己动手做一遍好了。如果实在做不出来，可以学习《编程之美》或其他书上详细的讲解。

Q：我自己解答问题太慢了，能把《编程之美》书上的解法背下来，这也是一种捷径吧？

A：有时要小心这样的"捷径"。我想起以前考大学的一件事儿。当时有一本很厚的英语标准化考试模拟题，不少同学都买来做。另一位同学从学长那里得了一本做过的书，我们在做题的时候，他说："我不用做了，我已经有答案了，我平时看看答案就行了，一样的。"结果高考的时候，他的英语考得很不好。

所以，对于认为只要买了一本《编程之美》，或者其他宝典，就好像得到了入职捷径的同学，我要提醒一下：小心这样的捷径！纸上得来终觉浅，绝知此事要躬行。

小飞的总结

结束了和研发经理的几次对话之后，小飞陷入了深思。他发现面试并不一定是用难题、偏题来考倒人，笔试和面试考察的都是自己在编程、解决问题、与人合作等方面的全面能力。运气和背好的答案并不能帮助他解决所有的问题。微软公司花费很多人力物力来寻找合适的人才[1]，那自己如何能展现能力，让伯乐相中？他做了如下的总结。

1. 知己知彼。知己，就是要了解自己的能力、兴趣、职业发展方向；知彼，就是要了解公司的文化、战略方向和择才标准。

2. 笔试就是基础，用扎实的理解和考虑完备的解答来征服阅卷者。

3. 面试就是探讨，用缜密的代码和严密的分析赢得未来同事的尊重。思考问题的方法比结果重要，面试者会更加在乎你解决问题的思考过程。

4. 你的工作就是最好的面试，不要把时间花在寻找捷径和背诵答案上，要通过实际的工作和产品来体现自己的水平。

千里之行，始于足下，要想在入职竞争中脱颖而出，自己得先下苦功夫，在平时就要用职业的标准来要求自己。他相信，只要自己付出了足够的努力，就会有收获——"长风破浪会有时，直挂云帆济沧海"。

---

1 要更多地了解微软，特别是微软亚洲研究院的方方面面，请访问研究院网站：www.msra.cn 和博客网站：http://blog.sina.com.cn/msra。

第1章

游戏之乐

——游戏中碰到的题目

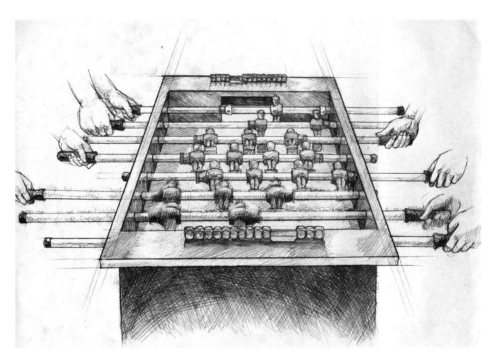

研究院举办过几届桌上足球（football）公开赛，第一届的冠军是一位文静的女实习生。

这一章的题目原计划叫做"Problem Solving"——运用所学的知识解决问题,直译为"问题解决",甚为不美。事实上这里面大部分题目都是和游戏相关的,因此本章改名为"游戏之乐"。这些题目从游戏和作者平时遇到的有趣问题出发,向程序员提出挑战。

个人电脑(PC)在蹒跚起步的时候,就被当时的主流观点视为玩具。PC 上的确有各种各样的游戏,电脑上的游戏是给人玩的,如果你愿意,CPU 也可以让人"玩"。

笔者曾经用"CPU 使用率"这个问题问了十几个应聘者,一个典型的模式如下。

我: 笔试考得怎么样?发挥了多少水平?

答: 我不习惯在纸上写程序,平时都在电脑上写……

我: 那你对 Windows、操作系统这些东西熟悉吗?

答: 那是相当熟悉……

我: 好,那你可否在这笔记本电脑上帮我解决一个问题——让 CPU 的使用率划出一条直线,比如就在 50% 的地方。

这个时候可以观察应聘者的好几个方面。

1. 应聘者面对这个陌生问题的时候如何开始分析。

   有人知道观察任务管理器如何运行,有人在纸上写写画画,有人明显没有什么想法。

2. 当提示可以在网上搜索资料时,应聘者如何寻找资料,如何学习。

   比如,有一位学生很快地用快捷键在 IE 中打开了几个 Tab 窗口,然后每个窗口输入不同的搜索关键字。当我提示在 MSDN 上查找一些函数的时候,有些人根本不知道 MSDN 网站应该怎么用。有些人反复读了函数的说明,仍不得其解。

3. 在电脑上是怎么写程序,怎么调试程序的。

   有人能很娴熟地使用 C/C#的各种语言特性,很快地写出程序,有人写的程序编译了好几次都不能通过,对编译错误束手无策。程序第一次运行的时候,任务管理器的 CPU 使用率不按预想的轨道运行,这时候有人就十分慌乱,在程序中瞎改一通,希望能"蒙"对。有人则有条理地分析,最后找到并解决问题。

我想，45 分钟下来，应聘者的思考能力、学习能力、技术能力如何，应该很清楚了。行还是不行，双方都明白了。

这一章的其他题目大多和游戏有关，同学们在玩"空当接龙""俄罗斯方块"，甚至"魔兽"的时候，有没有动过好奇心——这个程序为什么这么酷，如果是我来写，应该怎么做？有没有把好奇心转化为行动？

喜欢玩电脑、会玩电脑的人，也会运用电脑解决实际问题，这也是我们要找的人才。

1.1 ★★★
让 CPU 占用率曲线听你指挥

写一个程序，让用户来决定 Windows 任务管理器（Task Manager）的 CPU 占用率。程序越精简越好，计算机语言不限。例如，可以实现下面三种情况[1]：

1. CPU 的占用率固定在 50%，为一条直线；

2. CPU 的占用率为一条直线，具体占用率由命令行参数决定（参数范围 1~100）；

3. CPU 的占用率状态是一个正弦曲线。

---

[1] 当面试的同学听到这个问题的时候，很多人都有点意外。我把我的笔记本电脑交给他们说，这是开卷考试，你可以上网查资料，干什么都可以。大部分面试者在电脑上的第一个动作就是上网搜索"CPU 控制 50%"这样的关键字，当然没有找到什么直接的结果。不过这本书出版以后，情况可能就不一样了。

分析与解法

有一名学生写了如下的代码：

```
while(true)
{
    if(busy)
        i++;
    else

}
```

然后她就陷入了苦苦思索：else 干什么呢？怎么才能让电脑不做事情呢？CPU 使用率为 0 的时候，到底是什么东西在用 CPU？另一名学生花了很多时间构想如何"深入内核，以控制 CPU 占用率"——可是事情真的有这么复杂吗？

MSRA IEG（Microsoft Research Asia, Innovation Engineering Group）的一些实习生写了各种解法，他们写的简单程序可以达到如图 1-1 所示的效果。

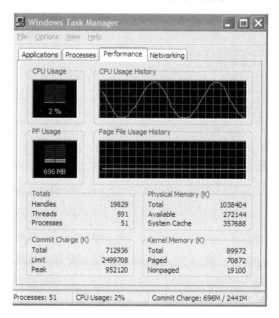

图 1-1　编程控制 CPU 占用率呈现正弦曲线形态

看来这并不是不可能完成的任务。让我们仔细地回想一下写程序时曾经碰到的问题，如果不小心写了一个死循环，CPU 占用率就会跳到最高，并且一直保持在 100%。我们也可以打开任务管理器[1]，实际观测一下它是怎样变动的。凭肉眼观察，它大约是 1 秒钟更新一次。一般情况下，CPU 使用率会很低。但是，当用户运行一个程序，执行一些复杂操作的时候，CPU 的使用率会急剧升高。当用户晃动鼠标时，CPU 的使用率也有小幅度的变化。

那当任务管理器报告 CPU 使用率为 0 的时候，是谁在使用 CPU 呢？通过任务管理器的"进程（Process）"一栏可以看到，System Idle Process 占用了 CPU 空闲的时间——这时候大家该回忆起在"操作系统原理"这门课上学到的一些知识了吧。系统中有那么多进程，它们什么时候能"闲下来"呢？答案很简单，这些程序或在等待用户的输入，或者在等待某些事件的发生[2]，或者主动进入休眠状态[3]。

在任务管理器的一个刷新周期内，CPU 忙（执行应用程序）的时间和刷新周期总时间的比率，就是 CPU 的占用率，也就是说，任务管理器中显示的是每个刷新周期内 CPU 占用率的统计平均值。因此，我们可以写一个程序，让它在任务管理器的刷新期间内一会儿忙，一会儿闲，然后调节忙/闲的比例，就可以控制任务管理器中显示的 CPU 占用率。

解法一：简单的解法

要操纵 CPU 的使用率曲线，就需要使 CPU 在一段时间内（根据 Task Manager 的采样率）跑 busy 和 idle 两个不同的循环（loop），从而通过不同的时间比例，来调节 CPU 使用率。

Busy loop 可以通过执行空循环来实现，idle 可以通过 Sleep() 来实现。

问题的关键在于如何控制两个 loop 的时间，我们先试验一下 Sleep 一段时间，然后循环 n 次，估算 n 的值。

那么对于一个空循环 for(i = 0; i < n; i++); 又该如何来估算这个最合适的 n 值呢？我们都知道 CPU 执行的是机器指令，而最接近于机器指令的语言是汇编语言，所以我们可以先把这个空循环简单地写成如下汇编代码（此代码为示意性的伪代码）后再进行分析：

---

[1] 如果应聘者从来没有琢磨过任务管理器，那还是不要在简历上说"精通 Windows"为好。

[2] 例如 WaitForSingleObject()。

[3] 可以通过 Sleep() 来实现。

```
next:
mov  eax, dword ptr [i]     ;将 i 放入寄存器
add  eax,1                  ;寄存器加1
mov  dword ptr [i], eax     ;寄存器赋回 i
cmp  eax, dword ptr [n]     ;比较 i 和 n
jl   next                   ;i 小于 n 时重复循环
```

假设这段代码要运行的 CPU 是 P4 2.4Ghz(2.4×10 的 9 次方个时钟周期每秒)。现代 CPU 每个时钟周期可以执行两条以上的代码，我们取平均值两条，于是有（2 400 000 000 ×2）/5=960 000 000（循环/秒），也就是说 CPU 1 秒钟可以运行这个空循环 960 000 000 次。不过我们还是不能简单地将 n = 960 000 000，然后 Sleep(1000) 了事。如果我们让 CPU 工作 1 秒钟，然后休息 1 秒钟，波形很有可能就是锯齿状的——先达到一个峰值（>50%），然后跌到一个很低的占用率。

我们尝试着降低两个数量级，令 n = 9 600 000，而睡眠时间则相应地改为 1 毫秒（Sleep(10)）。用 10 毫秒是因为比较接近 Windows 的调度时间片。如果选得太小（比如 1 毫秒），会造成线程频繁地被唤醒和挂起，无形中又增加了内核时间的不确定性。最后我们可以得到代码清单 1-1。

代码清单 1-1

```
int main()
{
    for(; ; )
    {
        for(int i = 0; i < 9600000; i++)
            ;
        Sleep(10);
    }
    return 0;
}
```

在不断调整 9 600 000 的参数后，我们就可以在一台指定的机器上获得一条大致稳定的 50% CPU 占用率直线。

使用这种方法要注意两点影响：

1. 尽量减少 sleep/awake 的频率，减少操作系统内核调度程序的干扰；
2. 尽量不要调用 system call（比如 I/O 这些 privilege instruction），因为它也会导致很多不可控的内核运行时间。

该方法的缺点也很明显：不能适应机器差异性。一旦换了一个 CPU，我们又得重新估算 n 值。有没有办法动态地了解 CPU 的运算能力，然后自动调节忙/闲的时间比呢？请看下一个解法。

解法二：使用 GetTickCount()和 Sleep()

我们知道 `GetTickCount()` 可以得到"系统启动到现在"所经历时间的毫秒值，最多能够统计到 49.7 天。我们可以利用 `GetTickCount()` 来判断 busy loop 要循环多久，伪代码如清单 1-2 所示。

代码清单 1-2

```
const DWORD busyTime = 10;              // 10 ms
const DWORD int idleTime = busyTime; // same ratio will lead to 50% cpu usage

Int64 startTime = 0;
while(true)
{
    DWORD startTime = GetTickCount();
    // busy loop
    while((GetTickCount() - startTime) <= busyTime)
      ;

    // idle loop
    Sleep(idleTime);
}
```

这两种解法都是假设目前系统上只有当前程序在运行，但实际上，操作系统中有很多程序会同时执行各种各样的任务，如果此刻其他进程使用了 10% 的 CPU，那我们的程序就只能使用 40% 的 CPU，这样才能达到 50% 的效果。

怎么做呢？这就要用到另一个工具来帮忙——Perfmon.exe。

Perfmon 是从 Windows NT 开始就包含在 Windows 管理工具组中的专业检测工具之一（如图 1-2 所示）。Perfmon 可获取有关操作系统、应用程序和硬件的各种效能计数器（perf counter）。Perfmon 的用法相当直接，只要选择你所要检测的对象（比如：处理器、RAM 或硬盘），然后选择效能计数器（比如监视物理磁盘的平均队列长度）即可。

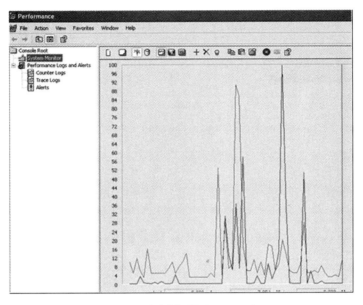

图 1-2 系统监视器（Perfmon）

我 们 可 以 写 程 序 来 查 询 Perfmon 的 值， Microsoft .Net Framework 提 供 了
PerformanceCounter 这一对象，可以方便地得到当前各种性能数据，包括 CPU 的使
用率。例如下面这个程序（见代码清单 1-3）。

解法三：能动态适应的解法

代码清单 1-3

```
// C# code
static void MakeUsage(float level)
{
    PerformanceCounter p = new PerformanceCounter("Processor",
      "% Processor Time", "_Total");

    while(true)
    {
        if(p.NextValue() > level)
            System.Threading.Thread.Sleep(10);
    }
}
```

可以看到，上面的解法能方便地处理各种 CPU 使用率参数。这个程序可以解答前面提
到的问题 2。

有了前面的积累，我们应该可以让任务管理器画出优美的正弦曲线了，见代码清单 1-4。

解法四：正弦曲线

代码清单 1-4

```cpp
// C++ code to make task manager generate sine graph
#include "Windows.h"
#include "stdlib.h"
#include "math.h"

//把一条正弦曲线0~2π之间的弧度等分成200份进行抽样，计算每个抽样点的振幅
//然后每隔300ms的时间取下一个抽样点，并让CPU工作对应振幅的时间

const int SAMPLING_COUNT = 200;    //抽样点数量
const double PI = 3.14159265;      //pi值
const int TOTAL_AMPLITUDE = 300;   //每个抽样点对应的时间片

int _tmain(int argc, _TCHAR* argv[])
{
    DWORD busySpan[SAMPLING_COUNT];
    int amplitude = TOTAL_AMPLITUDE / 2;
    double radian = 0.0;
    double radianIncrement = 2.0 / (double)SAMPLING_COUNT;//抽样弧度的增量
    for(int i = 0; i < SAMPLING_COUNT; i++)
    {
        busySpan[i] = (DWORD)(amplitude + (sin(PI * radian) * amplitude));
        radian += radianIncrement;
        // printf("%d\t%d\n", busySpan[i], TOTAL_AMPLITUDE- busySpan[i]);
    }

    DWORD startTime = 0;
    for (int j = 0;; j = (j+1) % SAMPLING_COUNT
    {
        startTime = GetTickCount();
        while((GetTickCount() - startTime) <= busySpan[j])
              ;
        Sleep(TOTAL_AMPLITUDE - busySpan[j]);
    }

    return 0;
}
```

讨论

如果机器是多核或多 CPU，上面的程序会出现什么结果？如何在多核或多 CPU 时显示同样的状态？例如，在双核的机器上，如果让一个单线程的程序死循环，能让两个 CPU 的使用率达到 50%的水平吗？为什么？

多 CPU 的问题首先需要获得系统的 CPU 信息。可以使用 GetProcessorInfo() 获得多处理器的信息，然后指定进程在哪一个处理器上运行。其中指定运行使用的是 SetThreadAffinityMask() 函数。

另外，还可以使用 RDTSC 指令获取当前 CPU 核心运行周期数。

在 x86 平台上定义函数：

```
inline unsigned __int64 GetCPUTickCount()
{
    __asm
    {
        rdtsc;
    }
}
```

在 x64 平台上定义：

```
#define GetCPUTickCount() __rdtsc()
```

使用 CallNtPowerInformation API 得到 CPU 频率，从而将周期数转化为毫秒数，例如代码清单 1-5 所示。

代码清单 1-5

```
_PROCESSOR_POWER_INFORMATION info;

CallNTPowerInformation(11,         // query processor power information
    NULL,                          // no input buffer
    0,                             // input buffer size is zero
    &info,                         // output buffer
    sizeof(info));                 // outbuf size

unsigned __int64 t_begin = GetCPUTickCount();

// do something

unsigned __int64 t_end = GetCPUTickCount();
double millisec = (double)(t_end-t_begin)
/(double)info.CurrentMhz;
```

RDTSC 指令读取当前 CPU 的周期数，在多 CPU 系统中，这个周期数在不同的 CPU 之间基数不同，频率也可能不同。用从两个不同的 CPU 得到的周期数来计算会得出没有意义的值。如果线程在运行中被调度到了不同的 CPU，就会出现上述情况。可用 SetThreadAffinityMask 避免线程迁移。另外，CPU 的频率会随系统供电及负荷情况有所调整。

总结

能帮助你了解当前线程/进程/系统效能的 API 大致有以下这些。

1. `Sleep()`——这个方法能让当前线程"停"下来。

2. `WaitForSingleObject()`——自己停下来，等待某个事件发生。

3. `GetTickCount()`——有人把 Tick 翻译成"嘀嗒"，很形象。

4. `QueryPerformanceFrequency()`、`QueryPerformanceCounter()`——让你访问到精度更高的 CPU 数据。

5. `timeGetSystemTime()`——另一个得到高精度时间的方法。

6. `PerformanceCounter`——效能计数器。

7. `GetProcessorInfo()/SetThreadAffinityMask()`。遇到多核的问题怎么办呢？这两个方法能够帮你更好地控制 CPU。

8. `GetCPUTickCount()`。想拿到 CPU 核心运行周期数吗？用用这个方法吧。

了解并应用了上面的 API，就可以考虑在简历中写上"精通 Windows"了。

1.2 ★★★ 中国象棋将帅问题

下过中国象棋的朋友都知道，双方的"将"和"帅"相隔遥远，并且不能照面。在象棋残局中，许多高手能利用这一规则走出精妙的杀招。假设棋盘上只有"将"和"帅"二子（如图 1-3 所示）（为了下面叙述方便，我们约定用 A 表示"将"，B 表示"帅"）。

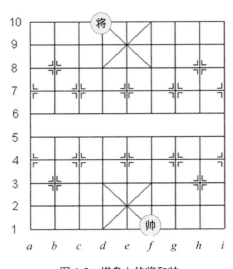

图 1-3 棋盘上的将和帅

A、B 二子被限制在己方 3×3 的格子里运动。例如，在如上的表格里，A 被正方形 $\{d_{10}, f_{10}, d_8, f_8\}$ 包围，而 B 被正方形 $\{d_3, f_3, d_1, f_1\}$ 包围。每一步，A、B 分别可以横向或纵向移动一格，但不能沿对角线移动。另外，A 不能面对 B，也就是说，A 和 B 不能处于同一纵向直线上（比如 A 在 d_{10} 的位置，那么 B 就不能在 d_1、d_2 以及 d_3 的位置上）。

请写出一个程序，输出 A、B 所有合法位置。要求在代码中只能使用一个字节存储变量。

分析与解法

问题本身并不复杂，只要把所有 A、B 互相排斥的条件列举出来就可以完成本题的要求。由于本题要求只能使用一个变量，所以首先必须想清楚在写代码的时候，有哪些信息需要存储，并且尽量高效率地存储信息。稍微思考一下，可以知道这个程序的大体框架是：

遍历 A 的位置
　　遍历 B 的位置
　　　　判断 A、B 的位置组合是否满足要求
　　　　如果满足，则输出

因此，需要存储的是 A、B 的位置信息，并且每次循环都要更新。首先创建一个逻辑坐标系统，一个可行的方法是用 1~9 的数字，按照行优先的顺序来表示每个格点的位置（如图 1-4 所示）。这样，只需要用模余运算就可以得到当前的列号，从而判断 A、B 是否互斥。

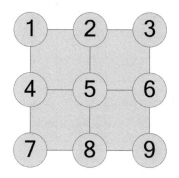

图 1-4　用 1~9 的数字表示 A、B 的坐标

第二，题目要求只用一个变量，我们却要存储 A 和 B 两个子的位置信息，该怎么办呢？

可以先把已知变量类型列举一下，然后分析。

对于 bool 类型，估计没有办法做任何扩展了，因为它只能表示 true 和 false 两个值；而 byte 或 int 类型，它们能够表达的信息则更多。事实上，对本题来说，每个子都只需要 9 个数字就可以表示它的全部位置。

一个 8 位的 byte 类型能够表达 2^8=256 个值，所以用它来表示 A、B 的位置信息绰绰有余，因此可以把这个字节的变量（设为 b）分成两部分。用前面的 4 bit 表示 A 的位置，用后面的 4 bit 表示 B 的位置，而 4 个 bit 可以表示 16 个数，这已经足够了。

问题在于：如何使用 bit 级的运算将数据从这一 byte 变量的左边和右边分别存入和读出。

下面是做法。

- 将 byte b（10100101）的右边 4 bit（0101）设为 n（0011）：
  首先清除 b 右边的 bits，同时保持左边的 bits：

    11110000（LMASK）
    & 10100101（b）

    10100000

  然后将上一步得到的结果与 n 做或运算：

    10100000（LMASK & b）
    | 00000011（n）

    10100011

- 将 byte b（10100101）左边的 4 bit（1010）设为 n（0011）：
  首先，清除 b 左边的 bits，同时保持右边的 bits：

    00001111（RMASK）
    & 10100101（b）

    00000101

  现在，把 n 移动到 byte 数据的左边：

    $n \ll 4 = 00110000$

  然后对以上两步得到的结果做或运算，从而得到最终结果。

    00000101（RMASK & b）
    | 00110000（$n \ll 4$）

    00110101

- 得到 byte 数据的右边 4 bits 或左边 4 bits（e.g. 10100101 中的 1010 以及 0101）：
  清除 b 左边的 bits，同时保持右边的 bits：

    00001111（RMASK）
    & 10100101（b）

    00000101

清除 b 右边的 bits，同时保持左边的 bits：

$$11110000（LMASK）$$
$$\&\ 10100101（b）$$

$$10100000$$

将结果右移 4 bits：

$$10100000 >> 4 = 00001010$$

最后的挑战是如何在不声明其他变量约束的前提下创建一个 for 循环。可以重复利用 1byte 的存储单元，把它作为循环计数器并用前面提到的存取和读入技术进行操作。还可以用宏来抽象化代码，例如：

```
for (LSET(b, 1); LGET(b) <= GRIDW * GRIDW; LSET(b, (LGET(b) + 1)))
```

解法一（如代码清单 1-6 所示）

代码清单 1-6

```
#include <stdio.h>
#define HALF_BITS_LENGTH 4
// 这个值是记忆存储单元长度的一半，在这道题里是4bit
#define FULLMASK 255
// 这个数字表示一个全部 bit 的 mask，在二进制表示中，它是11111111
#define LMASK (FULLMASK << HALF_BITS_LENGTH)
// 这个宏表示左 bits 的 mask，在二进制表示中，它是11110000
#define RMASK (FULLMASK >> HALF_BITS_LENGTH)
// 这个数字表示右 bits 的 mask，在二进制表示中，它表示00001111
#define RSET(b, n) (b = ((LMASK & b) | n)))
// 这个宏，将 b 的右边设置成 n
#define LSET(b, n) (b = ((RMASK & b) | ((n << HALF_BITS_LENGTH)))
// 这个宏，将 b 的左边设置成 n
#define RGET(b) (RMASK & b)
// 这个宏得到 b 的右边的值
#define LGET(b) ((LMASK & b) >> HALF_BITS_LENGTH)
// 这个宏得到 b 的左边的值
#define GRIDW 3
// 这个数字表示将帅移动范围的行宽度

int main()
{
```

```
unsigned char b;
for(LSET(b, 1); LGET(b) <= GRIDW * GRIDW; LSET(b, (LGET(b) + 1)))
    for(RSET(b, 1); RGET(b) <= GRIDW * GRIDW; RSET(b, (RGET(b) + 1)))
        if(LGET(b) % GRIDW != RGET(b) % GRIDW)
            printf("A = %d, B = %d\n", LGET(b), RGET(b));

return 0;
}
```

输出

格子的位置用 N 来表示，$N = 1, 2, \cdots, 8, 9$，依照行优先的顺序，如图 1-5 所示。

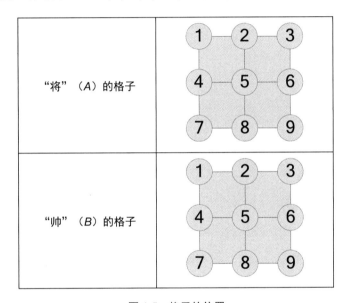

图 1-5　格子的位置

$A = 1, B = 2$	$A = 4, B = 2$	$A = 7, B = 2$
$A = 1, B = 3$	$A = 4, B = 3$	$A = 7, B = 3$
$A = 1, B = 5$	$A = 4, B = 5$	$A = 7, B = 5$
$A = 1, B = 6$	$A = 4, B = 6$	$A = 7, B = 6$
$A = 1, B = 8$	$A = 4, B = 8$	$A = 7, B = 8$
$A = 1, B = 9$	$A = 4, B = 9$	$A = 7, B = 9$
$A = 2, B = 1$	$A = 5, B = 1$	$A = 8, B = 1$
$A = 2, B = 3$	$A = 5, B = 3$	$A = 8, B = 3$

$A = 2, B = 4$	$A = 5, B = 4$	$A = 8, B = 4$
$A = 2, B = 6$	$A = 5, B = 6$	$A = 8, B = 6$
$A = 2, B = 7$	$A = 5, B = 7$	$A = 8, B = 7$
$A = 2, B = 9$	$A = 5, B = 9$	$A = 8, B = 9$
$A = 3, B = 1$	$A = 6, B = 1$	$A = 9, B = 1$
$A = 3, B = 2$	$A = 6, B = 2$	$A = 9, B = 2$
$A = 3, B = 4$	$A = 6, B = 4$	$A = 9, B = 4$
$A = 3, B = 5$	$A = 6, B = 5$	$A = 9, B = 5$
$A = 3, B = 7$	$A = 6, B = 7$	$A = 9, B = 7$
$A = 3, B = 8$	$A = 6, B = 8$	$A = 9, B = 8$

考虑了这么多因素，总算得到了本题的一个解法，但是 MSRA 里却有人说，下面的一小段代码也能达到同样的目的。

```
BYTE i = 81;
while(i--)
{
    if(i / 9 % 3 == i % 9 % 3)
        continue;
    printf("A = %d, B = %d\n", i / 9 + 1, i % 9 + 1);
}
```

很快又有另一个人说他的解法才是效率最高的（如代码清单 1-7 所示）。

代码清单 1-7

```
struct {
    unsigned char a:4;
    unsigned char b:4;
} i;

for(i.a = 1; i.a <= 9; i.a++)
    for(i.b = 1; i.b <= 9; i.b++)
        if(i.a % 3 != i.b % 3)
            printf("A = %d, B = %d\n", i.a, i.b);
```

读者能自己证明一下吗？[1]

---

[1] 这一题目由微软亚洲研究院工程师 Matt Scott 提供，他在学习中国象棋的时候想出了这个题目，后来一位应聘者给出了比他的"正解"简明很多的答案，他们现在成了同事。

1.3 ★★★
一摞烙饼的排序

星期五的晚上，一帮同事在希格玛大厦附近的"硬盘酒吧"多喝了几杯。程序员多喝了几杯之后谈什么呢？自然是算法问题。有个同事说：

"我以前在餐馆打工，顾客经常点非常多的烙饼。店里的饼大小不一，我习惯在到达顾客饭桌前，把一摞饼按照大小次序摆好——小的在上面，大的在下面。由于我一只手托着盘子，只好用另一只手，一次抓住最上面的几块饼，把它们上下颠倒个个儿，反复几次之后，这摞烙饼就排好序了。"

我后来想，这实际上是个有趣的排序问题：假设有 n 块大小不一的烙饼，那最少要翻几次，才能达到大小有序的结果呢？"如图 1-6 所示。

你能否写出一个程序，对于 n 块大小不一的烙饼，输出最优化的翻饼过程呢？

图 1-6 翻烙饼的顺序

分析与解法

这个排序问题非常有意思，首先我们要弄清楚解决问题的关键操作——"单手每次抓几块饼，全部颠倒"。

具体参看图1-7。

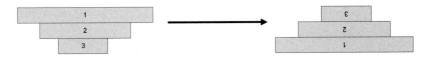

图1-7 烙饼的翻转过程

每次我们只能选择最上方的一堆饼，一起翻转。而不能一张张地直接抽出来，然后进行插入，也不能交换任意两块饼。这说明基本的排序办法都不太好用。那么怎么把这 n 个烙饼排好序呢？

由于每次操作都是针对最上面的饼，如果最底层的饼已经排序，那我们只用处理上面的 $n-1$ 个烙饼。这样，我们可以再简化为 $n-2$、$n-3$，直到最上面的两个饼排好序。

解法一

我们用图1-8演示一下，为了把最大的烙饼摆在最下面，我们先把最上面的和最大的烙饼之间的翻转（1~4 之间），这样，最大的烙饼就在最上面了。接着，我们把所有烙饼翻转（4~5 之间），最大的烙饼就摆在最下面了。

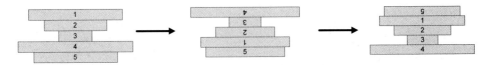

图1-8 两次翻转烙饼，调整最大的烙饼到最底端

之后，我们对上面 $n-1$、$n-2$ 个饼重复这个过程。

那么，我们一共需要多少次翻转才能实现结果呢？

经过两次翻转可以把最大的烙饼翻转到最下面。因此，最多需要把上面的 $n-1$ 个烙饼依次翻转两次。那么，我们至多需要 $2(n-1)$ 次翻转就可以把所有烙饼排好序（因为第二小的烙饼排好的时候，最小的烙饼已经在最上面了）。

这样看来，单手翻转的想法是肯定可以实现的。我们进一步想想怎么减少翻转烙饼的次数吧。

怎样才能通过程序来搜索到一个最优的方案呢？

通过每次找出最大的烙饼进行翻转是一个可行的解决方案。这个方案是最好的一个吗？考虑这样一种情况，假如这堆烙饼中有好几个不同的部分相对有序，凭直觉来猜想，我们可以先把小一些的烙饼进行翻转，让其有序。这样会比每次翻转最大的烙饼要更快。

既然如此，有类似的方案可以达到目的吗？比如说，考虑每次翻转的时候，把两个本来应该相邻的烙饼尽可能地换到一起。这样，等所有的烙饼都换到一起之后，实际上就是完成排序了。（从这个意义上来说，每次翻最大烙饼的方案实质上就是每次把最大的和次大的交换到一起。）

在这个基础之上，本能的想法就是穷举。只要穷举出所有可能的交换方案，那么，我们一定能够找到最优的一个。

沿着这个思路去考虑，我们自然就会使用动态规划或递归的方法来实现了。可以从不同的翻转策略开始，比如说第一次先翻最小的，然后递归把所有的可能全部翻转一遍。这样，最终肯定是可以找到一个解的。

但是，既然是递归就一定有退出的条件。在这个过程中，第一个退出的条件肯定是所有的烙饼已经排好序。那么，有其他的吗？大家仔细想想就会发现到，既然 $2(n-1)$ 是一个最多的翻转次数。如果在算法中，需要翻转的次数多于 $2(n-1)$，我们就应该放弃这个翻转算法，直接退出。

另外，既然这是一个排序问题。我们也应该利用排序的信息来处理。同样，在翻转的过程中，我们可以看看当前的烙饼数组排序情况如何，然后利用这些信息来减少翻转次数。

代码清单 1-8 是在前面讨论的基础之上形成的一个粗略的搜索最优方案的程序。

代码清单 1-8

```
/********************************************************************/
//
// 烙饼排序实现
//
/********************************************************************/
class CPrefixSorting
{
public:
```

```
CPrefixSorting()
{
    m_nCakeCnt = 0;
    m_nMaxSwap = 0;
}

~CPrefixSorting()
{
    if(m_CakeArray != NULL)
    {
        delete m_CakeArray;
    }
    if(m_SwapArray != NULL)
    {
        delete m_SwapArray;
    }
    if(m_ReverseCakeArray != NULL)
    {
        delete m_ReverseCakeArray;
    }
    if(m_ReverseCakeArraySwap != NULL)
    {
        delete m_ReverseCakeArraySwap;
    }
}

//
// 计算烙饼翻转信息
// @param
// pCakeArray    存储烙饼索引数组
// nCakeCnt      烙饼个数
//
void Run(int* pCakeArray, int nCakeCnt)
{
    Init(pCakeArray, nCakeCnt);

    m_nSearch = 0;
    Search(0);
}

//
// 输出烙饼具体翻转的次数
//
void Output()
{
    for(int i = 0; i < m_nMaxSwap; i++)
    {
        printf("%d ", m_arrSwap[i]);
    }

    printf("\n |Search Times| : %d\n", m_nSearch);
    printf("Total Swap times = %d\n", m_nMaxSwap);
}
```

```
private:

    //
    // 初始化数组信息
    // @param
    // pCakeArray     存储烙饼索引数组
    // nCakeCnt       烙饼个数
    //
    void Init(int* pCakeArray, int nCakeCnt)
    {
        assert(pCakeArray != NULL);
        assert(nCakeCnt > 0);

        m_nCakeCnt = nCakeCnt;

        // 初始化烙饼数组
        m_CakeArray = new int[m_nCakeCnt];
        assert(m_CakeArray != NULL);
        for(int i = 0; i < m_nCakeCnt; i++)
        {
            m_CakeArray[i] = pCakeArray[i];
        }

        // 设置最多交换次数信息
        m_nMaxSwap = UpperBound(m_nCakeCnt);

        // 初始化交换结果数组
        m_SwapArray = new int[m_nMaxSwap+1];
        assert(m_SwapArray != NULL);

        // 初始化中间交换结果信息
        m_ReverseCakeArray = new int[m_nCakeCnt];
        for(i = 0; i < m_nCakeCnt; i++)
        {
            m_ReverseCakeArray[i] = m_CakeArray[i];
        }
        m_ReverseCakeArraySwap = new int[m_nMaxSwap];
    }


    //
    // 寻找当前翻转的上界
    //
    //
    int UpperBound(int nCakeCnt)
    {
        return nCakeCnt*2;
    }


    //
    // 寻找当前翻转的下界
    //
    //
```

```
int LowerBound(int* pCakeArray, int nCakeCnt)
{
    int t, ret = 0;

    // 根据当前数组的排序信息情况来判断最少需要交换多少次
    for(int i = 1; i < nCakeCnt; i++)
    {
        // 判断位置相邻的两个烙饼，是否为尺寸排序上相邻的
        t = pCakeArray[i] - pCakeArray[i-1];
        if((t == 1) || (t == -1))
        {
        }
        else
        {
            ret++;
        }
    }
    return ret;
}

// 排序的主函数
void Search(int step)
{
    int i, nEstimate;

    m_nSearch++;

    // 估算这次搜索所需要的最小交换次数
    nEstimate = LowerBound(m_ReverseCakeArray, m_nCakeCnt);
    if(step + nEstimate > m_nMaxSwap)
        return;

    // 如果已经排好序，即翻转完成，输出结果
    if(IsSorted(m_ReverseCakeArray, m_nCakeCnt))
    {
        if(step < m_nMaxSwap)
        {
            m_nMaxSwap = step;
            for(i = 0; i < m_nMaxSwap; i++)
                m_arrSwap[i] = m_ReverseCakeArraySwap[i];
        }
        return;
    }

    // 递归进行翻转
    for(i = 1; i < m_nCakeCnt; i++)
    {
        Reverse(0, i);
        m_ReverseCakeArraySwap[step] = i;
        Search(step + 1);
        Reverse(0, i);
    }
}
```

```
        //
        // true : 已经排好序
        // false : 未排序
        //
        bool IsSorted(int* pCakeArray, int nCakeCnt)
        {
            for(int i = 1; i < nCakeCnt; i++)
            {
                if(pCakeArray[i-1] > pCakeArray[i])
                {
                    return false;
                }
            }
            return true;
        }


        //
        // 翻转烙饼信息
        //
        void Revert(int nBegin, int nEnd)
        {
            assert(nEnd > nBegin);
            int i, j, t;

            // 翻转烙饼信息
            for(i = nBegin, j = nEnd; i < j; i++, j--)
            {
                t = m_ReverseCakeArray[i];
                m_ReverseCakeArray[i] = m_ReverseCakeArray[j];
                m_ReverseCakeArray[j] = t;
            }
        }

private:

    int* m_CakeArray;        // 烙饼信息数组
    int m_nCakeCnt;          // 烙饼个数
    int m_nMaxSwap;          // 最多交换次数。根据前面的推断，这里最多为
                             // m_nCakeCnt*2
    int* m_SwapArray;        // 交换结果数组

    int* m_ReverseCakeArray;      // 当前翻转烙饼信息数组
    int* m_ReverseCakeArraySwap;  // 当前翻转烙饼交换结果数组
    int m_nSearch;                // 当前搜索次数信息
};
```

当烙饼不多的时候，我们已经可以很快地找出最优的翻转方案。

还有优化方案吗？

我们已经知道怎么构造一个可行的翻转方案，所以最优方案肯定不会比这个差。这个就是我们程序中的上界（UpperBound），就是说，我们感兴趣的最优方案最差也就是上面

的方案了。如果我们能够找到一个更好的构造方案，搜索空间就会继续缩小，所以我们一开始就设 m_nMaxSwap 为 UpperBound，而程序中有一个剪枝：

```
nEstimate = LowerBound(m_ReverseCakeArray, m_n);
if(step + nEstimate > m_nMaxSwap)
    return;
```

m_nMaxSwap 越小，这个剪枝条件就越容易满足，更多的情况就不需要再去搜索。当然，程序也就能更快地找出最优方案。

仔细分析上面的剪枝条件，在到达 m_ReverseCakeArray 状态之前，我们已经翻转了 step 次，nEstimate 是在当前这个状态我们至少还要翻转多少次才能成功的次数。如果 step+nEstimate 大于 m_nMaxSwap，也就说明从当前状态继续下去，一定会超过上界。当然就没有必要再继续了。

显然，nEstimate 越大，剪枝条件越容易被满足。而这正是我们希望的。

结合上面两点，我们希望 UpperBound 越小越好，而下界（LowerBound）越大越好。假设有神仙指点，只要告诉神仙当前的状态，他就能告诉你最少需要多少次翻转。这样，我们可以花费 $O(N^2)$ 的时间得到最优的方案。但是，现实中，没有这样的神仙。我们只能尽可能地减小 UpperBound，增加 LowerBound，从而减少需要搜索的空间。

利用上面的程序，做一个简单的比较。

对于一个输入，10 个烙饼，从上到下，烙饼半径分别为 3, 2, 1, 6, 5, 4, 9, 8, 7, 0。对应上面程序的输入为

```
10
3 2 1 6 5 4 9 8 7 0
```

如果 LowerBound 在任何状态都为 0，也就是我们太懒了，不想考虑那么多。当然任意状态下，你至少需要 0 次翻转才能排好序。这样，上面的程序 Search 函数被调用了 575 225 200 次。

但是如果把 LowerBound 稍微改进一下（如上面程序中所计算的方法估计），程序则只需要调用 172 126 次 Search 函数便可以得到最优方案：

```
6
4 8 6 8 4 9
```

程序中的下界怎么估计呢？

每一次翻转我们最多使得一个烙饼与大小跟它相邻的烙饼排到一起。如果当前 n 个烙饼中，有 m 对相邻的烙饼半径不相邻，那么我们至少需要 m 次才能排好序。

从上面的例子，大家都会发现改进上界和下界，好处可不少。

除了上界和下界的改进，还有什么办法可以提高搜索效率吗？如果我们翻了若干次之后，又回到一个已经出现过的状态，还值得继续从这个状态开始搜索吗？我们怎样去检测一个状态是否出现过呢？

读者也许不相信，比尔·盖茨在上大学的时候也研究过这个问题，并且发表过论文。你不妨跟盖茨的结果[1]比比吧。

扩展问题

1. 有一些服务员会把上面的一摞饼子放在自己头顶上（放心，他们都戴着洁白的帽子），然后再处理其他饼子，在这个条件下，我们的算法能有什么改进？

2. 事实上，饭店的师傅经常把烙饼烤得一面非常焦，另一面则是金黄色。这时，服务员还得考虑让烙饼大小有序，并且金黄色的一面都要向上。这样要怎么翻呢？

3. 有一次师傅烙了三个饼，一个两面都焦了，一个两面都是金黄色，一个一面是焦的，一面是金黄色，我把它们摞一起，只能看到最上面一个饼，发现是焦的，问这个饼的另一面是焦的概率是多少？

4. 每次翻烙饼的时候，上面的若干个烙饼会被翻转。如果我们希望在排序过程中，翻转烙饼的总个数最少，结果会如何呢？

5. 对于任意次序的 n 个饼的排列，我们可以研究把它们完全排序需要大致多少次翻转，目前的研究成果如下。

   - 目前找到的最大下界是 $\lceil 15n/14 \rceil$，就是说，如果有 100 个烙饼，那么我们至少需要 15×100/14=108 次翻转才能把烙饼翻好——而且具体如何翻还不知道。

---

1 Gates, W. and Papadimitriou, C. "Bounds for Sorting by Prefix Reversal." Discrete Mathematics. 27, 47~57, 1979. 据说这是比尔·盖茨发表的唯一学术论文。

- 目前找到的最小的上界是 $\lceil (5n+5)/3 \rceil$，对于 100 个烙饼，这个上界是 169。
- 任意次序的 n 个烙饼翻转排序所需的最小翻转次数被称为第 n 个烙饼数，现在找到的烙饼数为

N	1	2	3	4	5	6	7	8	9	10	11	12	13	14
P_n	0	1	3	4	5	7	8	9	10	11	13	14	15	?

第 14 个烙饼数 P_{14} 还没有找到，读者朋友们，能否在吃烙饼之余考虑一下这个问题？

1.4 ★★★ 买书问题

在节假日的时候，书店一般都会做促销活动。由于《哈利波特》系列相当畅销，店长决定通过促销活动来回馈读者。上柜的《哈利波特》平装本系列中，一共有五卷。假设每一卷单独销售均需 8 欧元[1]。如果读者一次购买不同的两卷，就可以扣除 5%的费用，三卷则更多。假设具体折扣的情况如下。

本数	折扣
2	5%
3	10%
4	20%
5	25%

在一份订单中，根据购买的卷数及本数，就会出现可以应用不同折扣规则的情况。但是，一本书只会应用一个折扣规则。比如，读者一共买了两本卷一，一本卷二。那么，可以享受到 5%的折扣。另外一本卷一则不能享受折扣。如果有多种折扣，希望计算出的总额尽可能的低。

要求根据以上需求，设计出算法，能够计算出读者所购买一批书的最低价格。

---

1 这是我们为了计算的方便而制定的价钱，不保证 8 欧元可以买到这样的书。

分析与解法

怎么购买比较省钱呢？第一个感觉，当然是优先考虑最大折扣，然后次之。

这的确是一个有效的办法。但这个算法是不是最省钱的呢？我们直接分析可能的拆解方式，来看看算法的可行性。

比如对于两本不同卷的书，最多只能享受到 2×5%=0.1 的折扣。

对于三本不同卷的书，可以按照 3 卷的折扣或按照 2 卷+1 卷的折扣。折扣额度分别为 3×10%=0.3 或者 2×5%+1×0%=0.1。

基于这样的推算，除去所有不能享受折扣的组合[1]（比如把三卷不同的书拆成三个一本来买，就不能享受任何折扣），可以得出如下的折扣表。[2]

表 1-1 折扣计算表

本数	可能的分解组合	对应的折扣
对于 2-5 本（不同卷），直接按折扣购买	2	0.1
	3	0.3
	4	0.8
	5	1.25
6	=5+1	1.25
	=4+2	0.9
	=3+3	0.6
	=2+2+2	0.3
7	=5+2	1.35
	=4+3	1.1
	=3+2+2	0.5
8	=5+3	5×25%+3×10%=1.55
	=4+4	4×20%+4×20%=1.6
	=3+3+2	0.7
	=2+2+2+2	0.4
9	=5+4	2.05
	=5+2+2	1.45
	=4+3+2	1.2
	=3+3+3	0.9
10	=5+5	2.5
	=4+4+2	1.7
	=4+3+3	1.4
	=2+2+2+2+2	0.5

---

1 上面的分解并没有列举所有情况。仅考虑理论上可能的最大分法，对于不能进行分解的情况，比如购买 6 本卷一，没有办法享受折扣，因此其折扣将小于上述分解的情况。同样地，对于购买 5 本卷一，1 本卷二的情况，最多只能享受一种折扣，其折扣也会小于上述的分解情况。因此只列出了所有最大折扣情况。

2 薛笛同学的思路对本题改进有贡献。

参见：*http://blog.csdn.net/kabini/archive/2008/04/16/2296943.aspx*

对于总数为 10 本以上的情况，都可以分解成为表 1-1 中所存在的组合。从表 1-1 中可以看到加粗的地方违反了贪心的规则。当我们要买 8 本书时，比如说买两本第一卷，两本第二卷，两本第三卷，一本第四卷，一本第五卷，其序列为（2,2,2,1,1）。

按照优先考虑最大折扣的策略，即选择 5+3，购买序列为（1,1,1,1,1）和（1,1,1,0,0）。我们先买每卷各一本，花去 5×8×(1-25%)=30，再买第一、二、三卷，花去 3×8×(1-10%)=21.6，共计 51.6 欧元。但是如果我们换一个策略，即选择 4+4，购买序列为（1,1,1,1,0）及（1,1,1,0,1）。先买第一、二、三、四卷，然后再买第一、二、三、五卷，那么总共花去 2×4×8×(1-20%)=51.2 欧元。

因此，针对这个问题试图用贪心策略行不通[1]。

解法一

那么，有可能改进贪心算法，从而得到一个可行的方案吗？

从表 1-1 中可以看出，该贪心策略会在买 5+3 本的时候出错。因为根据贪心算法所推荐的 5+3 的购买方式，没有 4+4 购买方式的折扣大。

回过头对比一下。

在小于 5 本的情况下，直接按折扣买就好了。

2	5%
3	10%
4	20%
5	25%

这些用贪心算法都是适用的。

那么如果大于 5 本呢？由于折扣的规则仅针对 2 到 5 的情况，那么选择两次扣除的最大的组合数为每次 5 本，最多为 10 本。对于 10 本以上理论上都能拆解为表 1-1 中出现的组合。

因此，暂时先来研究总数在 10 本以内的情况。如果要买的书为（Y_1,Y_2,Y_3,Y_4,Y_5）（其中 $Y_1>=Y_2>=Y_3>=Y_4>=Y_5$），贪心策略建议我们 Y_5 次 5 卷，（Y_4-Y_5）次 4 卷，（Y_3-Y_4）次 3 卷，（Y_2-Y_3）次 2 卷和（Y_1-Y_2）次 1 卷。

---

1 假设我们的测算表中，所有的组合都符合贪心策略，能够说明贪心策略就一定有效吗？

根据表 1-1 中出现的反例，必须做相应的调整。即考虑把 5+3 的组合都变成为 4+4 的组合（这样的调整总是可行的吗？）。因此，把 K 次 5 卷和 K 次 3 卷重新组合成 $2×K$ 次 4 卷（$K=\min\{Y_5,Y_3-Y_4\}$）。结果就是应该购买（Y_5-K）次 5 卷，（Y_4-Y_5+2K）次 4 卷，（Y_3-Y_4-K）次 3 卷，（Y_2-Y_3）次 2 卷和（Y_1-Y_2）次 1 卷（$K=\min\{Y_5,Y_3-Y_4\}$）。

比如要买 2 本第一卷，2 本第二卷，1 本第三卷，1 本第四卷和 3 本第五卷，像前面所说的，我们要买的书可以用（3,2,2,1,1）表示。在新的贪心策略下，$K=\min\{Y_5,Y_3-Y_4\}=\min\{1,1\}=1$。那么购买各种卷数的数量为

$\quad$ 5 种不同卷　　　$Y_5-K=1-1=0$

$\quad$ 4 种不同卷　　　$Y_4-Y_5+2K=1-1+2=2$

$\quad$ 3 种不同卷　　　$Y_3-Y_4-K=2-1-1=0$

$\quad$ 2 种不同卷　　　$Y_2-Y_3=2-2=0$

$\quad$ 1 种不同卷　　　$Y_1-Y_2=3-2=1$

具体组合信息如下。

表 1-2　书籍分解表

初始组合	当前购买组合	组合说明	剩下组合	组合调整
（3,2,2,1,1）	（1,1,1,1,0）	一次四卷不同书籍	（2,1,1,0,1）	（2,1,1,1,0）
（2,1,1,1,0）	（1,1,1,1,0）	一次四卷不同书籍	（1,0,0,0,0）	（1,0,0,0,0）
（1,0,0,0,0）	（1,0,0,0,0）	一次一卷不同书籍	（0,0,0,0,0）	（0,0,0,0,0）

那么，对于 10 本以上的情况，仍然有可能基于调整的贪心算法思路做应用吗？

第一种可能：

比如说，可以考虑把任意多组数据都分解为 10 以内的情况。考虑对大于 10 本的情况提出如下假设：

假设在分解的过程中，可以找到如下一种分法：可以把 10 本以上的书籍分成小于 10 的多组（$X_{11}, X_{12}, X_{13}, X_{14}, X_{15}$），（$X_{21}, X_{22}, X_{23}, X_{24}, X_{25}$）…（$X_{n1}, X_{n2}, X_{n3}, X_{n4}, X_{n5}$），并且使得只要把每组的最优解相加，就可以得到全局的最优解。

这样就可以应用以上的修改方法来进行计算，从而得到最优解。

那么这种分法是正确的吗？有办法证明或者找到反例吗？

第二种可能：

对于适用贪心算法的情况来讲，最重要的原则就是做出当前最好的选择，而不考虑整体最优。那么，如果我们考虑在贪心算法的选择上做些文章，把贪心算法的选择思路做进一步扩充，结果会不会更好呢？

既然依然沿着贪心选择的思路来走，那么，在对任意一组数据的分解上来看，依然考虑按照最大的分法进行组合。

比如给定一个序列（7,6,5,3,2），根据贪心算法，势必会分成如下组合。

表 1-3　贪心算法表

Y_1	Y_2	Y_3	Y_4	Y_5
1				
1	1			
1	1	1		
1	1	1		
1	1	1	1	
1	1	1	1	1
1	1	1	1	1

根据表 1-1 出现的反例，直接按照贪心算法分解会得到错误的结果。那么，是否有可能约束使做当前选择时，仅仅往前面多考虑一步，根据下一步的情况来决定当前的选择呢？

比如说，当前理论上应该选择 5，但是由于下面有 4 或者 3 的组合，那么应该把 5+3 的组合拆分为 4+4 的组合。

很快地，我们会发现，当前给出的例子第一次选择 5 之后，下一步仍然选择 5，也就是说我们很难仅仅根据多考虑一步的情况来做出正确选择，从而得到最优解。

如果换个思路呢？比如根据贪心算法计算出一个表，如表 1-3，直接套用总数为 10 本以下的调整方法，找出所有违反贪心算法的反例，直接进行调整（如把所有 5+3 的组合改变成为 4+4 的组合）呢？这样是否可以充分利用贪心算法的便捷，同时又对其不足和反例进行调整？

比如，对于当前序列（7,6,5,3,2），贪心的结果是 5+5+4+3+3+2+1 的组合，调整之后会成为 4+4+4+4+4+2+1 的组合。这个看起来是正确的。

那么，有办法证明查表法是正确的吗？

解法二

经过多次努力，我们很难证明贪心算法，甚至是找到一个合适的改进过的贪心算法。那么，还有什么办法吗？似乎只能使用动态规划法了。

首先，在使用动态规划之前，得考虑怎么表达购买中间出现的状态。假设我们用 X_n 来表示购买第 n 卷书籍的数量。如果要买 X_1 本第一卷，X_2 本第二卷，X_3 本第三卷，X_4 本第四卷，X_5 本第五卷，那么我们可以用（X_1, X_2, X_3, X_4, X_5）表示，而 $F(X_1, X_2, X_3, X_4, X_5)$ 表示我们要买这些书需要的最少花费。

如果我们要买 X_3 本第一卷，X_2 本第二卷，X_1 本第三卷，X_4 本第四卷，X_5 本第五卷呢？是否需要用 $F(X_3, X_2, X_1, X_4, X_5)$ 来表示呢？其实不难看出，因为各卷的价格一样，需要的最少花费仍然等于 $F(X_1, X_2, X_3, X_4, X_5)$。也就是说，$F(X_1, X_2, X_3, X_4, X_5)$ 等价于 $F(X_3, X_2, X_1, X_4, X_5)$。因此我们没有必要区分不同的卷。那么对于所有跟（$X_1, X_2, X_3, X_4, X_5$）等价的情况，我们用什么来表示呢？$F(X_1, X_2, X_3, X_4, X_5)$ 还是 $F(X_1, X_2, X_3, X_5, X_4)$，还是……

根据排列组合的规则，最多有 5! 种可选择的表示方法，我们可以选择一种特别的表示（Y_1, Y_2, Y_3, Y_4, Y_5）（其中，Y_n 用来表示购买第 n 卷书籍的数量，Y_1, Y_2, Y_3, Y_4, Y_5 是 X_1, X_2, X_3, X_4, X_5 的重新排列，满足 $Y_1 \geq Y_2 \geq Y_3 \geq Y_4 \geq Y_5$），我们称它为所有跟（$X_1, X_2, X_3, X_4, X_5$）等价的情况的"最小表示"。

接下来，就需要考虑怎么把一个大问题转化为小一点的问题。

假定要买的书为（Y_1, Y_2, Y_3, Y_4, Y_5）。如果第一次考虑为 5 本不同卷付钱（当然这里需要保证 $Y_5 >= 1$），那么剩下还要再付钱的书集合为（$Y_1-1, Y_2-1, Y_3-1, Y_4-1, Y_5-1$）。显然，如果一次买 5 本书，我们没有其他的选择。

如果第一次考虑买 4 本不同卷（$Y_4 >= 1$）那么我们就有如下可能的买书集合。

（$Y_1-1, Y_2-1, Y_3-1, Y_4-1, Y_5$）
（$Y_1-1, Y_2-1, Y_3-1, Y_4, Y_5-1$）
（$Y_1-1, Y_2-1, Y_3, Y_4-1, Y_5-1$）
（$Y_1-1, Y_2, Y_3-1, Y_4-1, Y_5-1$）
（$Y_1, Y_2-1, Y_3-1, Y_4-1, Y_5-1$）

根据题意，不同卷的书组合起来才能享受折扣，至于具体是哪几卷，并没有要求。但是，问题在于，应该如何选择一种组合来继续分解下去呢？

凭直觉来看，选择（Y_1-1, Y_2-1, Y_3-1, Y_4-1, Y_5）的组合能够留下最多的后续组合。因为 $Y_1 \geqslant Y_2 \geqslant Y_3 \geqslant Y_4 \geqslant Y_5$。比如对于（2,2,2,2,1）这样的卷数组合来说，选择扣除（1,1,1,1,0）之后，留下的组合为（1,1,1,1,1）还可以做一次基于 5 本书的折扣。但是如果选择扣除（1,1,1,0,1）之后，留下的组合是（1,1,1,2,0）。后续只能分解为（1,1,1,1,0）和（0,0,0,1,0）。

那么，是否能够证明（Y_1-1, Y_2-1, Y_3-1, Y_4-1, Y_5）就是最好的组合呢？

可以做如下的假设，假设在（Y_1, Y_2, Y_3, Y_4, Y_5）的情况下选择扣除（1,1,1,0,1）得到了最优解。此时，剩下的组合为（Y_1-1, Y_2-1, Y_3-1, Y_4, Y_5-1）。

在此基础上，如果能够证明在扣除（1,1,1,1,0）之后，剩下组合为（Y_1-1, Y_2-1, Y_3-1, Y_4-1, Y_5）的情况下也能得到最优解，那么，可以认为每次都按照（1,1,1,1,0）的扣除方式可以代表后续的所有组合。

从选择扣除 4 本书的组合来看，目前的选择扣除为（1,1,1,0,1），由于 $Y_4 \geqslant Y_5$，那么，显然在（Y_1-1, Y_2-1, Y_3-1, Y_4, Y_5-1）的组合中，$Y_4 > Y_5-1$。则在（Y_1-1, Y_2-1, Y_3-1, Y_4, Y_5-1）的所有最优解中，一定存在某些组合仅有 Y_4 而没有 Y_5。

举例来说明。

假设 $Y_1=Y_2=Y_3=Y_4=Y_5=2$。

选择（1,1,1,1,0），剩下（Y_1-1, Y_2-1, Y_3-1, Y_4-1, Y_5）的组合为（1,1,1,1,2），剩下的**书序号**集合为{1,2,3,4,5,5}。

选择（1,1,1,0,1），剩下（Y_1-1, Y_2-1, Y_3-1, Y_4, Y_5-1）的组合为（1,1,1,2,1），剩下的**书序号**集合为{1,2,3,4,4,5}。

由于 $Y_4 \geqslant Y_5 > Y_5-1$，所以后者的各种折扣方案中，总是有一个方案的某个组合中存在第 4 本书而没有第 5 本书。

（Y_1-1, Y_2-1, Y_3-1, Y_4, Y_5-1）的可能折扣方案：

    {1,2,3,4,5} {4}
    {1,2,3,4} {4,5}
    {1,2,4} {3,4,5}
    ...

可以看到不管哪个方案，都一定存在有第 4 本书，而没有第 5 本书的分解情况。

    {1,2,3,4,5} {4}中的{4}

{1,2,3,4} {4,5}中的{1,2,3,4}

{1,2,4} {3,4,5}中的{1,2,4}

这样,我们总可以把有第 4 本书,而没有第 5 本书的组合里面的第 4 本书换成第 5 本书。

{1,2,3,4,5} {4} → {1,2,3,4,5} {5}

{1,2,3,4} {4,5} → {1,2,3,5} {4,5}

{1,2,4} {3,4,5} → {1,2,5} {3,4,5}

右边的这些解,就是扣除（1,1,1,1,0）之后,（Y_1-1, Y_2-1, Y_3-1, Y_4-1, Y_5）的解。

也就是说,对于任何（Y_1-1, Y_2-1, Y_3-1, Y_4, Y_5-1）的最优解都能转化为（Y_1-1, Y_2-1, Y_3-1, Y_4-1, Y_5）的一个解,那么对于在扣除 4 本书折扣组合的情况下,选择（Y_1-1, Y_2-1, Y_3-1, Y_4-1, Y_5）可以代表其他组合的解,即我们不用再考虑其他的可能,如（Y_1-1, Y_2-1, Y_3-1, Y_4, Y_5-1）。

其他同理,不再做具体讨论。根据如上推理可以得到状态转移方程:

F（Y_1, Y_2, Y_3, Y_4, Y_5）

= 0   if （$Y_1 = Y_2 = Y_3 = Y_4 = Y_5 = 0$）

= min {

$5 \times 8 \times$（$1 - 25\%$）$+ F$（Y_1-1, Y_2-1, Y_3-1, Y_4-1, Y_5-1）,   if（$Y_5 >= 1$）

$4 \times 8 \times$（$1 - 20\%$）$+ F$（Y_1-1, Y_2-1, Y_3-1, Y_4-1, Y_5）,   if（$Y_4 >= 1$）

$3 \times 8 \times$（$1 - 10\%$）$+ F$（Y_1-1, Y_2-1, Y_3-1, Y_4, Y_5）,   if（$Y_3 >= 1$）

$2 \times 8 \times$（$1 - 5\%$）$+ F$（Y_1-1, Y_2-1, Y_3, Y_4, Y_5）,   if（$Y_2 >= 1$）

$8 + F$（Y_1-1, Y_2, Y_3, Y_4, Y_5）   if（$Y_1 >= 1$）

}

状态转化之后得到的（Y_1-1, Y_2-1, Y_3-1, Y_4-1, Y_5）等可能不是"最小表示",我们需要把它们转化为对应的最小表示。比如:

F（2, 2, 2, 2, 2）

= min {

$5 \times 8 \times$（$1 - 25\%$）$+ F$（1, 1, 1, 1, 1）,

$4 \times 8 \times$（$1 - 20\%$）$+ F$（1, 1, 1, 1, 2）,   /* 这里不是最小表示 */

$3 \times 8 \times$（$1 - 10\%$）$+ F$（1, 1, 1, 2, 2）,

$2 \times 8 \times$（$1 - 5\%$）$+ F$（1, 1, 2, 2, 2）,

$$8 + F(1, 2, 2, 2, 2)$$
$$\}$$
$$= \min \{$$
$$5 \times 8 \times (1 - 25\%) + F(1, 1, 1, 1, 1),$$
$$4 \times 8 \times (1 - 20\%) + F(2, 1, 1, 1, 1), \qquad \text{/* 转换为最小表示 */}$$
$$3 \times 8 \times (1 - 10\%) + F(2, 2, 1, 1, 1),$$
$$2 \times 8 \times (1 - 5\%) + F(2, 2, 2, 1, 1),$$
$$8 + F(2, 2, 2, 2, 1)$$
$$\}$$

从上面的表示公式中可以看出，整个动态规划的算法需要耗费 $O(Y_1 \times Y_2 \times Y_3 \times Y_4 \times Y_5)$ 的空间来保存状态的值，所需要的时间复杂度也为 $O(Y_1 \times Y_2 \times Y_3 \times Y_4 \times Y_5)$。

1.5 ★★
快速找出故障机器

关心数据挖掘和搜索引擎的程序员都知道，我们需要很多的计算机来存储和处理海量数据。然而，计算机难免出现硬件故障而导致网络联系失败或死机。为了保证搜索引擎的服务质量，我们需要保证每份数据都有多个备份。

简单起见，我们假设一个机器仅储存一个标号为 ID 的记录（假设 ID 是小于 10 亿的整数），假设每份数据保存两个备份，这样就有两个机器储存了同样的数据。

1. 在某个时间，如果得到一个数据文件 ID 的列表，是否能够快速地找出这个表中仅出现一次的 ID？

2. 如果已经知道只有一台机器死机（也就是说只有一个备份丢失）呢？如果有两台机器死机呢（假设同一个数据的两个备份不会同时丢失）？

分析与解法

解法一

这个问题可以转化成：有很多的 ID，其中只有一个 ID 出现的次数小于 2，其他正常 ID 出现的次数都等于 2，问如何找到这个次数为 1 的 ID。

为了达到这个目的，最简单的办法就是直接遍历列表，利用一个数组记下每个 ID 出现的次数，遍历完毕之后，出现次数小于 2 的 ID 就是我们想要的结果。假设有 N 个 ID，且 ID 的取值在 $0\sim(N-1)$ 之间，这个解法占用的时间复杂度为 $O(N)$，空间复杂度为 $O(N)$。

时间复杂度已经相当理想，但是空间复杂度仍觉不够理想。如果 ID 的数量多达几 GB 甚至几十 GB，这样的空间复杂度在实际的运算中就会带来效率问题。那么，是否有办法进一步地减少空间复杂度呢？

解法二

仔细思考一下，哪些数据是不必存储的呢？大部分的机器 ID 出现次数都等于 2，这些 ID 的信息有必要吗？我们可以利用这样一个特性：ID 出现次数等于 2 的机器肯定不是故障的机器，可以不予考虑。因此，可以把解法 1 数组中等于 2 的元素清空，然后用来存储下一个机器 ID 的出现次数，这样就可以减少需要的空间。

具体方法如下：遍历列表，利用哈希表记下每个 ID 出现的次数，每次遇见一个 ID，就向哈希表中增加一个元素；如果这个 ID 出现的次数为 2，那么就从哈希表中删除这个 ID，最后剩下的 ID 就是我们想要的结果。这个算法空间复杂度在最好情况下可以达到 $O(1)$，在最坏情况下仍然是 $O(N)$。

解法三

前面的两个算法的时间复杂度已经达到了 $O(N)$，并且空间复杂度也已经有了一定的突破，那么是否有可能进一步提高算法的性能呢？

分别从时间复杂度，空间复杂度方面考虑，时间复杂度上面很难有太大的突破。因为，已经降到了 $O(N)$ 这个规模了。那么，空间复杂度呢？

如果想继续降低空间复杂度，就要摒弃遍历列表计数这种方法了，考虑采用完全不同的模式来计算。

如果空间复杂度仍然在 N 这个级别，其实也没有降多少。是否可以降到常数级别呢？更加极端一点，是否可能使得空间复杂度降为 $O(1)$，也就是说只利用一个变量来记录遍历列表的结果。

如果这样，我们可以把这个变量写成：$x(i) = f(list[0], list[1], \cdots, list[i])$，也就是说这个变量是已经遍历过的列表元素的函数。这个函数需要满足的条件就是：$x(N) = ID\_Lost$。也就说遍历完整个列表后，这个变量的值应该等于丢失备份的 ID。

我们需要做的就是寻找合适的 f。

显然，f 的形式不只一种。那么，我们可以先考虑找出一种可行的函数。对于第一问，我们已经知道，列表中仅有一个 ID 出现了一次。那么，可以考虑使用异或关系来帮忙找到结果。

因为 $X \oplus X = 0$ 且 $X \oplus 0 = X$，因此，可以把这个关系应用到构造这个函数上面。因为，正确的机器都会有两个 ID，不正确的机器只有一个 ID。所以所有 ID 的异或值就等于这个仅出现一次的 ID（因为异或运算满足交换律和结合律，其他出现两次的 ID 异或完都为 0）。这样我们只使用一次遍历运算就得到了只有一台故障机器情况下故障机器的 ID。

因此，就可以使用 $x(i) = list[0] \oplus list[1] \oplus \cdots \oplus list[i]$ 来作为结果值。

在这样的情况下，时间复杂度为 $O(N)$，由于只需要保存一个运算结果，因此空间复杂度为 $O(1)$。

对于第二问，由于有两个 ID 仅出现了一次，设它们为 A 和 B，那么所有 ID 的异或值为 $A \oplus B$（道理同上面分析的一样）。但还是无法确定 A 和 B 的值。

可以进行分类讨论：如果 $A=B$，则 $A \oplus B$ 为 0，也就是说丢失的是同一份数据的两个拷贝，我们可以通过求和的方法得到 A 和 B（$A=B=$(所有 ID 之和–所有正常工作机器 ID 之和)/2）。如果 $A \oplus B$ 不等于 0，那么这个异或值的二进制中某一位为 1。显然，A 和 B 中有且仅有一个数的相同位上也为 1。

我们就把所有 ID 分成两类，一类在这位上为 1，另一类这位上为 0。那么对于这两类 ID，每一类分别含有 A 和 B 中的一个。那么我们使用两个变量，在遍历列表时，分别计算这两类 ID 的异或和，即可得到 A 和 B 的值。

解法四

解法三的空间复杂度只有 $O(1)$，时间复杂度为 $O(N)$，在计算复杂度上已经做到了最优。但对于第二问两台机器死机的情况，只能解决两台故障机器 ID 不同的情况，如果 ID 相同则无法解决。

那如果需要考虑死机的两台机器 ID 相同的情况，还有没有办法解决呢？让我们再回头仔细分析一下，这个问题可以抽象为：在一个事先预定的整数（ID）集合当中，怎么样找出其中丢失的一个数（ID）或者两个数（ID）？

让我们回忆一下以前数学中的"不变量"的概念，就会发现所有机器 ID 的求和是一个固定的值，也就是我们所说的"不变量"。或许这个"不变量"可以用来解决我们当前的问题。如果只有一台机器死机，相当于我们这个 ID 集合里面少了一个 ID，也就是说我们把剩下的 ID 求和，和所有 ID 的求和（"不变量"）的差就是当前缺少的 ID 的数值！

可以得到如下算法：预先计算并保存好所有 ID 的求和（"不变量"），顺序列举当前所有剩下的 ID，对它们求和，然后用所有 ID 的求和（"不变量"）减去当前剩所有 ID 的和，结果就是死机的机器 ID 的值。由于所有 ID 的求和（"不变量"）可以预先算好，而且在所有的检测中只算一次，当前算法的时间复杂度为 $O(N)$，空间复杂度为 $O(1)$，和解法三一样是计算复杂度最优的算法。

对于第二问，我们考虑所有的情况，即两个 ID 可以不同也可以相同。这时候就相当于在 ID 的集合里面丢失了两个 ID。用上面的同样方法我们只能得到这两个 ID 的和，假设丢失的两个 ID 分别是 x 和 y，我们只能知道 $x+y$ 的值，写成 $x+y=a$，并不能分辨 x 和 y 的值。显然我们需要更多的信息来确定 x 和 y 的值。让我们回忆一下初中数学的二元方程，两个变量需要两个方程才能求出解，我们现在只有一个，如果我们还能再构造出一个关于 x 和 y 的方程，就能求出 x 和 y 的值。可能读到这里，聪明的读者已经能构造出第二个方程了。

第二个方程有很多种构造方法，这里提供一种供大家参考：我们再用一个所有 ID 乘积的不变量，预先计算并保存好所有 ID 的乘积（"不变量"），顺序列举当前所有剩下的 ID，把他们乘起来得到乘积，然后用所有 ID 的乘积（"不变量"）除以当前剩下所有 ID 的乘积，结果就是两台死机的机器 ID 的乘积，也就是 xy 的值，写成 $xy=b$。这样我们通过联立上面两个方程 $x+y = a$ 和 $xy = b$，就可以计算出 x 和 y 的值。计算时间复杂度为 $O(N)$，空间复杂度为 $O(1)$。

当然这里说的是一种理想的情况，聪明的读者可能会发现这里有一个问题。因为 ID 通常是一个比较大的整数，而机器 ID 的数量通常又比较多，产生的问题就是很多整数相乘结果可能会溢出。这点涉及实现的问题，我们就不多加讨论了，其实也是有办法可以避免的，比如不采用乘积的形式构造第二个方程，而采用平方和的形式构造第二个方程。

扩展问题

如果所有的机器都有 3 个备份，也就是说同一 ID 的机器有 3 台，而且同时又有 3 台机器死机，还能用上面解法四的思路解决吗？如果有 N 个备份，而且同时又有 N 台机器死机，是否还能解决？

相关问题

这个问题本质上也是从一堆数字中找到丢失的一个数字的问题。有这样的一个扑克牌抽牌问题："给你一副杂乱的扑克牌（不包括大小王），任意从其中抽出一张牌，怎样用最简单的方法分析抽出的是 1~13 中的哪一张（不要求知道花色）"。

1.6 ★★★ 饮料供货

在微软亚洲研究院上班，大家早上来的第一件事是干啥呢？查看邮件？No，是去水房拿饮料：酸奶，豆浆，绿茶、王老吉、咖啡、可口可乐……（当然，还是有很多同事把拿饮料当成第二件事）。

管理水房的阿姨们每天都会准备很多的饮料给大家，为了提高服务质量，她们会统计大家对每种饮料的满意度。一段时间后，阿姨们已经有了大批的数据。某天早上，当实习生小飞第一个冲进水房并一次拿了五瓶酸奶、四瓶王老吉、三瓶鲜橙多时，阿姨们逮住了他，要他帮忙。

从阿姨们统计的数据中，小飞可以知道大家对每一种饮料的满意度。阿姨们还告诉小飞，STC（Smart Tea Corp.）负责给研究院供应饮料，每天总量为 V。STC 很神奇，他们提供的每种饮料之单个容量都是 2 的方幂，比如王老吉，都是 $2^3=8$ 升的，可乐都是 $2^5=32$ 升的。当然 STC 的存货也是有限的，这会是每种饮料购买量的上限。统计数据中用饮料名字、容量、数量、满意度描述每一种饮料。

那么，小飞如何完成这个任务，求出保证最大满意度的购买量呢？

分析与解法

解法一

我们先把这个问题"数学化"。

假设 STC 共提供 n 种饮料，用（S_i、V_i、C_i、H_i、B_i）（对应的是饮料名字、容量、可能的最大数量、满意度、实际购买量）来表示第 i 种饮料（$i = 0, 1, \cdots, n-1$），其中可能的最大数量指 STC 存货的上限。

基于如上表示：

饮料总容量为 $\sum\limits_{i=0}^{n-1}(V_i \times B_i)$；

总满意度为 $\sum\limits_{i=0}^{n-1}(H_i \times B_i)$；

那么题目的要求就是，在满足条件 $\sum\limits_{i=0}^{n-1}(V_i \times B_i)=V$ 的基础上，求解 $\max\{\sum\limits_{i=0}^{n-1}(H_i \times B_i)\}$。

对于求最优化的问题，我们来看看动态规划能否解决。用 Opt（V', i）表示从第 i, $i+1$, $i+2$, $\cdots$, $n-1$ 种饮料中，算出总量为 V' 的方案中满意度之和的最大值。

因此，Opt（V, n）就是我们要求的值。

那么，我们可以列出如下的推导公式：Opt（V', i）= max { $k \times H_i$ + Opt（$V' - V_i \times k$, $i+1$）} （$k = 0, 1, \cdots, C_i$, $i = 0, 1, \cdots, n-1$）。

即：最优化的结果="选择 k 个第 i 种饮料的满意度+剩下部分不考虑第 i 种饮料的最优化结果"的最大值。根据推导公式，我们列出如下的初始边界条件：

Opt（0, n）= 0，即容量为 0 的情况下，最优化结果为 0；

Opt（x, n）= -INF（$x \ne 0$）（ -INF 为负无穷大），即在容量不为 0 的情况下，把最优化结果设为负无穷大，并把它作为初值。

根据以上的推导公式，就不难列出动态规划求解代码，如代码清单 1-9 所示。

代码清单 1-9

```
int Cal(int V, int T)
{
    opt[0][T] = 0;                          // 边界条件，T 为饮料种类
    for(int i = 1; i <= V; i++)             // 边界条件
    {
        opt[i][T] = -INF;
    }
    for(int j = T - 1; j >= 0; j--)
    {
        for(int i = 0; i <= V; i++)
        {
            opt[i][j] = -INF;
            for(int k = 0; k <= C[j]; k++)  // 遍历第 j 种饮料选取数量 k
            {
                if(i <= k * V[j])
                {
                    break;
                }
                int x = opt[i - k * V[j]][j + 1];
                if(x != -INF)
                {
                    x += H[j] * k;
                    if(x > opt[i][j])
                    {
                        opt[i][j] = x;
                    }
                }
            }
        }
    }
    return opt[V][0];
}
```

在上面的算法中，空间复杂度为 O（$V{\times}N$），时间复杂度约为 O（$V{\times}N{\times}\mathrm{Max}$（$C_i$））。

因为我们只需要得到最大的满意度，则计算 opt[i][j] 的时候不需要 opt[i][j+2]，只需要 opt[i][j] 和 opt[i][j+1]，所以空间复杂度可以降为 O（V）。

解法二

应用上面的动态规划法可以得到结果，那么是否有可能进一步地提高效率呢？我们知道动态规划算法的一个变形是备忘录法，备忘录法也是用一个表格来保存已解决的子问题的答案，并通过记忆化搜索来避免计算一些不可能到达的状态。具体的实现方法是为每个子问题建立一个记录项。初始化时，该记录项存入一个特殊的值，表示该子问题尚未求解。在求解的过程中，对每个待求解的子问题，首先查看其相应的纪录项。若记录项中存储的是初始化时存入的特殊值，则表示该子问题是第一次遇到，此时计算出该子问

题的解，并保存在其相应的记录项中。若记录项中存储的已不是初始值，则表示该子问题已经被计算过，此时只需要从记录项中取出该子问题的解答即可。

因此，我们可以应用备忘录法来进一步提高算法的效率（如代码清单 1-10）。

代码清单 1-10

```
int[V + 1][T + 1] opt;          // 子问题的记录项表，假设从 i 到 T 种饮料中，
                                // 找出容量总和为 V' 的一个方案，满意度最多能够达到
                                // opt(V', i, T-1)，存储于 opt[V'][i]，
                                // 初始化时 opt 中存储值为-1，表示该子问题尚未求解
int Cal(int V, int type)
{
    if(type == T)
    {
        if(V == 0)
            return 0;
        else
            return -INF;
    }
    if(V < 0)
        return -INF;
    else if(V == 0)
        return 0;
    else if(opt[V][type] != -1)
        return opt[V][type];        // 该子问题已求解，则直接返回子问题的解
                                    // 子问题尚未求解，则求解该子问题
    int ret = -INF;
    for(int i = 0; i <= C[type]; i++)
    {
        int temp = Cal(V - i * C[type], type + 1);
        if(temp != -INF)
        {
            temp += H[type] * i;
            if(temp > ret)
                ret = temp;
        }

    }
    return opt[V][type] = ret;
}
```

解法三

请注意这个题目的限制条件，看看它能否给我们一些特殊的提示。

我们把信息重新整理一下，按饮料的容量（单位为 L）排序：

Volume	TotalCount	Happiness
2^0L	TC_0_0	H_0_0
2^0L	TC_0_1	H_0_1
...	...	...
2^0L	$TC_0\_n_0$	$H_0\_n_0$
2^1L	TC_1_0	H_1_0
2^ML	TC_M_0	H_M_0
...	...	...

如上表，我们有 n_0 种容量为 2^0L 的饮料，它们的数量和满意度分别为（TC_0_0，H_0_0），（TC_0_1，H_0_1）……假设最大容量为 2^ML。一开始，如果 V%（2^1）非零，那么，我们肯定需要购买 2^0L 容量的饮料，至少一瓶。在这里可以使用贪心规则，购买满意度最高的一瓶。除去这个，我们只要再购买总量（$V-2^0$）L 的饮料就可以了。这时，如果我们要购买 2^1L 容量的饮料怎么办呢？除了 2^1L 容量里面满意度最高的，我们还应该考虑，两个容量为 2^0L 的饮料组合的情况。其实我们可以把剩下的容量为 2^0L 的饮料按满意度从大到小排列，并用最大的两个满意度组合出一个新的"容量为2L"[1]的饮料。不断地使用这样贪心原则，即得解。这是不是就简单了很多呢？

---

1 这种贪心策略怎么高效实现呢？

1.7 ★★★ 光影切割问题

不少人很爱玩游戏,例如 CS[1],游戏设计也成为程序开发的热点之一。我们假设要设计破旧仓库之类的场景作为战争游戏的背景,仓库的地面会因为阳光从屋顶的漏洞或者窗口照射进来而形成许多光照区域和阴影区域。简单起见,假设不同区域的边界都是直线[2],我们把这些直线都叫做"光影线",并假设没有光影线是平行于 Y 轴的,且不存在三条光影线相交于一点的情况。如图 1-9 所示。

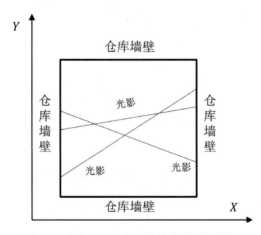

图 1-9　仓库地面被光影分割成不同的区域

那么,如果我们需要快速计算某个时刻,在 X 坐标$[A, B]$区间的地板上被光影划分成多少块。如何设计算法?

---

1 CS:英文名称为 Half-life 或 Counter-Strike,一种风靡全球的第一人称动作类枪战游戏。
2 在设计中,曲线也可以用一组直线来模拟以简化模型,加快速度。

分析与解法

解法一

在分析问题之前，我们可以先研究一下图形中不同线段之间的关系。

在图 1-10 中，每一条直线代表一条光影。那么，直线相交之后产生的分块信息是否和直线的交点有直接的关系呢？

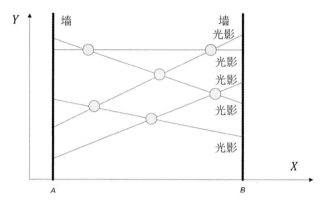

图 1-10 投影示意图

可以先通过分析比较简单的例子来得到一些规律。

对于两条直线的情况，如图 1-11 所示。

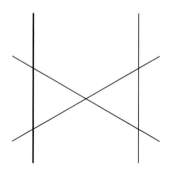

图 1-11 直线分割示意图

显然，两条直线最多能把区间分划为 4 个部分。

对于三条直线，会有如下的情况，如图 1-12 所示。

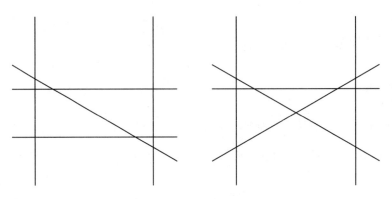

图 1-12　直线分割示意图

三条直线如果只有两个交点，会把空间分成 6 个部分（图 1-12 左）；如果有三个交点，会把空间分为 7 个部分（图 1-12 右）。

那么，如下规律可循：

两条直线→一个交点→空间分成 4 个部分

三条直线→两个交点→空间分成 6 个部分

三条直线→三个交点→空间分成 7 个部分

由上可以推出，每增加一条直线，如果增加 m 个交点，那么这条直线被新增加的 m 个交点，分成（$m+1$）段。每一段直线会将原来一块区域分成两块，因此，新增加（$m+1$）块新区域。如果总共有 N 条直线，M 个交点，那么区域的数目为 $N+M+1$。

因此，平面被划分成多少块的问题可以转化为直线的交点有多少个的问题。

那么，将 N 条直线逐一投影到坐标区间上，假设当第 k 条直线投影到坐标区间的时候，它与之前的 $k-1$ 条直线的交点为 N_k 个，那么它使得区间 $[A, B]$ 之间的平面块增加 N_k+1 个（为什么），全部直线（N 条）都投影完毕之后，我们可得到区间 $[A, B]$ 平面被划分的块数，即 $1 + \sum_{1}^{n} (N_k + 1) = 1 + N + \sum_{1}^{n} (N_k) = 1 + N + |\textbf{交点}|$，其中 1 为区间 $[A, B]$ 的初始平面块数。

因此，只要求出所有直线两两相交的交点，然后再查找哪些交点在 $[A, B]$ 之间，进而就可以求出平面被划分的块数。我们可以考虑将 N 条直线的所有交点存储于数组 Intersect 中，然后进行计算。这样，原问题就转化成查找交点数组的问题了。

需要对数组进行初始化。初始化的过程，实质上就是计算所有交点的过程。我们需要查询每条直线是否与其他 N-1 条直线有交点，初始化的时间复杂度将为 $O(N^2)$。每次查询的时间复杂度为 $O(|\text{Intersect}|)$。

如果在初始化后对所有交点按 X 轴坐标排序，则复杂度为 $O(N^2 + |\text{Intersect}|\times\log|\text{Intersect}|)$，其中 $|\text{Intersect}|\times\log|\text{Intersect}|$ 为排序时间，之后可采用二分查找，每次查询的时间复杂度将为 $O(\log|\text{Intersect}|)$。

解法二

但是，如果查询比较少，我们是否可以不浪费那么多时间来预处理呢？

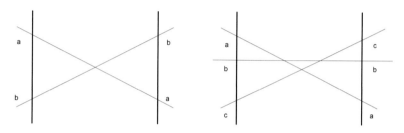

图 1-13　直线分割示意图

分析上面两个情况（如图 1-13 所示），左图为有一个交点的情况，两条直线 a 和 b 与左边界的交点从上到下按顺序为 (a, b)，右边界上的交点顺序为 (b, a)，可以看到，顺序被反过来了，因为它们在两个边界之间有一个交点。如果没有交点，它们与边界的交点顺序则不会有变化。

进一步分析图 1-13 的右图可以知道，区域内的交点数目就等于一个边界上交点顺序相对另一个边界交点顺序的逆序总数（这里利用到条件"没有三条直线相交于一个点"）。在右图中，左边界顺序为 (a, b, c)，右边界为 (c, b, a)，假设 a=1, b=2, c=3，那么 $(c, b, a) = (3, 2, 1)$，它的逆序数为 3。

因此，问题转化为求一个 N 个元素的数组的逆序数（第三次对问题进行了转换☺）。

最直接的求解逆序数方法还是 $O(N^2)$，如果用分治的策略可以将时间复杂度降为 $O(N\times\log_2 N)$，求 N 个元素的逆序数的分治思想如下，首先求前 $N/2$ 个元素的逆序数，再求后 $N/2$ 个元素的逆序数，最后在排序过程中合并前后两部分之间的逆序数。

小结

从上面的分析中可以看出，在把一个相当复杂的解答转换成一个相对容易的解答的过程中，经历了三次的问题转换和转化。同样地，在实际问题的分析中，我们也需要尽量考虑，问题是否就这么复杂，是否可以进一步转化呢？是否有更简单或优雅的办法来实现呢？

1.8 ★★
小飞的电梯调度算法

微软亚洲研究院所在的希格玛大厦一共有 6 部电梯。在高峰时间,每层都有人上下,电梯在每层都停。实习生小飞常常会被每层都停的电梯弄得很不耐烦,于是他提出了这样一个办法:

由于楼层并不太高,那么在繁忙的上下班时间,每次电梯从一层往上走时,我们只允许电梯停在其中的某一层。所有的乘客都从一楼上电梯,到达某层楼后,电梯停下来,所有乘客再从这里爬楼梯到自己的目的层。在一楼的时候,每个乘客选择自己的目的层,电梯则自动计算出应停的楼层。

问:电梯停在哪一层楼,能够保证这次乘坐电梯的所有乘客爬楼梯的层数之和最少。

分析与解法

该问题本质上是一个优化问题。首先为这个问题找到一个合适的抽象模型。从问题中可以看出，有两个因素会影响到最后的结果：乘客的数目及需要停的目的楼层。因此，我们可以从统计到达各层的乘客数目开始分析。

假设楼层总共有 N 层，电梯停在第 x 层，要去第 i 层的乘客数目总数为 $\text{Tot}[i]$，这样，所爬楼梯的总数就是 $\sum_{i=1}^{N} \{ \text{Tot}[i] \times |i - x| \}$。

因此，我们就是要找到一个整数 x，使得 $\sum_{i=1}^{N} \{ \text{Tot}[i] \times |i - x| \}$ 的值最小。

解法一

首先考虑简单解法。

可以从第 1 层开始枚举 x 一直到第 N 层，然后再计算出如果电梯在第 x 层楼停的话，所有乘客总共要爬多少层楼。这是最为直接的一个解法。

可以看出，这个算法需要两重循环来完成计算（伪代码如清单 1-1 所示）。

代码清单 1-11

```
int nPerson[];        // nPerson[i]表示到第 i 层的乘客数目
int nFloor, nMinFloor, nTargetFloor;
nTargetFloor = -1;
for(i = 1; i <= N; i++)
{
    nFloor = 0;
    for(j = 1; j < i; j++)
        nFloor += nPerson[j] * (i - j);
    for(j = i + 1; j <= N; j++)
        nFloor += nPerson[j] *(j - i);
    if(nTargetFloor == -1 || nMinFloor > nFloor)
    {
        nMinFloor = nFloor;
        nTargetFloor = i;
    }
}
return(nTargetFloor, nMinFloor);
```

这个基本解法的时间复杂度为 $O(N^2)$。

解法二

我们希望尽可能地减少算法的时间复杂度。那么，是否有可能在低于 $O(N^2)$ 的规模下求出这个问题的解呢？

我们可以进一步地分析。

假设电梯停在第 i 层楼，显然我们可以计算出所有乘客总共要爬楼梯的层数 Y。如果有 N_1 个乘客目的楼层在第 i 层楼以下，有 N_2 个乘客在第 i 层楼，还有 N_3 个乘客在第 i 层楼以上。这个时候，如果电梯改停在 $i-1$ 层，所有目的地在第 i 层及以上的乘客都需要多爬 1 层，总共需要多爬 N_2+N_3 层，而所有目的地在第 $i-1$ 层及以下的乘客可以少爬 1 层，总共可以少爬 N_1 层。因此，乘客总共需要爬的层数为 $Y-N_1+(N_2+N_3)=Y-(N_1-N_2-N_3)$ 层。

反之，如果电梯在 $i+1$ 层停，那么乘客总共需要爬的层数为 $Y+(N_1+N_2-N_3)$ 层。由此可见，当 $N_1>N_2+N_3$ 时，电梯在第 $i-1$ 层楼停更好，乘客走的楼层数减少 $(N_1-N_2-N_3)$；而当 $N_1+N_2<N_3$ 时，电梯在 $i+1$ 层停更好；其他情况下，电梯停在第 i 层最好。

根据这个规律，我们从第一层开始考察，计算各位乘客需要爬楼梯的数目。然后再根据上面的策略进行调整，直到找到最佳楼层。总的时间复杂度将降为 $O(N)$，代码如清单 1-12 所示。

代码清单 1-12

```
int nPerson[];          // nPerson[i]表示到第 i 层的乘客数目
int nMinFloor, nTargetFloor;
int N1, N2, N3;

nTargetFloor = 1;
nMinFloor = 0;
for(N1 = 0, N2 = nPerson[1], N3 = 0, i = 2; i <= N; i++)
{
    N3 += nPerson[i];
    nMinFloor += nPerson[i] * (i - 1);
}
for(i = 2; i <= N; i++)
{
    if(N1 + N2 < N3)
    {
        nTargetFloor = i;
        nMinFloor += (N1 + N2 - N3);
        N1 += N2;
        N2 = nPerson[i];
        N3 -= nPerson[i];
    }
    else
        break;
}

return(nTargetFloor, nMinFloor);
```

扩展问题

1. 往上爬楼梯，总是比往下走要累的。假设往上爬一个楼层，要耗费 k 单位的能量，而往下走只需要耗费 1 单位的能量，那么如果题目条件改为让所有人消耗的能量最少，这个问题怎么解决呢？

   这个问题可以用类似上面的分析方法来解答，因此笔者不再赘述，留给读者自行解决。

2. 在一个高楼里面，电梯只在某一个楼层停，这个政策还是不太人性化。如果电梯会在 k 个楼层停呢？读者可以发挥自己的想象力，看看如何寻找最优方案。

1.9 ★ 高效率地安排见面会

在校园招聘的季节里，为了能让学生们更好地了解微软亚洲研究院各研究组的情况，HR 部门计划为每一个研究组举办一次见面会，让各个研究组的员工能跟学生相互了解和交流（如图 1-14 所示）。已知有 n 位学生，他们分别对 m 个研究组中的若干个感兴趣。为了满足所有学生的要求，HR 希望每个学生都能参加自己感兴趣的所有见面会。如果每个见面会的时间为 t，那么，如何安排才能够使得所有见面会的总时间最短？

最简单的办法，就是把 m 个研究组的见面会时间依次排开，那我们就要用 $m \times t$ 的总时间，我们有 10 多个研究小组，时间会拖得很长，能否进一步提高效率？

图 1-14 校园招聘开始了

分析与解法

解决这种问题，建立合适的模型是第一步。在本题中，如果有任意一位同学对其中两个小组感兴趣，我们则不能把这两个小组的见面会安排在同一个时间内。如果没有同学同时对这两个研究小组感兴趣，它们之间就没有约束。我们可以想到利用图模型来解决这个问题。

我们把每个小组看成是一些散布的点。如果有一位同学同时对两个小组感兴趣，就在这两个小组对应的两个点间加上一条边。所以，如果某个同学同时对 k 个小组感兴趣，那么这 k 个小组中任意两个小组对应的顶点之间都要有一条边。例如，有两位同学 A 和 B，他们分别希望参加（1, 2, 3）和（1, 3, 4）小组的见面会。那么，根据上面的构图方法，我们可以得到下面的图 1-15。

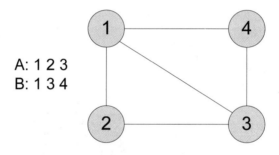

图 1-15　参加见面会选择示意图

见面会最少的时间安排就对应于这个图的最少着色问题。图的最少着色问题可以这样描述，对于一个图 $G(E, V)$，试用最少的颜色为这个图的顶点着色，使得 $\forall (v_i, v_j) \in E$，有 v_i 和 v_j 颜色不同。这个问题至今没有有效的算法，但可以用下面两个思路求解。

解法一

对顶点 1 分配颜色 1，然后对剩下的 n-1 个顶点枚举其所有的颜色可能，再一一验证是否可以满足我们的着色要求，枚举的复杂度是 $O((n-1)^n)$，验证一种颜色配置是否满足要求需要的时间复杂度是 $O(n^2)$。所以总共的时间复杂度是 $O((n-1)^n n^2)$。时间复杂度高，但是能够保证得到正确的结果。算法的性能提高还在于使用有用的上下界函数剪枝来避免不必要的搜索。

解法二

我们可以尝试对这个图进行 K 种着色，首先把 K 设为 1，看看有没有合适的方案，再逐渐把 K 提高。当假设待求解的图之最少着色数远小于图的顶点数时，则这个方法的复杂度要远低于解法一。

当然，我们还可以用启发式算法来得到一个近似解，而不是最优解。

扩展问题

问题一

见面会之后，正式的面试就陆续开始进行了。某一天，在微软亚洲研究院有 N 个面试要进行，它们的时间分别为$[B[i], E[i]]$（$B[i]$为面试开始时间，$E[i]$为面试结束时间）。假设一个面试者一天只参加一个面试。为了给面试者提供一个安静便于发挥的环境，我们希望将这 N 个面试安排在若干个面试点。不同的面试在同一个时间不能被安排在同一个面试点。如果你是微软亚洲研究院的 HR，现在给定这 N 个面试的时间之后，你能计算出至少需要多少个面试点吗？请给出一个可行的方案。比如图 1-16 有 4 个面试，分别在时间段$[1, 5]$，$[2, 3]$，$[3, 4]$，$[3, 6]$进行。

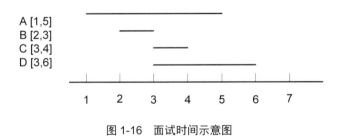

图 1-16　面试时间示意图

刚看完上面的建立图模型思路的读者可能会说，这道题也可以用图模型求解啊。每场面试是一个顶点，如果两场面试时间上有重叠，就用一条边把它们连接起来。这样，这个问题不也转化成一个图的最少着色问题了吗？不错，还是同样的模型。对于这个新的问题，能否在多项式时间复杂度内求出解呢？

不过这个问题和原问题有一点点不同，因为每个面试对应一个时间区间。由这些时间区间之间的约束关系转化得到的图，属于区间图。我们可以通过贪心策略来解决。算法的思路就是对于所有的面试 $I[i]=[B[i], E[i]]$，按 $B[i]$ 从小到大排序，然后按顺序对各个区间着色。对当前区间 i 着色时，必须保证所着的颜色（Color[i]）没有被出现在这个区域之前且时间段与当前区间有重叠的区间用到。假设面试的总数为 N，那么相应的代码如清单 1-13 所示。

代码清单 1-13

```
int nMaxColors = 0, i, k, j;
for(i = 0; i < N; i++)
{
    for(k = 0; k < nMaxColors; k++)
        isForbidden[k] = false;
    for(j = 0; j < i; j++)
        if(Overlap(b[j], e[j], b[i], e[i]))
            isForbidden[color[j]] = true;
    for(k = 0; k < nMaxColors; k++)
        if(!isForbidden[k])
            break;
    if(k<nMaxColors)
        color[i] = k;
    else
        color[i] = nMaxColors++;
}
return nMaxColors;
```

nMaxColors 就是最后返回的所需的最少颜色。isForbidden 是对于每个时间区间 i，其他时间区间 j 中开始时间位于这个时间区间之前的且与这个时间区间有重叠的面试所占用的颜色的标识数组。Overlap 函数，则是用来判断两个时间区间是否有重叠。

通过简单分析，我们可以知道这个算法的时间复杂度是 $O(N^2)$。实际上，这个区间图中每一个顶点所代表的时间区间，是在一个一维的时间轴上顺序排列的。我们只需要找到这个时间轴上的某一个时间点，使包括这个时间点的时间区间个数最多（设为 MaxI），那么这个 MaxI 就是我们要求的值。读者可以自行证明，上面的多项式复杂度算法可以找到这个 MaxI。而一个普通的图，没有这种在某个一维轴上顺序排列的性质，所以没办法用这种贪心算法得到最优方案。

此外，相信有些读者已经发现，在上述算法中，查找一个可行颜色的时候，我们遍历了整个 isForbidden 数组。如果我们使用更高效的存储数据结构（例如，堆），可以进一步把时间复杂度降低到 $O(N \times \log_2 N)$。

如果我们只想得到最少所需的颜色数，则把所有的 $B[i]$、$E[i]$ 按大小排序，得到一个长度为 $2 \times N$ 的有序数组。然后我们遍历这个数组，遇到一个 $B[i]$，就把当前已使用的颜色数目加 1，在遇到对应的 $E[i]$ 时，就把当前已经使用的颜色数目减 1。同时记录每次循环时，最多有多少种颜色正被使用（设为 MaxColor），循环结束时，MaxColor

就是我们需要的最少颜色数。这个算法的时间复杂度主要是由排序所影响，复杂度应为 $O(N \times \log_2 N)$。这个算法的代码如清单 1-14 所示。

代码清单 1-14

```
/*TimePoints 数组就是将所有的 B[i],E[i] 按大小排序的结果。
这个数组的元素有两个成员，一个是 val,表示这个元素代表的时间点的数值，另一个是 type,
表示这个元素代表的时间点是一个时间段的开始（B[i]），还是结束(E[i])。*/
int nColorUsing = 0, MaxColor = 0;
for(int i = 0; i < 2 * N; i++)
{
    if(TimePoints[i].type == "Begin")
{
        nColorUsing++;
        if(nColorUsing > MaxColor)
            MaxColor = nColorUsing;
}
    else
        nColorUsing--;
}
```

问题二

小飞看了时间安排，他发现自己感兴趣的两个研究小组的见面会分别被安排在同一天的第一个和最后一个，他觉得不爽，能不能在优化总的见面会时间的基础上，让每个同学参加见面会的时间尽量集中？

1.10 ★★★ 双线程高效下载

我们经常需要编写程序，从网络上下载数据，然后存储到硬盘上。一个简单的做法，就是下载一块数据，写入硬盘，然后再下载，再写入硬盘……不断重复这个过程，直到所有的内容下载完毕为止。能否对此进行优化？

我们不妨对问题做一些抽象和简化。

1. 假设所有数据块的大小都是固定的。你可以使用一个全局缓存区：

   Block g_buffer[BUFFER_COUNT]

2. 假设两个基本函数已经实现（你可以假定两个函数都能正常工作，不会抛出异常）：

```
//downloads a block from Internet sequentially in each call
// return true, if the entire file is downloaded, otherwise false.
bool GetBlockFromNet(Block * out_block);

//writes a block to hard disk
bool WriteBlockToDisk(Block * in_block);
```

上述的想法可以用代码清单 1-15 中的伪代码实现。

代码清单 1-15

```
while(true)
{
    bool isDownloadCompleted;
    isDownloadCompleted = GetBlockFromNet(g_buffer);
    WriteBlockToDisk(g_buffer);
    if(isDownloadCompleted)
        break;
}
```

可以看到，在上述方法中，我们要下载完一块数据之后才能写入硬盘。下载数据和写入硬盘的过程是串行的。为了提高效率，我们希望能够设计两个线程，使得下载和写硬盘能并行进行。

线程 A：从网络中读取一个数据块，存储到内存的缓存中。

线程 B：从缓存中读取内容，存储到文件中。

编程之美——微软技术面试心得

试实现如下子程序:

1. 初始化部分

2. 线程 A

3. 线程 B

你可以使用下面的多线程 API（如代码清单 1-16）。

代码清单 1-16

```cpp
class Thread
{
public:
    // initialize a thread and set the work function
    Thread(void (*work_func)());
    // once the object is destructed, the thread will be aborted
    ~Thread();
    // start the thread
    void Start();
    // stop the thread
    void Abort();
};

class Semaphore
{
public:
    // initialize semaphore counts
    Semaphore(int count, int max_count);
    ~Semaphore();
    // consume a signal (count--), block current thread if count == 0
    void Unsignal();
    // raise a signal (count++)
    void Signal();
};

class Mutex
{
public:
    // block thread until other threads release the mutex
    WaitMutex();
    // release mutex to let other thread wait for it
    ReleaseMutex();
};
```

如果网络延迟为 L_1，磁盘 I/O 延迟为 L_2，将此多线程与单线程进行比较，分析这个设计的性能问题，并考虑是否还有其他改进的设计方法？

分析与解法

这道题目出现在 2007 年微软校园招聘的笔试中。出题者为了让不同知识背景的同学都能发挥水平，特地提供了详细的说明。这样，没有接触过实际的 Windows 多线程编程的同学也能写出代码。现在越来越多的电脑采用双核甚至是多核的体系结构，并行计算会成为常用的程序工作模式。这道题只是一个简单的例子。

在实际工作中，程序员经常要依靠已有的模块和 API 完成任务，这些模块也许只有简单的接口说明，没有源代码。在这种情况下能够高效地完成任务，也是优秀程序员的特质之一。

我们需要使用两个线程来完成从网络上下载数据并存储到硬盘上的过程。下载线程和存储线程共享一个全局缓存区，我们需要协调两个线程的工作。下面若干因素是我们要重点考虑的。

1. 什么时候才算完成任务？

   两个线程必须协同工作，将网络上的数据下载完毕并且完全存储到硬盘上，只有在这个时候，两个线程才能正常终止。

2. 为了提高效率，希望两个线程能尽可能地同时工作。

   如果使用 Mutex，下载和存储线程将不能同时工作。因此，Semaphore 是更好的选择[1]。

3. 下载和存储线程工作的必要条件如下。

   如果共享缓存区已满，没有缓冲空间来存储下载的内容，则应该暂停下载。如果所有的内容都已经下载完毕，也没必要继续下载。

   如果缓存区为空，则没必要运行存储线程。进一步，如果下载工作已经完成，存储线程也可以结束了。

4. 共享缓存区的数据结构。

   下载线程和存储线程工作的过程是"先进先出"，先下载的内容要先存储，这样才能保证内容的正确顺序。"先进先出"的典型数据结构是队列。由于我们采用了固定的缓冲空间来保存下载的内容，循环队列会是一个很好的选择。

综合考虑上面的因素，调用题目提供的 API 可以得到下面这个可供参考的伪代码（如代码清单 1-17 所示）。

---

1 关于在不同平台上进行多线程的通讯的详细技术细节，请参考相应的 SDK 和 API 说明。

代码清单 1-17

```
#define BUFFER_COUNT 100
Block g_buffer[BUFFER_COUNT];

Thread g_threadA(ProcA);
Thread g_threadB(ProcB);
Semaphore g_seFull(0, BUFFER_COUNT);
Semaphore g_seEmpty(BUFFER_COUNT, BUFFER_COUNT);
bool g_downloadComplete;
int in_index = 0;
int out_index = 0;

void main()
{
    g_downloadComplete = false;
    threadA.Start();
    threadB.Start();
    // wait here till threads finished
}
void ProcA()
{
    while(true)
    {
        g_seEmpty.Unsignal();
        g_downloadComplete = GetBlockFromNet(g_buffer + in_index);
        in_index = (in_index + 1) % BUFFER_COUNT;
        g_seFull.Signal();
        if(g_downloadComplete)
            break;
    }
}

void ProcB()
{
    while(true)
    {
        g_seFull.Unsignal();
        WriteBlockToDisk(g_buffer + out_index);
        out_index = (out_index + 1) % BUFFER_COUNT;
        g_seEmpty.Signal();
        if(g_downloadComplete && out_index == in_index)
            break;
    }
}
```

上面的伪代码中，ProcA 和 ProcB 的操作能够一一对应起来，下载线程和存储线程可以同时工作，看起来很美。如果网络延迟为 L_1，磁盘 I/O 延迟为 L_2，那么这个多线程程序执行的时间约为 Max（L_1, L_2）。尤其是需要下载的内容很多的时候，基本可以保证两个线程是流水线工作。而在单线程的情况下，需要的时间是 L_1+L_2。

如果网络延迟远大于 I/O 存储延迟，则多个下载线程的设计将可以进一步改善性能。但也将带来一些更复杂的问题。多个下载线程和存储线程之间如何协同工作呢？这个问题留给读者思考。

微软亚洲研究院的研发主管邹欣曾经参加过多个版本 Microsoft Outlook 的开发，他提供了这个题目，并且讲了下面的故事。

在 Outlook 和 Exchange 服务器连接的情况下，Outlook 需要下载一系列的"离线地址簿文件"（OAB，Offline Address Book）以支持 Outlook 在离线的情况下还能正常地搜索到公司所有 E-mail 用户和用户组的信息。这个文件相当大，对于 Microsoft 这样的公司来说，大概有 300MB~500MB，原来的算法是单线程的（正如题目所示），运行要花很长时间，用户抱怨他们不得不盯着这个对话框的进度条缓慢移动，非常不爽。于是我写了一个双线程的方案，在经过反复测试，并且得到测试人员的认可后，我把修改正式提交到源代码库。几天后，同事们高兴地反映，新的版本的确快多了！但是又有另两位同事抱怨，这个功能太"狠"了，在笔记本电脑上，Outlook 像疯了一样地写硬盘，他们都做不了其他事情！后来几经讨论和试验，我们做了进一步修改，如果用户正在使用电脑，那么双线程会自动放慢速度，如果发现用户在几秒钟内没有鼠标、键盘的输入，那双线程会逐渐恢复高速运行。从那以后，我就再也没有听到类似的抱怨了。也许提高程序效能（performance）的最高境界，就是把事情做了，同时又不让用户感觉到程序在费力地做事情。

最近发布的 Windows 桌面搜索（Desktop Search）也有类似的"人性化"功能，如果你正在使用电脑，它会提示"Index speed is reduced while you're using the computer"，那么 Windows 中的哪些 API 能了解用户是否在使用鼠标或者键盘呢？这个问题留给读者去探索。

1.11 ★ NIM（1）一排石头的游戏

面试是一个让面试双方互相增进了解的过程，不一定总是你问我答，有时候两人可以玩一些游戏，比如：

N 块石头排成一行，每块石头有各自固定的位置（如图 1-17 所示）。两个玩家依次取石头，每个玩家每次可以取其中任意一块石头，或者相邻的两块石头，石头在游戏过程中不能移位（即编号不会改变），最后能将剩下的石头一次取光的玩家获胜。

这个游戏有必胜策略吗？

图 1-17 一排石头的位置

分析与解法

初看这个游戏，感觉输赢似乎只是运气问题。但是我们通过深入分析，还是可以发现一些规律的。

注意游戏中"相连"这个条件，若给 N 块石头从 1 到 N 依次编号，则我们只能取编号相连的两块石头，例如可以同时取编号为 1 和 2 的两块石头，但不能同时取编号为 1 和 3 的两块石头，以此类推。

当题目中有"N 个"之类的字眼出现时，我们往往可以从讨论一些简单的特例出发，进而逐渐掌握解题的规律：

（1）石头的数目 N =1 或者 N =2

即只有一块或者两块石头，先取者即可一次取完所有的石头而获胜。

（2）石头的数目 N = 3

设三块石头排成一行，其编号依次为 1、2、3（如图 1-18 所示），那么先取者若取走中间的 2 号石头，后取者只能取左边的 1 号石头或者右边的 3 号石头，必将剩下一块石头，先取者将取得最后的那块石头而获胜。

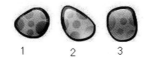

图 1-18 编号为 1、2、3 的石头

（3）石头的数目 N= 4

设 4 块石头排成一行，其编号依次为 1、2、3、4（如图 1-19），那么先取者若取走 2 号石头、3 号石头，后取者只能取最左边的 1 号石头或者最右边的 4 号石头，必将剩下一块石头，先取者将取得最后的那块石头而获胜。

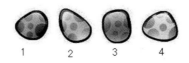

图 1-19 编号为 1、2、3、4 的石头

如果先取边上的石头（1 或 4），那么这个局面就退化成三块石头的情况。

（4）石头的数目 $N > 4$

至此，我们发现了一个对称的规律，从前面对两块和 3 块石头的讨论中不难看出：如果 $N > 4$，先取者取中间的一个（N 为奇数）或者中间相连的两个（N 为偶数），确保左右两边的石头数目是一样的，之后先取者只要每次以初始中心为对称轴，在与后取者所取石头位置对称的地方取得数目相同的石头，就可以保证每次都有石头取，并且必将取得最后的石头，赢得游戏。

所以说先取者将有必胜的策略！

扩展问题

经过快速思考，你轻松赢得了这个游戏，不由得松了一口气。但是面试者往往会稍微修改规则，和你再玩下去：

1. 若规定最后取光石头的人输，又该如何应对呢？这个问题才是面试者真正想考察的。

2. 若两个人轮流取一堆石头，每人每次最少取 1 块石头，最多取 K 块石头，最后取光石头的人赢得此游戏。

本题其实上是"拈"（NIM）游戏的一种变形，本书中有关"拈"游戏的趣题还有两题，这道题目仅仅是热身而已。

1.12 ★★★ NIM（2）"拈"游戏分析

我们再来看一个类似的游戏。

有 N 块石头和两个玩家 A 和 B，玩家 A 先将石头分成若干堆，然后按照 BABA……的顺序不断轮流取石头，能将剩下的石头一次取光的玩家获胜（如图 1-20 所示）。每次取石头时，每个玩家只能从若干堆石头中任选一堆，取这一堆石头中任意数目（大于 0）个石头。

请问：玩家 A 要怎样分配和取石头才能保证自己有把握取胜？

图 1-20　石头堆游戏

分析与解法

据说，该游戏起源于中国，经由当年到美洲打工的华人流传出去。它的英文名字"NIM"是由广东话"拈"（取物之意）音译而来。这个游戏一个常见的变种是将 12 枚硬币分三列排成 [3, 4, 5] 再开始玩。我们这里讨论的是一般意义上的"拈"游戏。

言归正传，在面试者咄咄逼人的目光下，你要如何着手解决这个问题？

在面试中，面试者考察的重点不是"what"——能否记住某道题目的解法，某件历史事件发生的确切年代，C++语言中关于类的继承的某个规则的分支等。面试者很想知道的是"how"——应聘者是如何思考和学习的。

所以，应聘者得展现自己的思路。记得在上一节"NIM（1）一排石头的游戏"中，我们提到了解答这类问题应从最基本的特例开始分析。我们不妨再试一下，我们用 N 表示石头的堆数，M 表示总的石头数目。

当 $N=1$ 时，即只有一堆石头——显然无论你放多少石头，你的对手都能一次全拿光，你不能这样摆。

当 $N=2$ 时，即有两堆石头，最简单的情况是每堆石头中各有一个石子（1, 1）——先让对手拿，无论怎样你都可以获胜。我们把这种在双方理性走法下，你一定能够赢的局面叫作安全局面。

当 $N=2$，$M>2$ 时，既然（1, 1）是安全局面，那么（1, X）都不是安全局面，因为对手只要经过一次转换，就能把（1, X）变成（1, 1），然后该你走，你就输了。既然（1, X）不安全，那么（2, 2）如何？经过分析，（2, 2）是安全的，因为它不能一步变成（1, 1）这样的安全局面。这样我们似乎可以推理（3, 3）、（4, 4），一直到（X, X）都是安全局面。

于是我们初步总结，如果石头的数目是偶数，就把它们分为两堆，每堆有同样多的数目。这样无论对手如何取，你只要保证你取之后是安全局面（X, X），你就能赢。

如果石头数目是奇数个呢？

当 $M=3$ 的时候，有两种情况，（2, 1）、（1, 1, 1），这两种情况都会是先拿者赢。

当 $M=5$ 的时候，和 $M=3$ 类似。无论你怎么摆，都会是先拿者赢。

若 $M=7$ 呢？情况多起来了，头有些晕了，好像也是先拿者赢。

我们在这里得到一个很重要的阶段性结论：

当摆放方法为 $(1, 1, \cdots, 1)$ 的时候，如果 1 的个数是奇数个，则先拿者赢；如果 1 的个数是偶数个，则先拿者必输。

当摆放方法为 $(1, 1, \cdots, 1, X)$（多个 1，加上一个大于 1 的 X）的时候，先拿者必赢。因为：

如果有奇数个 1，先拿者可以从 (X) 这一堆中一次拿走 X-1 个，剩下偶数个 1——接下来动手的人必输。

如果有偶数个 1，加上一个 X，先拿者可以一次把 X 都拿光，剩下偶数个 1——接下来动手的人也必输。

还有其他的各种摆法，例如当 $M = 9$ 的时候，我们可以摆为 $(2, 3, 4)$、$(1, 4, 4)$、$(1, 2, 6)$，等等。这么多堆石头，它们既互相独立，又互相牵制，那如何分析得出致胜策略呢？关键是找到在这一系列变化过程中有没有一个特性始终决定着输赢。这个时候，就得考验一下真功夫了，我们要想想大学一年级数理逻辑课上学的异或（XOR）运算。异或运算规则如下：

$$XOR（0, 0）= 0$$
$$XOR（1, 0）= 1$$
$$XOR（1, 1）= 0$$

首先我们看整个游戏过程，从 N 堆石头 $(M_1, M_2, \cdots, M_n)$ 开始，双方斗智斗勇，石头一直递减到全部为零 $(0, 0, \cdots, 0)$。

当 M 为偶数的时候，我们的取胜策略是把 M 分成相同的两份，这样就能取胜。

开始：(M_1, M_1)　　它们异或的结果是 $XOR（M_1, M_1）= 0$

中途：(M_1, M_2)　　对手无论怎样从这堆石头中取，两堆石头的数目肯定会变得不相等，$XOR（M_1, M_2）!= 0$

我方：(M_2, M_2)　　我方还是把两堆变相等。$XOR（M_2, M_2）= 0$

……

最后：$(0, 0)$　　　　我方取胜

类似的，若 M 为奇数，把石头分成 $(1, 1, \cdots, 1)$ 奇数堆时，$XOR（1, 1, \cdots, 1）_{[奇数个]} != 0$。而这时候，对方可以取走一整堆，$XOR（1, 1, \cdots, 1）_{[偶数个]} = 0$，如此下去，我方必输。

我们推广到 M 为奇数，但是每堆石头的数目不限于 1 的情况，看看 XOR 值的规律：

开始：$(M_1, M_2, \cdots, M_n)$ XOR$(M_1, M_2, \cdots, M_n)$ =?

中途：$(M_1', M_2', \cdots M_n')$ XOR$(M_1', M_2', \cdots, M_n')$ =?

最后：$(0, 0, \cdots, 0)$ XOR$(0, 0, \cdots, 0)$ =0

不幸的是，可以看出，当有奇数个石头时，无论你如何分堆，XOR$(M_1, M_2, \cdots, M_n)$ 总是不等于 0！因为必然会有奇数堆有奇数个石头（二进制表示最低位为 1），异或的结果最低位肯定为 1。[结论 1]

再不幸的是，还可以证明，当 XOR$(M_1, M_2, \cdots, M_n)$!= 0 时，我们总是只需要改变一个 M_i 的值，就可以让 XOR$(M_1, M_2, \cdots, M_i', \cdots, M_n)$ =0。[结论 2]

更不幸的是，又可以证明，当 XOR$(M_1, M_2, \cdots, M_n)$ =0 时，对任何一个 M 值的改变（取走石头），都会让 XOR$(M_1, M_2, \cdots M_i', \cdots, M_n)$!= 0。[结论 3]

有了这 3 个"不幸"的结论，我们不得不承认，当 M 为奇数时，无论怎样分堆，总是先动手的人赢。

还不信？那我们试试看：当 M=9，随机分堆为（1，2，6）：

　　开始：（1，2，6）

$$
\begin{array}{r}
1 = 0\ 0\ 1 \\
2 = 0\ 1\ 0 \\
6 = 1\ 1\ 0 \\
\hline
\text{XOR} = 1\ 0\ 1
\end{array}
\qquad 即\ \text{XOR}（1，2，6）!=0
$$

B 先动手：（1, 2, 3），即从第三堆取走三个，得到（1，2，3）

$$
\begin{array}{r}
1 = 0\ 0\ 1 \\
2 = 0\ 1\ 0 \\
3 = 0\ 1\ 1 \\
\hline
\text{XOR} = 0\ 0\ 0
\end{array}
\qquad 所以，\text{XOR}（1，2，3）=0
$$

　　A 方：（1, 2, 2）XOR（1, 2, 2）!=0。

　　B 方：（0, 2, 2）XOR （0, 2, 2）=0

　　……A 方继续顽抗……

　　B 方最后：（0, 0, 0），XOR（0, 0, 0）= 0

好了，通过以上的分析，我们不但知道了这类问题的答案，还知道了游戏的规律，以及如何才能赢。XOR，这个我们很早就学过的运算，在这里帮了大忙[1]。我们应该对 XOR 说 Orz 才对！

1　温馨提示：你还记得教我们 XOR 运算的老师吗？这门课一定比较枯燥吧，如果当时能玩 NIM 这个游戏就好了。

有兴趣的读者可以写一个程序,返回当输入为($M_1, M_2, \cdots, M_n$)的时候,到底如何取石头,才能有赢的可能。比如,当输入为(3, 4, 5)的时候[1],程序返回(1, 4, 5)——这样就转败为胜了!

扩展问题

1. 如果规定相反,取光所有石头的人输,又该如何控制局面?
2. 如果每次可以挑选任意 K 堆,并从中任意取石头,又该如何找到必胜策略呢?

---

1 提一句,这是一个不明智的分堆办法,不如分为(6, 6),这样必赢无疑。

1.13 ★★★ NIM（3）两堆石头的游戏

在前面两个题目中，我们讨论了被称为"NIM（拈）"的这种游戏及其变种的玩法和必胜策略，下面我们将讨论这类游戏的另一种有趣的玩法。

假设有两堆石头，有两个玩家会根据如下的规则轮流取石头：

每人每次可以从两堆石头中各取出数量相等的石头，或者仅从一堆石头中取出任意数量的石头；

最后把剩下的石头一次拿光的人获胜，如图 1-21 所示。

例如，对于数量分别为 1 和 2 的两堆石头，取石头的第一个玩家必定将会输掉游戏。因为他要么只能从任意一堆中取一块石头，要么只能从两堆中各取出一块石头。但无论他采用哪种方式取，最后，剩下的石头总是恰好能被第二个玩家一次取光。

定义一个函数如下：

```
bool nim(n,m)   //n，m 分别是两堆石头的数量
```

要求返回一个布尔值，表明首先取石头的玩家是否能赢得这个游戏。

图 1-21　石头游戏

分析与解法

本题中有两个玩家，有两种取石头的方法，每个人还必须按照比较理性的方法取石头……头绪的确比较多，不妨从简单的问题入手，还记得构造质数的"筛子"方法吗？

怎样才能找出从 2 开始的质数呢？我们先把所有数字都排列出来：

n	2	3	4	5	6	7	8	9	10	11	12	13	14	15	16	17	18	19	20	…

既然 2 是质数，那么 2 的倍数就不是质数，那我们就把它们都"筛掉"：

n	2	3	~~4~~	5	~~6~~	7	~~8~~	9	~~10~~	11	~~12~~	13	~~14~~	15	~~16~~	17	~~18~~	19	~~20~~	…

那么下一数字 3，它没有被筛掉，意味着它不能被小于它的数整除，所以它就是一个质数！于是我们再把 3 的倍数筛掉，得到下表：

n	2	3	5	7	~~9~~	11	13	~~15~~	17	19	…

如法炮制，我们得到了后面的质数：5, 7, …

解法一

回到这个 NIM 的问题，我们能否也"筛"一回？表 1-4 显示了在（10, 10）范围内两堆石头可能的组合，由于它具有对称性，所以我们不用处理另一半的表格，另外，像（0, 0）、（1, 0）这样的特殊情况已经处理了。所以我们先把它们筛掉。

表 1-4　（10, 10）范围内石头可能的组合

1, 1	1, 2	1, 3	1, 4	1, 5	1, 6	1, 7	1, 8	1, 9	1, 10
	2, 2	2, 3	2, 4	2, 5	2, 6	2, 7	2, 8	2, 9	2, 10
		3, 3	3, 4	3, 5	3, 6	3, 7	3, 8	3, 9	3, 10
			4, 4	4, 5	4, 6	4, 7	4, 8	4, 9	4, 10
				5, 5	5, 6	5, 7	5, 8	5, 9	5, 10
					6, 6	6, 7	6, 8	6, 9	6, 10
						7, 7	7, 8	7, 9	7, 10
							8, 8	8, 9	8, 10
								9, 9	9, 10
									10, 10

首先定义：先取者有必胜策略的局面为"安全局面"，否则为"不安全局面"。

我们把（1，1），（2，2），…，（10，10）的安全局面筛掉。如表 1-5 所示。

表 1-5　筛去安全局面的组合

1, 1	1, 2	1, 3	1, 4	1, 5	1, 6	1, 7	1, 8	1, 9	1, 10
	2, 2	2, 3	2, 4	2, 5	2, 6	2, 7	2, 8	2, 9	2, 10
		3, 3	3, 4	3, 5	3, 6	3, 7	3, 8	3, 9	3, 10
			4, 4	4, 5	4, 6	4, 7	4, 8	4, 9	4, 10
				5, 5	5, 6	5, 7	5, 8	5, 9	5, 10
					6, 6	6, 7	6, 8	6, 9	6, 10
						7, 7	7, 8	7, 9	7, 10
							8, 8	8, 9	8, 10
								9, 9	9, 10
									10, 10

这个表里最前面的一个组合就是（1，2），通过简单的分析，我们知道这是一个必输的局面——"不安全局面"，那么根据规则可以一步到达（1，2）这个局面的数字组合如（1，3），（1，4），（1，n）等，都是安全局面——我们可以把这些组合全部筛掉，（2，n）也是可以一步转换成（2，1）的（它等价于（1，2）），所以也要被筛掉。（n+1，n+2）也是如此，同样可以被筛掉。这样我们的表就简洁多了（如表 1-6 所示）。

表 1-6　筛去安全局面的组合

	1, 2	1, 3	1, 4	1, 5	1, 6	1, 7	1, 8	1, 9	1, 10
		2, 3	2, 4	2, 5	2, 6	2, 7	2, 8	2, 9	2, 10
			3, 4	3, 5	3, 6	3, 7	3, 8	3, 9	3, 10
				4, 5	4, 6	4, 7	4, 8	4, 9	4, 10
					5, 6	5, 7	5, 8	5, 9	5, 10
						6, 7	6, 8	6, 9	6, 10
							7, 8	7, 9	7, 10
								8, 9	8, 10
									9, 10

现在表上的下一组数是什么呢？对，是（3，5）。和（1，2）一样，这个没有被筛掉的组合就是下一个不安全局面。显然，（3，5）组合的任意一个符合规则的变化都是一个"安全局面"。

好了，得到了（3, 5），我们就要把（3, n），（n, 3），（5, n），（n, 5），（3+n, 5+n）都筛掉。于是我们得到了表 1-7。

表 1-7　安全局面的结果

	1, 2							
			3, 5					
					4, 7	4, 8	4, 9	4, 10
							6, 9	6, 10
								7, 10

这时，（4, 7）成为另一个不安全局面，经过筛选之后，（6, 10）又是一个……

一般而言，第 n 组的不安全局面（a_n, b_n）可以由以下定义得到：

1. $a_1 = 1$，$b_1 = 2$；

2. 若 a_1, b_1, …，a_{n-1}, b_{n-1} 已经求得，则定义 a_n 为未出现在这 2n-2 个数中的最小整数。

3. $b_n = a_n + n$；

做成表就是（如表 1-8 所示）。

表 1-8　安全局面表

n	1	2	3	4	5	6	7	8	9	10	…
a_n	1	3	4	6	8	9	11	12	14	16	…
b_n	2	5	7	10	13	15	18	20	23	26	…

因此，我们可以根据上述定义，从第一个不安全局面（1, 2）出发，依次向上推理，直到推理出足够的不安全局面来判定一个随机给定的状态下，先取者是否能够获胜。具体做法就是设两堆石头中较小那堆的数量为 x，从（1, 2）开始向上推理，直到 a_n 大于等于 x 为止，此时我们就得到了 a_n 小于等于 x 的所有不安全局面。如果 x 恰好等于某一不安全局面的 a_n 值，就看另一堆石头的数量是否恰好与对应的 b_n 相等，从而判断出先取者是否有办法赢得游戏。如果 x 不等于任意一个不安全局面的 a_n 值，则先取者必胜。

根据上述分析，可以写出代码清单 1-18。

代码清单 1-18：C#自底向上的解法

```csharp
static bool nim(int x, int y)
{
    // speical case
    if(x == y)
    {
        return true;    // I win
    }

    // swap the number
    if(x > y)
    {
        int t = x; x = y; y = t;
    }

    // basic cases
    if(x == 1 && y == 2)
    {
        return false;        // I lose
    }

    ArrayList al = new ArrayList();
    al.Add(2);

    int n = 1;

    int delta = 1;
    int addition = 0;

    while(x > n)
    {
        // find the next n;
        while(al.IndexOf(++n) != -1);
        delta++;
        al.Add(n + delta);
        addition++;

        if(al.Count > 2 && addition > 100)
        {
            // 因为数组al中保存着n从1开始的不安全局面，所以在
            // 数组元素个数超过100时删除无用的不安全局面，使数组
            // 保持在一个较小的规模，以降低后面 IndexOf() 函数调用
            // 的时间复杂度
            ShrinkArray(al, n);
            addition = 0;
        }
    }

    if((x != n) || (al.IndexOf(y) == -1))
    {
        return true;    // I win
```

```
    }
    else
    {
        return false;           // I lose
    }
}

static void ShrinkArray(ArrayList al, int n)
{
    for(int i = 0; i < al.Count; i++)
    {
        if((int)al[i] > n)
        {
            al.RemoveRange(0, i);
            return;
        }
    }
}
```

解法看上去虽然直观，但是效率并不高，因为它是一种自底向上推理的算法，算法的复杂度为 $O(N)$。

解法二

我们看看能否找出不安全局面的规律，最好有一个通用的公式可以表示。所有不安全局面（{<1, 2>, <3, 5>, <4, 7>, <6, 10>, …}）的两个数合起来就是所有正整数的集合，且没有重复的元素，而且所有不安全局面的两个数之差的绝对值合起来也是相同情况，如：2-1 = 1，5-3 = 2，7-4 = 3，10-6 = 4，…

看来不安全局面是有规律的。我们可以证明有一个通项公式能计算出所有不安全局面，即

```
aₙ = [a * n], bₙ = [b * n],    ([] 表示对一个数取下整数，如：[1.2] = 1)
a = (1 + sqrt(5)) / 2,
b = (3 + sqrt(5)) / 2
```

具体证明见文后附 1（第 82 页）。

有了通项公式，我们就能更加简明地实现函数 `bool nim(n,m)`，这个函数的时间复杂度为 $O(1)$（如代码清单 1-19 所示）。

代码清单 1-19

```
bool nim(int x, int y)
{
    double a, b;
    a = (1 + sqrt(5.0)) / 2;
```

```
    b = (3 + sqrt(5.0)) / 2;
    if(x == y)
        return true;
    if(x > y)
        swap(x, y);        // ensure x <= y
    return(n!=(long)floor((y-x)*a));
}
```

解法二将算法的复杂度降低到了 $O(1)$，由此可见，掌握良好的数学思维能力，往往能在解决问题时起到事半功倍的效果。"拈"游戏还有许多有趣的变形和扩展，感兴趣的读者不妨思考一些新的游戏规则，并尝试寻找对应的必胜策略。

扩展问题

1. 现在我们已经给出了一个判断先取者是否能够最终赢得游戏的判断函数，但是，游戏的乐趣在于过程，大家能不能根据本题的思路给出一个赢得游戏的必胜策略呢？即根据当前石头个数，给出玩家下一步要怎么取石头才能必胜。

2. 取石头的游戏已经不少了，但是我们还有一种游戏要请大家思考，我们姑且叫它 NIM（4）。

   两个玩家，只有一堆石头，两人依次拿石头，最后拿光者为赢家。取石头的规则是：

   ■   第一个玩家不能拿光所有的石头。

   ■   第一次拿石头之后，每人每次最多只能拿掉对方前一次所拿石头的两倍。

   那么，这个游戏有没有必胜的算法？（提示：好像和 Fibonacci 数列有关。）

附 1：解法二的证明

准备

我们将两堆石头的数目记作$<a, b>$。对任意正整数 a，如果$<a, b_1>$和$<a, b_2>$都是不安全局面，则 $b_1 = b_2$（假设 $b_1 > b_2$，则先取者可以通过在$<a, b_1>$中拿 b_1-b_2 个石头来让对手达到$<a, b_2>$的不安全局面，这与没有必胜策略矛盾，所以说 a 和 b 是一一对应的）。

定义

- $L=\{<a_n, b_n> \mid <a_n, b_n>$ 是不安全局面$\}=\{<1, 2>, <3, 5>, <4, 7>, <6, 10>,\cdots\}$
- $A_n=\{a_1, a_2, \cdots, a_n\}$，$B_n=\{b_1, b_2, b_n\}$
- $A=\{a_1, a_2, \cdots, a_n, \cdots \}$
- $B=\{b_1, b_2, \cdots, b_n, \cdots \}$
- N 为除 0 以外的自然数集

因为对称性和 $a_n = b_n$ 时为安全局面，我们可以定义 $a_n < b_n$，同时还可以定义 $a_n < a_{n+1}$（$n = 1, 2, 3, \cdots$）。由"准备"中的结论我们知道 $A \cap B = \varnothing$（否则存在 $x \in A \cap B$，使得$<a, x>$，$<x, b>$（其中 $a \in A$，$b \in B$，$a < x < b$）都是不安全局面，这与"准备"中的结论矛盾）。后面我们还将看到 $A \cup B = N$（N 是 0 除外的自然数集）。

证明

从解法一中我们得知，所有的不安全局面$<a_n, b_n>$都满足：$a_n + n = b_n$，且 $a_n = \min（N - A_{n-1} \cup B_{n-1}）$，接下来我们将采用数学归纳法来证明这个结论。

1. 显然 $n = 1$ 时，结论成立。

   $n = 1$ 时，根据定义得 $a_1 = 1$, $b_1 = 2$，记作$<1, 2>$。按照游戏规则，先取者要么取光其中一堆石头，要么从第二堆中取出一块石头，要么从两堆中各取一块石头。无论先取者怎么取，后取者都将取得最后的石头而获胜。

2. 假设 $n < k$（$k > 1$）时结论成立，我们现在来证明 $n = k$ 时结论也成立，即 $a_k + k = b_k$，其中 $a_k = \min（N - A_{k-1} \cup B_{k-1}）$。为了证明方便，记 $a = a_k$。

   （1）显然$<a, x>$（$x <= a$）都是安全局面（根据 a 定义和归纳假设）。

（2）$<a, a+x>$（$x=1, 2, \cdots, k-1$）是安全局面，因为总可以分别从两堆石头中拿走 $a-a_x$，以到达不安全局面 $<a_x, a_x+x>$。

（3）$<a, a+k>$ 是不安全局面，可以通过枚举所有可能情况来证明，如下所示。

- 从 a 中取走 $a-x$ 块石头（$x = 1, 2, \cdots, a-1$），剩下 $<x, a+k>$ 是安全局面。因为即使存在不安全局面 $<x, x+t>$，因为有 $x < a$，$t < k$，所以 $x+t < a+k$。

- 从 $a+k$ 中取，只能到达安全局面。前面（1）和（2）已经证明了 $<a, x>$（$x \leqslant a$）和 $<a, a+x>$（$x=1, 2, \cdots, k-1$）都是安全局面。

- 分别从两堆中取 x 块石头（$x = 1, 2, \cdots, a$），剩下的 $<a_k-x, a_k+k-x>$ 一定是安全局面。因为假设存在 $<a_k-x, a_k-x+t>$ 的不安全局面，由于有 $t < k$，所以 $a_k-x+t < a_k+k-x$，假设不成立。

（4）$<a, a+x>$（$x > k$）是安全局面：

- 由（3）可知，在第二堆中取 $x-k$ 即可达到不安全局面 $<a, a+k>$。

所以，当 $n=k$ 时，有 $b_k=a_k+k$，其中 $a_k = \min (N-A_{k-1} \cup B_{k-1})$，结论成立。由数学归纳法知，对任意正整数 n 原结论成立。

推论：$A \cup B = N$（读者可以用反证法证明），又因为我们已经得到 $A \cap B = \varnothing$，所以 A/B 是 N 的一个分划。这个推论会在下面的求解中应用到。

求解不安全局面

我们已经得到不安全局面的一些性质，现在来求解不安全局面。

定理：如果正无理数 a, b 满足 $1/a + 1/b = 1$，则 $\{[a \times n] \mid n \in N\}/\{[b \times n] \mid n \in N\}$ 是 N 的一个分划，其中 [] 为高斯记号，$[a \times n]$ 表示对 $a \times n$ 向下取整。

我们就根据上述定理来构造一个满足不安全局面的分划。

取无理数 a, b，其满足 $1/a + 1/b = 1$；

令 $x_n = [a \times n]$，$y_n = [b \times n]$，$y_n = x_n + n$（$n = 1, 2, 3, 4, \cdots$）；

则 $\{x_n \mid n \in N\}/\{y_n \mid n \in N\}$ 是 N 的一个分划。我们在加上一个限制条件：令 $y_n = x_n + n$，即 $[b \times n] = [a \times n] + n = [(a+1) \times n]$，因为这个等式对所有的 $n \in N$ 成立，所以必有 $b = a+1$（否则总能找到足够大的 n 使得等式不成立）。

求解二元一次方程组：

$$\begin{cases} \dfrac{1}{a} + \dfrac{1}{b} = 1 \\ b - a = 1 \end{cases}$$

可得：

$$\begin{cases} a = \dfrac{1+\sqrt{5}}{2} \\ b = \dfrac{3+\sqrt{5}}{2} \end{cases}$$

下面我们将看到这个 x_n, y_n 就是我们要求的 a_n, b_n：

1. 显然 $x_1 = a_1$，且满足相同的递推关系，所以我们只需证明 $x_n = \min\,(N - X_{n-1} \cup Y_{n-1})$；

2. 其中 $X_n = \{x_1, x_2, \cdots, x_n\}$，$Y_n = \{y_1, y_2, \cdots, y_n\}$，这是显然的，否则，由于 x_n、y_n 具有严格的单调性，且 $y_n > x_n$，那么 $N - X \cup Y$ 将会不为空，与 X/Y 是 N 的划分矛盾。

所以 x_n, y_n 就是我们所要求的 a_n, b_n。

即 $a_n = [a \times n]$，$b_n = [b \times n]$，其中：

$$\begin{cases} a = \dfrac{1+\sqrt{5}}{2} \\ b = \dfrac{3+\sqrt{5}}{2} \end{cases}$$

至此，对于任意给定的一个状态 $<x, y>$，我们都可以通过判断 x 是否等于某个 $[a \times n]$，且 y 是否等于对应的 $[b \times n]$，来判断 $<x, y>$ 是否为一个不安全局面。或者我们也可以通过判断 x（假设 $x <= y$）是否等于 $[a] \times (y - x)$ 来判断 $<x, y>$ 是否为一个不安全局面。同理，若 $<x, y>$ 是一个安全局面，我们也可以通过这个判定法来取合适数量的石头，从而令对手达到某一个不安全局面。

附 2：Python 的程序解法

前面提到的解法一的代码是由 C# 写成的，MSRA 里有位工程师给出了一个 Python 的解法，思路与之类似，大家不妨分析一下哪种解法效率更高？代码清单 1-20 是自底向上解法的 Python 源代码。

代码清单 1-20

```
// Comments: Python code

false_table = dict()
true_table = dict()
```

```python
def possible_next_moves(m, n):
    for i in range(0, m):
        yield(i, n)

    for i in range(0, n):
        if m < i:
            yield(m, i)
        else:
            yield(i, m)

    for i in range(0, m):
        yield(i, n - m + i)

def can_reach(m, n, m1, n1):
    if m == m1 and n == n1:
        return False
    if m == m1 or n == n1 or m - m1 == n - n1:
        return True
    else:
        return False

def quick_check(m, n, name):
    for k,v in false_table.items():
        if can_reach(m, n, v[1][0], v[1][1]):
            true_table[name] = (True, v[1])
            return (True, v[1])
    return None

def nim(m, n):
    if m > n:
        m, n = n, m
    name = str(m) + '+' + str(n)

    if name in false_table:
        return false_table[name]
    if name in true_table:
        return true_table[name]

    check = quick_check(m, n, name)
    if check:
        return check

    for possible in possible_next_moves(m, n):
        r = nim(possible[0], possible[1])
        if r[0] == False:
            true_table[name] = (True, possible)
            return (True, possible)
        elif can_reach(m, n, r[1][0], r[1][1]):
            true_table[name] = (True, r[1])
            return (True, r[1])

    false_table[name] = (False, (m, n))
    return (False, (m, n))


###for testing
```

```
def assert_false(m, n):
    size = 0
    for possible in possible_next_moves(m, n):
        size = size + 1
        r = nim(possible[0], possible[1])
        if r[0] != True:
            print 'error!', m, n,'should be false but it has false sub/
                move', possible
            return
    print 'all', size, 'possible moves are checked!'
```

很快，这位工程师又想出了另一种解法，不过这次他不是从 *n*=1 的不安全局面自底向上推理的，而是反其道行之，自顶向下查找，代码如清单 1-21，读者不妨研究一下。

代码清单 1-21

```
// Result indicates position(x,y) is whether true or false
// true means when m= X and n == Y, then the first one will win
// false vice versa
public class Result
{
    public override string ToString()
    {
        string ret = string.Format("{0} ({1}, {2})", State.ToString(),
            X, Y);
        return ret;
    }
    public Result(bool s, uint x, uint y)
    {
        State = s;
        X = x;
        Y = y;
    }
    public bool State;
    public uint X, Y;
}

public static Result nim(uint m, uint n)
{
    if(m == n || m == 0 || n == 0)
    {
        return new Result(true, m, n);
    }
    if(m < n)
    {
        uint tmp = m;
        m = n;
        n = tmp;
    }
    Result[,] Matrix = new Result[m, n];
    for(uint i = 0; i < n; i++)
    {
        for(uint j = i + 1; j < m; j++)
        {
```

```
                if(Matrix[j, i] == null)
                {
                    PropagateFalseResult(m, n, j, i, Matrix);
                    if(Matrix[m - 1, n - 1] != null)
                    {
                        return Matrix[m - 1, n - 1];
                    }
                }
            }
        }
    }
    return Matrix[m - 1, n - 1];
}

// when we can decide Position(x,y) is false, then we can decide that
// all other positions in the row that follows this position is true,
// since they can get to position(x,y) at one step all other
// positions in the column that follows this position is true,
// since they can get to position(x,y) at one step all other
// positions in the diagonals that follows this position is true,
// since they can get to position(x,y) at one step
// thus we propagate the results to these positions.
static void PropagateFalseResult(uint m, uint n, uint x, uint y,
  Result[,] Matrix)
{
    Matrix[x,y] = new Result(false, x + 1, y + 1);
    Result tResult = new Result(true, x + 1, y + 1);
    for(uint i = y + 1; i < n; i++)
    {
        Matrix[x, i] = tResult;
    }
    for(uint i = x + 1; i < m; i++)
    {
        Matrix[i, y] = tResult;
    }
    uint steps = m - x;
    if(steps > n - y)
    {
        steps = n - y;
    }
    for(uint i = 1; i < steps; i++)
    {
        Matrix[x + i, y + i] = tResult;
    }
    if(x < n)
    {
        for(uint i = x + 1; i < m; i++)
        {
            Matrix[i, x] = tResult;
        }
    }
}
```

1.14 ★★
连连看游戏设计

连连看是一种很受大家欢迎的小游戏。微软亚洲研究院的实习生们就曾经开发过一个类似的游戏——Microsoft Link-up。

图 1-22 为 Microsoft Link-up 的一个截图。如果用户可以把两个同样的图用线（连线拐的弯不能多于两个）连到一起，那么这两个头像就会消掉，当所有的头像全部消掉的时候，游戏结束。游戏头像有珍稀动物、京剧脸谱等。Microsoft Link-up 还支持用户输入的图像库，微软的同事们曾经把新员工的漫画头像加到这个游戏中，让大家在游戏之余也互相熟悉起来。

图 1-22   连连看游戏示意图

假如让你来设计一个连连看游戏的算法，你会怎么做呢？要求说明：

1. 怎样用简单的计算机模型来描述这个问题？

2. 怎样判断两个图形能否相消？

3. 怎样求出相同图形之间的最短路径（转弯数最少，路径经过的格子数目最少）？

4. 怎样确定死锁状态，如何设计算法来解除死锁？

分析与解法

连连看游戏的设计，最主要包含游戏局面的状态描述，以及游戏规则的描述。而游戏规则的描述就对应着状态的合法转移（在某一个状态，有哪些操作是满足规则的，经过这些操作，会到达哪些状态）。所以，自动机模型适合用来描述游戏设计。

代码清单 1-22 是一个参考的连连看游戏的伪代码。

代码清单 1-22

```
生成游戏初始局面
Grid preClick = NULL, curClick = NULL;
while(游戏没有结束)
{
    监听用户动作
    if(用户点击格子(x, y)，且格子(x, y)为非空格子)
    {
        preClick = curClick;
        curClick.Pos = (x, y);
    }
    if(preClick != NULL && curClick != NULL
        && preClick.Pic == curClick.Pic
        && FindPath(preClick, curClick) != NULL)
    {
        显示两个格子之间的消去路径
        消去格子 preClick, curClick;
        preClick = curClick = NULL;
    }
}
```

从上面的整体框架可以看到，完成连连看游戏需要解决下面几个问题：

1. 生成游戏初始局面。

2. 每次用户选择两个图形，如果图形满足一定条件（两个图形一样，且这两个图形之间存在少于 3 个弯的路径），则两个图形都能消掉。给定具有相同图形的任意两个格子，我们需要寻找这两个格子之间在转弯最少的情况下，经过格子数目最少的路径。如果这个最优路径的转弯数目少于 3，则这两个格子可以消去。

3. 判断游戏是否结束。如果所有图形全部消去，游戏结束。

4. 判断死锁，当游戏玩家不可能再消去任意两个图像的时候，游戏进入"死锁"状态，如图 1-23 所示。该局面中已经不存在两个相同的图片相连的路径转弯数目小于 3 的情况。

在死锁的情况下，我们也可以暂时不终止游戏，而是随机打乱局面，打破"死锁"局面。

图 1-23　连连看死锁的情况

首先思考问题：怎样判断两个图形能否相消？在前面的分析中，我们已经知道，两个图形能够相消的充分必要条件是这两个图形相同，且它们之间存在转弯数目小于 3 的路径。因此，需要解决的主要问题是，怎样求出相同图形之间的最短路径。首先需要保证最短路径的转弯数目最少。在转弯数目最少的情况下，经过的格子数目也要尽可能地少。

在经典的最短路径问题中，需要求出经过格子数目最少的路径。而这里，为了保证转弯数目最少，需要把最短路径问题的目标函数修改为从一个点到另一个点的转弯次数。虽然目标函数修改了，但算法的框架仍然可以保持不变。广度优先搜索是解决经典最短路径问题的一个思路。我们看看在新的目标函数（转弯数目最少）下，如何用广度优先搜索来解决图形 A (x_1, y_1) 和图形 B (x_2, y_2) 之间的最短路径问题。

首先把图形 A (x_1, y_1) 压入队列。

然后扩展图形 A (x_1, y_1) 可以直线到达的格子（即图形 A (x_1, y_1) 可以通过转弯数目为 0 的路径（直线）到达这些格子）。假设这些格子为集合 S_0，$S_0 = \text{Find}$ (x_1, y_1)。如果图形 B (x_2, y_2) 在集合 S_0 中，则结束搜索，图形 A 和 B 可以用直线连接。

否则，对于所有 S_0 集合中的空格子（没有图形），分别找到它们可以直线到达的格子。假设这个集合为 S_1。$S_1 = \{\text{Find}\ (p)\ |\ p \in S_0\}$。$S_1$ 包含了 S_0，令 $S_1' = S_1 - S_0$，则 S_1' 中的格子和图形 A (x_1, y_1) 可以通过转弯数目为 1 的路径连起来。如果图形 B (x_2, y_2) 在 S_1' 中，则图形 A 和 B 可以用转弯数目为 1 的路径连接，结束搜索。

否则，继续对所有 S_1' 集合中的空格子（没有图形），分别找出它们可以直线到达的格子，假设这个集合为 S_2，$S_2 = \text{Find}\{\text{Find}\ (p)\ |\ p \in S_1'\}$。$S_2$ 包含了 S_0 和 S_1，令 $S_2' = S_2 - S_0 - S_1 = S_2 - S_0 - S_1'$。集合 S_2' 是图形 A (x_1, y_1) 可以通过转弯数目为 2 的路径到达的格子。如果图形 B (x_2, y_2) 在集合 S_2' 中，则图形 A 和 B 可以用转弯数目为 2 的路径连接，否则图形 A 和 B 不能通过转弯小于 3 的路径连接。

在扩展的过程中，只要记下每个格子是从哪个格子连过来的（也就是转弯的位置），最后图形 A 和 B 之间的路径就可以绘制出来。

在上面的广度优先搜索过程中，有两步操作：$S_1' = S_1 - S_0$ 和 $S_2' = S_2 - S_0 - S_1$。它们可以通过记录从图形 A (x_1, y_1) 到该格子 (x, y) 的转弯数目来实现。开始，将所有格子 (x, y) 和格子 A (x_1, y_1) 之间路径的最少转弯数目 MinCrossing (x, y) 初始化为无穷大。然后，令 MinCrossing (A) = MinCrossing (x_1, y_1) = 0，格子 A 到自身当然不需要任何转弯。第一步扩展之后，所有 S_0 集合中的格子的 MinCrossing 值为 0。在 S_0 集合继续扩展得到的 S_1 集合中，格子 X 和格子 A 之间至少有转弯为 1 的路径，如果格子 X 本身已经在 S_0 中，那么，MinCrossing (X) = 0。这时，我们保留转弯数目少的路径，也就是 MinCrossing (X) = MinValue (MinCrossing (X), 1) = 0。这个过程，就实现了上面伪代码中的 $S_1' = S_1 - S_0$。$S_2' = S_2 - S_0 - S_1$ 的扩展过程也类似。

经过上面的分析，我们知道，每一个格子 X (x, y)，都有一个状态值 MinCrossing (X)。它记录了该格子和起始格子 A 之间的最优路径的转弯数目。广度优先搜索，就是每次优先扩展状态值最少的格子。如果要保证在转弯数目最少的情况下，还要保持路径长度尽可能地短，则需要对每一个格子 X 保存两个状态值 MinCrossing(X) 和 MinDistance(X)。从格子 X 扩展到格子 Y 的过程，可以用下面的伪代码实现。

```
if((MinCrossing(X) + 1 < MinCrossing(Y))
   || ((MinCrossing(X) + 1 == MinCrossing(Y)
       && (MinDistance(X) + Dist(X,Y) < MinDistance(Y)))
{
   MinCrossing(Y) = MinCrossing(X) + 1;
   MinDistance(Y) = MinDistance(X) + Dist(X, Y);
}
```

也就是说，如果发现从格子 X 过来的路径改进了转弯数目或者路径的长度，则更新格子 Y。

"死锁"问题本质上还是判断两个格子是否可以消去的问题。最直接的方法就是，对于游戏中尚未消去的格子，都两两计算一下它们是否可以消去。此外，从上面的广度优先搜索可以看出，我们每次都是扩展出起始格子 A (x_1, y_1) 能够到达的格子。也就是说，对于每一个格子，可以调用一次上面的扩展过程，得到所有可以到达的格子，如果这些格子中有任意一个格子的图形跟起始格子一致，则它们可以消去，目前游戏还不是"死锁"状态。

扩展问题

1. 在连连看游戏设计中，是否可以通过维护任意两个格子之间的最短路径来实现快速搜索？在每一次消去两个格子之后，更新我们需要维护的数据（任意两个格子之间的最短路径）。这样的思路有哪些优缺点，如何实现呢？

2. 在围棋或象棋游戏中，经过若干步操作之后，可能出现一个曾经出现过的状态（例如，围棋中的打劫）。如何在围棋、象棋游戏设计中检测这个状态呢？

1.15 ★★★ 构造数独

数独（日语：数独，sudoku）是一个历史悠久，最近又特别流行的数学智力游戏。它不仅具有很强的趣味性，而且能锻炼我们的逻辑思维能力。数独的"棋盘"是由九九八十一个小方格组成的。玩家要在每一个小格中，分别填上 1 至 9 的任意一个数字，让整个棋盘每一列、每一行，以及每一个 3×3 的小矩阵中的数字都不重复。

据说"数独"游戏在日本非常流行，在地铁车厢和候车室里，每天都可以看到人们埋头于游戏的情景，甚至有专门的"数独"游戏机出现。

现在很多杂志和报纸上的游戏专版也有数独栏目，一般的方式是提供一个不完整的数独，让读者填完所有数字。

既然数独这个游戏这么好玩，我们也写一个吧！图 1-24 是作者写的一个数独游戏的初始画面。

图 1-24　数独游戏

在面试中，由于时间的限制，面试者不会期望应聘者会写出全部程序，一般会要求回答设计中的几个关键问题，例如：

程序的大致框架是什么？用什么样的数据结构存储数独游戏中的各种元素？如何生成一个初始局面？

分析与解法

看到数独游戏，大家应该都会想到用一个二维的数组来存储，每个元素对应数独中的一个数。但考虑到每一个格子又具有若干个属性（是否可以修改等），我们可以把每一个格子抽象为一个对象，把整体看成 9×9 的格子对象。为什么不使用 9 个 3×3 的形式来存储呢？这主要取决于，数据结构是否方便我们去计算游戏的规则（每行每列的每个 3×3 块都刚好含有数字 1~9 各一个）。

确定数据结构后，我们的任务就是要生成一个游戏的初始局面。如果随机地把 1~9 的数字散布在 9×9 的格子上，这似乎也行，但不能保证这个初始局面有解，粗略计算一下，随机生成的数字能满足数独条件的几率还是很低的，大约远远小于 10^{-20}，估计这样的程序运行几天也不一定能产生一个合法的数独！反过来想，我们可以先生成一个完整而合法的解，然后再随机去掉一些格子中的数字，这样比较可行。

解法一

假设，我们使用下面的结构来存储数独游戏。

```
int m_size = 9;
Cell[,] m_cells;
```

下面的 GenarateValidMatrix() 函数用经典的深度优先搜索来生成一个可行解。我们从(0, 0)开始，对于没有处理过的格子，首先调用 GetValidValueList(coCurrent) 来获得当前格子可能的取值选择，并从中取一个为当前格子的取值，接着搜索下一个格子。在搜索过程中，若出现某个格子没有可行的取值，则回溯，修改前一个格子的取值。直到所有的格子都找到可行的取值为止，这是一个可行解（如代码清单 1-23 所示）。

代码清单 1-23

```
bool GenarateValidMatrix()
{
    // prepare for the search

    Coord coCurrent;
    coCurrent.x = 0;
    coCurrent.y = 0;

    while(true)
    {
        Cell c = m_cells[coCurrent.x, coCurrent.y];
```

```
    ArrayList al;

    if(!c.IsProcessed)
    {
        al = GetValidValueList(coCurrent);
        c.ValidList = al;
    }

    if(c.ValidList.Count > 0)
    {
        c.PickNextValidValue();
        if(coCurrent.x == this.Size - 1 &&
            coCurrent.y == this.Size - 1)
        {
            break;        // we reach the end of the matrix
        }
        else              // keep going to the next one
        {
            coCurrent = NextCoord(coCurrent);
        }
    }
    else
    {
        // if we reach the beginning, break out
        if(coCurrent.x == 0 && coCurrent.y == 0)
        {
            break;
        }
        else
        {
            c.Clear();
            coCurrent = PrevCoord(coCurrent);
        }
    }
    }
    return true;
}
```

一个可行解生成之后，我们可以随机删去一些格子中的数值。我们删除的数字越少，游戏就越简单；删除的数字越多，游戏就越难，而且可能有多种解法——我们判断一个游戏是否结束，不是根据用户填写的数字是否等于我们原来生成的数据，而是根据：

1. 所有的格子都填完；

2. 所有的行、列、小矩阵都符合条件。

解法二

上面提到的解法虽然经典，但是并不是唯一的正解，还有许多别的解法。例如，假设已经有一个 3×3 的矩阵是排列好了的，具体数字姑且用字母代替，如图 1-25 所示。

a	b	c
d	e	f
g	h	i

图 1-25　矩阵 1

把整个数独矩阵的各个小矩阵分别命名为 $B_1, B_2, \cdots, B_9$，如图 1-26 所示。

图 1-26　矩阵 2

那么，可以把这个矩阵放在数独的中央（B_5）的位置上，然后看看有没有一种办法能"生成"其他格子内的合法排列，如图 1-27 所示。

图 1-27　矩阵 3

第一步，先通过置换行的办法，把 B_4 和 B_6 矩阵填好，可以看出 *abc* 这一行被移到了另外两个矩阵中不相同的行上。*def*、*ghi* 这两行也一样，如图 1-28 所示。

	B_1			B_2			B_3	
g	h	i	a	b	c	d	e	f
a	b	c	d	e	f	g	h	i
d	e	f	g	h	i	a	b	c
	B_7			B_8			B_9	

图 1-28　矩阵 4

第二步，对中央小矩阵的每一列做同样的变换，把 B_2 和 B_8 都解决了，如图 1-29 所示。

			c	a	b			
	B_1		f	d	e		B_3	
			i	g	h			
g	h	i	a	b	c	d	e	f
a	b	c	d	e	f	g	h	i
d	e	f	g	h	i	a	b	c
			b	c	a			
	B_7		e	f	d		B_9	
			h	i	g			

图 1-29　矩阵 5

第三步，对 4 个角上的小矩阵，能通过对其相邻矩阵进行类似置换得到吗？试试看，通过列置换的方式，用 B_4 生成 B_1 和 B_7，用 B_6 生成 B_3 和 B_9，如图 1-30 所示。

i	g	h	c	a	b	f	d	e
c	a	b	f	d	e	i	g	h
f	d	e	i	g	h	c	a	b
g	h	i	a	b	c	d	e	f
a	b	c	d	e	f	g	h	i
d	e	f	g	h	i	a	b	c
h	i	g	b	c	a	e	f	d
b	c	a	e	f	d	h	i	g
e	f	d	h	i	g	b	c	a

图 1-30 矩阵 6

看起来这整个数独矩阵是合乎规定的！

这么说，可以用{1, 2, 3, 4, 5, 6, 7, 8, 9}随机映射到{*a*, *b*, *c*, *d*, *e*, *f*, *g*, *h*, *i*}上，这样会生成 9！个不同的数独。需要说明的是，这并不包括所有合法的数独，差得很远[1]。但是对于一般的数独爱好者来说，已经足够他们玩一阵的了。还可以通过部分行或列的局部对换来增加变化的数目。这种办法的优点是程序非常简单，简单到不值得印在纸上。

扩展问题

在应用程序中，有很多大大小小的窗口/按钮/控件。我们经常要判断鼠标点击的位置是不是在某一个窗口/按钮/控件上，或者某个控件跟某个窗口的关系（该控件是否在窗口中，是否跟窗口相交等）。而这些窗口/按钮/控件，可以把它们抽象为一个跟屏幕的长宽平行的大小不同的矩形。为了方便地完成上面这些经常性的操作，应该如何表示这些窗口？

附：下面是笔者用程序生成的几个数独游戏，难度由浅入深，读者不妨一试。

1 究竟有多少不一样的数独排列，请看“数独知多少”一节。

7	3		2	1	8	5		4
2	1				9			3
5	9			7		2	8	1
3	4	1	8	6		9	2	7
	6			9			1	
9	5	2		4	1	8	3	6
4	7	3		8			5	2
6			1				4	9
1		9	5	3	4		6	8

	8	6	5		7	1		9
5		7	2	9		8	4	6
9	1	2	8	4	6	7	3	
	9		6		2		1	
		1	9	7	4	2		
	7		1		3		6	
	5	3	4	2	8	6	9	1
1	2	9		6	5	4		3
6		8	3		9	5	7	

						8		3
7	6	4		5	3	9		
	5	3	9	2		7	6	4
5			2	3	9			7
		9		1		6		
4			6	8	5			2
6	9	5		7	2	1	4	
		2	1	9		5	7	6
1		8						

6	1		9					2
9	4		3	5				
	2	6	8	1	7	9		
8	6		7		5	2	1	
		1		6				
	9	1	8		4		7	6
	7	6	5	1	3	9		
			6	8			3	7
1				9			6	5

4	1				6	5		7
		6	2	5			1	9
5		7	4					8
9				7	4			1
		4	3	8	1	2		
1			5	9				6
3				8	9			4
2	9			4	5	8		
7		8	9				5	2

	6		2	4		9		
	4			5				6
9			1	6	4	2		
								8
4		8	1	7	5	6		2
5								
	8	9	5	3				1
3				8			9	
	5			9	1		8	

1.16 ★★★ 24 点游戏

24 点是一种老少咸宜的游戏，它的具体玩法如下。

给玩家 4 张牌，每张牌的面值在 1 ~ 13 之间，允许其中有数值相同的牌。采用加、减、乘、除四则运算，允许中间运算存在小数，并且可以使用括号，但每张牌只能使用一次，尝试构造一个表达式，使其运算结果为 24。

请你根据上述游戏规则构造一个玩 24 点游戏的算法，要求如下。

输入：n_1, n_2, n_3, n_4。

输出：若能得到运算结果为 24，则输出一个对应的运算表达式。

如：

输入：11, 8, 3, 5

输出：（11-8）× （3+5）= 24

分析与解法

解法一

最直接的想法就是采用穷举法，因为运算符号只有 4 种，每个数字只能使用一次，所以通过穷举 4 个数所有可能的表达式，并分别计算出各表达式的值，就可以得到答案。那么如何穷举所有可能的表达式呢？

先不考虑使用括号，可以做出如下分析。

每个数只能使用一次，对 4 个数进行全排列，总共有 4！=4×3×2×1=24 种排列。4 个数的四则运算中总共需要 3 个运算符，同一运算符可以重复出现，那么对于每一个排列，总共可有 4×4×4 种表达式。因此在不考虑括号的情况下，总共可以得到 4！×4^3 = 1536 种表达式。

接下来再考虑加上括号后的情况，对于 4 个数而言，总共会有以下 5 种加括号的方式：$(A(B(CD)))$、$(A((BC)D))$、$((AB)(CD))$、$((A(BC))D)$、$(((AB)C)D)$。

所以需要遍历的表达式数最多有 4！×4^3×5 = 7680 种。即使采用逆波兰表达式，其总数不变。

通过上面的分析，得到了一种解 24 点的基本思路，即遍历运算符、数字和括号的所有排列组合形式，接下来，我们将更加细致地讨论这种解法的一个具体实现。

假设给定的 4 个数组成的集合为 $A=\{1, 2, 3, 4\}$，定义函数 $f(A)$ 为对集合 A 中的元素进行所有可能的四则混合运算所得到的值的集合。

首先从集合 A 中任意取出两个数，如取出 1 和 2，$A = A - \{1,2\}$，对取出来的数分别进行不同的四则运算，1+2=3，1-2=-1，1/2 = 0.5，1×2 = 2，将所得的结果再分别加入集合 A，可得到 $B = \{3, 3, 4\}$，$C = \{-1, 3, 4\}$，$D = \{0.5, 3, 4\}$，$E = \{2, 3, 4\}$ 四个新的集合，那么 $f(A) = f(B) \cup f(C) \cup f(D) \cup f(E)$，通过以上的计算就达到了分而治之的目的，问题规模就从 4 个数降到了 3 个数，成了 3 个数的 4 个子问题之和。

综上所述，可以得到递归解法如下。

将给定的 4 个数放入数组 Array 中，将其作为参数传入函数 f 中，伪代码如清单 1-24 所示。

代码清单 1-24

```
f(Array)
{
    if(Array.Length < 2)
    {
        if（得到的最终结果为24）输出表达式
        else 输出无法构造符合要求的表达式
    }
    foreach(从数组中任取两个数的组合)
    {
        foreach（运算符（＋，－，×，／））
        {
            1．计算该组合在此运算符下的结果
            2．将该组合中的两个数从原数组中移除，并将步骤1的计算结果放入数组
            3．对新数组递归调用 f。如果找到一个表达式则返回
            4．将步骤1的计算结果移除，并将该组合中的两个数重新放回数组中对应的位置
        }
    }
}
```

具体代码如清单 1-25 所示。

代码清单 1-25

```
const double Threshold = 1E-6;
const int CardsNumber = 4;
const int ResultValue = 24;
double number[CardsNumber];
string result[CardsNumber];

bool PointsGame(int n)
{
    if(n == 1)
    {
        // 由于浮点数运算会有精度误差，所以用一个很小的数1E-6来做容差值
        // 本书2.6节中讨论了如何将浮点数转化为分数的问题
        if(fabs(number[0] - ResultValue) < Threshold)
        {
            cout << result[0] << endl;
            return true;
        }
        else
        {
            return false;
        }
    }

    for(int i = 0; i < n; i++)
    {
        for(int j = i + 1; j < n; j++)
        {
            double a, b;
```

```
            string expa, expb;

            a = number[i];
            b = number[j];
            number[j] = number[n - 1];

            expa = result[i];
            expb = result[j];
            result[j] = result[n - 1];

            result[i] = '(' + expa + '+' + expb + ')';
            number[i] = a + b;
            if(PointsGame(n - 1))
                return true;

            result[i] = '(' + expa + '-' + expb + ')';
            number[i] = a - b;
            if(PointsGame(n - 1))
                return true;

            result[i] = '(' + expb + '-' + expa + ')';
            number[i] = b - a;
            if(PointsGame(n - 1))
                return true;

            result[i] = '(' + expa + '*' + expb + ')';
            number[i] = a * b;
            if(PointsGame(n - 1))
                return true;

            if(b != 0)
            {
                result[i] = '(' + expa + '/' + expb + ')';
                number[i] = a / b;
                if(PointsGame(n - 1))
                    return true;
            }
            if(a != 0)
            {
                result[i] = '(' + expb + '/' + expa + ')';
                number[i] = b / a;
                if(PointsGame(n - 1))
                    return true;
            }

            number[i] = a;
            number[j] = b;
            result[i] = expa;
            result[j] = expb;
        }
    }
    return false;
}

int main()
```

```
{
    int x;
    for(int i = 0; i < CardsNumber; i++)
    {
        char buffer[20];
        cout << "the " << i << "th number:";
        cin >> x;
        number[i] = x;
        itoa(x, buffer, 10);
        result[i] = buffer;
    }
    if(PointsGame(CardsNumber))
    {
        cout << "Success." << endl;
    }
    else
    {
        cout << "Fail." << endl;
    }
    return 0
}
```

这种解法的思路比较清晰，但仍然是一种穷举算法，存在不少冗余计算，比如没有考虑到加法和乘法的交换律等，而且复杂度也没有降低。

可以对算法一的穷举算法进行简单的改进，如在满足交换律的加法和乘法运算中，我们规定，第一操作数必须小于第二操作数，就是说，如果 $A>B$，那么只进行 $B+A$ 的计算，若遇到 $A+B$ 的计算时则简单地返回。其实这是一种简单的剪枝策略，通过将某些冗余（或者达不到最优解）的穷举路径剪掉，达到一个较好的运算策略。

解法二

解法一中存在着大量的冗余计算，是否能够将这些冗余计算降低到最低呢？在解法二中我们将从另一个角度来思考该题。

仍然定义要计算的初始数据（题目中 4 张牌的数值）都放于集合 A 中（集合 A 为多重集合，因为允许出的牌中有重复面值），定义函数 $f(A)$ 为对集合 A 中的元素进行所有可能的四则混合运算所得到的值。可以采用分治的思想，先将 A 划分为两个子集 A_1 和 $A-A_1$，其中 A_1 为 A 的非空真子集（若 A_1 为空集或 A，则转换成了原问题），分别计算 A_1 和 $A-A_1$ 中的元素进行四则混合运算所能得到的结果集合，即 $f(A_1)$ 和 $f(A-A_1)$，然后对 $f(A_1)$ 和 $f(A-A_1)$ 这两个集合中的元素进行加减乘除运算，最后得到的所有集合的并集就是 $f(A)$。

给定两个多重集合 A 和 B（同上，因为允许出的牌中有重复的面值），定义两个集合中的元素运算如下。

Fork(A,B)=∪{a+b, a-b, b-a, a×b, a÷b(b≠0), b÷a(a≠0)}　　　----定义1-16-1

其中（a, b）$\in A \times B$，"×"为集合的叉乘，即 $a \in A$，$b \in B$，（a, b）为集合 A 和 B 中可能的两两组合，假设集合 A_1 中有 n 个元素，集合 A_2 中有 m 个元素，那么将有 $n \times m$ 个（a, b），而每对值需要分别进行 6 个计算（见 Fork 定义），既 Fork（A_1, A_2）的结果集中将有 $6 \times n \times m$ 个元素。∪为集合的并运算。

Fork（A, B）实际上定义了两个集合中的元素两两进行加减乘除运算所能得到的全部结果集合，所以在计算 Fork（A, B）的过程中，可以将重复出现的结果去掉，也就是说 Fork（A, B）返回的结果集不再是多重集，而只是一个简单的集合了。通过去除重复出现的中间结果，也就是通过剪枝，可以在一定程度上提高效率。注意，这与 Fork（A, B）允许 A 和 B 为多重集并不矛盾。

那么对于有理数组成的多重集合 A（中间结果可能不再是整数），如果 A 至少有两个元素，则 $f(A) = \cup$Fork（$f(A_1)$, $f(A-A_1)$），其中 A_1 取遍 A 的所有非空真子集（若 A_1 为空集或全集，则转换成了原问题）。假设集合 A 中有 n 个元素，那么集合 A 的所有非空真子集个数为 2^n-2（减掉空集和全集），即 $f(A)$ 的第一层递推式中共有（2^n-2）/2 个 Fork 函数（将所有的真子集按照原集合的划分两两配对）。

通过以上的分析，得到了另一种计算 $f(A)$ 的方法。根据 $f(A)$ 的定义式，可以简单地直接递归计算 $f(A)$，但那样会有很多冗余计算。

例如对于 $A=\{1, 2, 3, 4\}$，如图 1-31 所示。

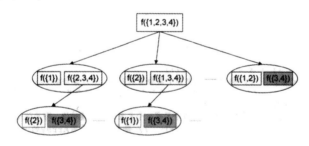

图 1-31　对 F 函数分解示意图

图 1-31 是个树状结构（图中并未详细列出所有的情况），树的每个节点是一个集合，每个节点都为其子节点的并集。其中,椭圆形的节点代表其中的两个集合需要进行 Fork() 计算。

计算到最后，根节点中将保存 $f(A) = f(\{1, 2, 3, 4\})$ 的结果。

其中的计算冗余可举例如下。

```
f(A)=Fork(f({1}),f({2,3,4}))∪...∪Fork(f({1,2}),f({3,4}))
  ∪...;
```

计算 $f(A)$ 的时候需要计算 $f(\{2, 3, 4\})$、$f(\{1, 3, 4\})$ 和 $f(\{3, 4\})$，又因为

```
f({2, 3, 4}) = Fork(f({2}), f({3, 4}))∪...
f({1, 3, 4}) = Fork(f({1}), f({3, 4}))∪...
```

在计算 $f(\{2, 3, 4\})$ 和 $f(\{1, 3, 4\})$ 的时候又要重复地计算 $f(\{3, 4\})$，这就产生了冗余的计算，如图 1-31 中阴影部分所示。针对冗余计算的部分，可以将已求解过的子问题（如上面的 $f(\{3, 4\})$）记录在一张表中，当再次需要求解该子问题时，即可直接从表中查询出该子问题的解。这种解决冗余的算法设计策略，其实包含了动态规划的思想。

解法二从集合划分和合并（Fork 运算）的角度，对 24 点游戏进行解答。

在实际实现的时候，我们可以用二进制数来表示集合和子集的概念，由于 24 点游戏的输入集合 A 中只有四个元素（设 $A=\{a_0, a_1, a_2, a_3\}$），可以采用 4 位的二进制数来表示集合 A 及其真子集，当且仅当 a_i（$0<=i<=3$）在某一个真子集中时，该真子集所代表的二进制数对应的第 i 位（从右到左）才为 1，否则为 0。如 $A_1=\{a_1, a_2, a_3\}$，则 1110 代表 A_1，若 $A_2=\{a_0, a_3\}$，则 1001 代表 A_2。故 A 的所有真子集的范围从 1 到 2^n-2（$n=4$），即 1 到 14。再用一个大小为 2^n-1（$n=4$）数组 S 来保存 $f(i)$（$1<=i<=15$），数组 S 的每一个元素 $S[i]$ 都是一个集合（$f(i)$），其中 $S[2^n-1]$ 即为集合 A 中的所有元素通过四元运算和加括号所能得到的全部结果，通过检查 $S[2^n-1]$，即可得知某个输入是否有解。伪代码如清单 1-26、清单 1-27 所示。

代码清单 1-26

```
24Game(Array)          // Array 为初始输入的集合,其中元素表示为 ai(0<=i<=n-1)
{
    for(int i = 1; i < = 2^n - 1; i++)
        S[i] =Φ;          // 初始化将 S 中各个集合置为空集,n 为集合 Array 的元素个数,
                          // 在24点中即为4,后面出现的 n 具相同含义
    for(int i = 0; i < n; i++)
        S[2^i] = {ai};    // 先对每个只有一个元素的真子集赋值,即为该元素本身
    for(int i = 1; i < 2^n - 1; i++)   // 每个 i 都代表着 Array 的一个真子集
        S[i] = f(i);
    Check(S[2^n - 1]);    // 检查 S[2^n-1]中是否有值为24的元素,并返回
}
```

代码清单 1-27

```
f(int i)          // i 的二进制表示可代表集合的一个真子集,具体含义见上面的分析
{
    if(S[i]≠Φ)
        return S[i];
    for(int x = 1; x < i; i++)     // 只有小于 i 的 x 才可能成为 i 的真子集
        if(x & i== x)// &为与运算,只有当 x&i==x 成立时 x 才为 i 的子集,此时 i-x 为 i 的
                       // 另一个真子集,x 与 i-x 共同构成 i 的一个划分,读者可自行验证
        S[i]∪= Fork(f(x), f(i-x));  // ∪为集合的并运算,Fork 见
```

```
                                              // 定义1-16-1，在 Fork 的过程中，
                                              // 去除重复中间结果……
}
```

总结

解法一和解法二分别从不同的角度对 24 点游戏进行了解答，它们都很容易扩展到 n 张牌的计算结果为 m 的游戏。若需要实现一个完整的游戏时，可预先将所有可能的输入都进行求解，并将输入和解按照某种数据结构进行组织（如 hash 等），这样在初始化结束之后，便可在 $O（1）$ 的时间内对所有的输入返回其答案。

扩展问题

1. 试试下面几个测试用例，看看你写的解法能不能算出正确的表达式来：

   5, 5, 5, 1
   3, 3, 7, 7
   3, 3, 8, 8
   1, 4, 5, 6
   3, 8, 8, 10
   4, 4, 10, 10
   9, 9, 6, 2

2. 大家不妨考虑一下，如果要优化上述算法，可以从哪几个方面入手？

3. 若给 n 张牌，要求最后结果为 m，又该如何解呢？（提示，其实本题中的两种解法已经都能够求解该问题了。）

4. 如果我们把阶乘（!）作为一个合法的运算符（当然只对正整数适用），上面的程序要怎么改进？（提示：在本题的两种解法的基础上，很容易能够运算扩展到阶乘（!）（只针对正整数），但要注意阶乘（!）只是一元运算符。）

附：扩展问题 1 的解答：

$$5×（5-1/5）= 24$$

$$7×（3+3/7）= 24$$

$$8 /（3-8/3）= 24$$

$$4 /（1-5/6）= 24$$

$$（8×10-8）/ 3 = 24$$

$$（10×10-4）/4 = 24$$

$$9×（2+6/9）= 24$$

1.17 ★★★
俄罗斯方块游戏

俄罗斯方块（英文：Tetris）是从 20 世纪 80 年代开始风靡全世界的电脑游戏。俄罗斯方块是由下面这几种形状的积木块构成，如图 1-32 所示。

图 1-32　俄罗斯方块

如果你说你没玩过 Tetris 游戏，面试者一定会比较惊讶，不过面试者还是会耐心地跟你解释它的游戏规则：

- 积木块会从游戏区域上方开始缓慢落下。
- 玩家可以做的操作有：90 度旋转积木块，左右移动积木块，或者让积木块加速落下。
- 积木块移到游戏区域最下方或是落到其他积木块上无法移动时，就会固定在该处，而之后新的积木块就会出现在区域上方开始落下。
- 当游戏区域中某一行格子全部由积木块填满，则该行会消失并成为玩家的得分。一次删除的行数越多，得分越多。
- 当积木块堆到区域最上方，则游戏结束。

好，现在的问题是：

1. 如果你是设计者，如何设计各种数据结构来表示这个游戏的各种元素，如每一个可活动的积木块、在底层堆积的积木等。

2. 现在已经知道底层积木的状态，然后在游戏区域上方出现了一个新的积木块，你如何运用刚才设计的数据结构来判断新的积木块要如何移位或旋转，才能最有效率地消除底部累积的积木？

3. 有些版本的 Tetris 游戏有一个预览窗口，从预览窗口可以看到下一个积木块是什么形状。玩家这时候就可以提前计划，比如，如果下一个积木块是一根长条，我们就不要把最深的"峡谷"堵住。那么我们有了这个新的参数，如何改写上一个程序，才能最有效率地消除底部累积的积木？

分析与解法

俄罗斯方块的确是非常经典的游戏，网络上常常出现高手的游戏视频，他们的表现让人叹为观止。如果你是一个俄罗斯方块高手，那你几乎不用思考，让直觉指导自己下一步怎么操作。电脑没有直觉，它只能当一个初学者，所以我们必须为它找到一种可操作的流程。

每一块积木块落下的过程中，我们可以做：

- 旋转到合适的方向；
- 水平移动到某一列；
- 垂直下落到底部。

对于高手来说，下落的过程中还可以有更多精彩的表现，比如平移方块"钻"进洞里去（如图 1-33 所示）。我们暂时不考虑这种特殊情况。

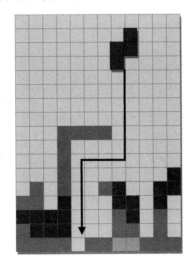

图 1-33　平移方块

现在可以考虑用怎样的数据结构来模拟积木块下落的过程。

首先，用一个二维数组 area [M] [N]表示 M × N 的游戏区域。其中，数组中值为 0 表示空，1 表示有方块。

积木块也用数组来表示，但是各种积木块的尺寸都不相同（如长条是 1×4 的，方块是 2×2 的），而且旋转后的尺寸也可能发生变化，如果为不同的积木块设计不同尺寸的数组，则可能造成程序管理的混乱。因此我们需要用统一尺寸的数组来容纳所有可能的积木块，4×4 的数组（图 1-34 表示了 5 种积木）可以满足要求。

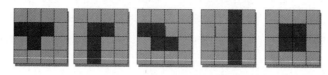

图 1-34　4×4 数组示例

积木块一共有 7 种，每种积木块有 4 种方向。综上所述，定义 BlockSets[7][4]，表示 7 种积木块的 4 个旋转方向的形状。我们在编译前将这个数组的值预计算好，在程序中即可直接使用。

读者一定会发现有些积木块实际上只有两种旋转方式，为了减少程序中的判断条件，我们依然采用适当浪费内存的方法。

使用上面的数据结构，能够很方便地得到方块旋转后的形状 rotatedBlock = BlockSets[n][m % 4]，其中 n 是特定的方块序号，m 是旋转的次数。

接下来的问题是判断方块的水平移动范围，我们记录积木块左上角相对于游戏区域的位移为（offset X, offset Y），平移范围即为 Offset X 的取值范围。

由于积木块可能无法占满 4×4 区域的每一列，因此横向位移 x 的值可能小于 0。首先计算积木块所占区域的最小列 minCol 和最大列 maxCol，则 Offset X 的取值范围为[0 − minCol, M − 1 − maxCol]。图 1-35 中，L 形积木块占据的最小列和最大列分别为 1 和 2。因此，这个积木块在游戏区域里面水平移动的范围为[-1, M -3]。

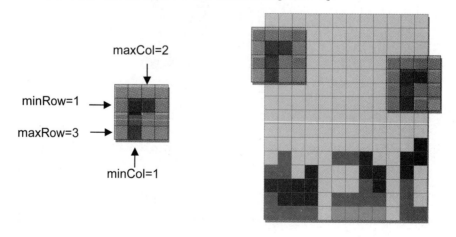

图 1-35　L 形积木块的水平移动范围

有了位移坐标，就很容易计算出积木块是否和游戏区域中已有的方块重叠。与 minCol 和 maxCol 一样，定义 minRow 和 maxRow 为积木块所占区域的最小行和最大行。因此下落过程可以表示为如代码清单 1-28 所示。

代码清单 1-28

```
While (OffsetY < N - maxRow)
    OffsetY++
    Flag = 0
    For i = 0 To 3           //判断是否和已有方块重合
        For j = 0 To 3
            If (Block[i][j] <> 0
                And Area[OffsetX + i][OffsetY + j] <> 0)
            Then
                Flag = 1
            End If
        Next
    Next
    If (Flag = 1) Then Return OffsetY - 1      //如果有重合，则不能下落到该行
Loop
```

这是一个可行的算法，但是效率比较低。因为每下落一行，很多区域都需要重复判断。有没有更有效的方法呢？以图 1-36 的所示 L 形积木块为例，希望其下落在 Offset $X = 3$ 这一列。我们发现，可以下落到的最低高度取决于最先接触到已有方块那一列。由此，可以计算每一列触底高度的最小值，即 $\min_{0 \leqslant i \leqslant 3}(d_i - \text{maxRow}_i)$，其中 d_i 是该列堆积方块的高度。

在图 1-36 中，L 形积木块第 0 列和第 3 列没有方块，则无须考虑；第 1 列和第 2 列 maxRow 分别为 3 和 1。游戏区域第 4 列和第 5 列的最高高度分别为 N 和 N-5。因此，积木块将下落到的高度为 $\min(N-3, N-5-1) = N-6$，即 L 形积木块会停留在位移（3，$N-6$）的位置。

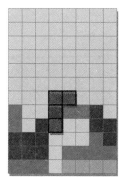

图 1-36　L 形积木块

由此，已经能够模拟一个方块的下落过程。通过枚举的方法，能够得到积木块在各种旋转角度下，在各列下落的格局（如代码清单 1-29 所示）。

代码清单 1-29

```
Dim configurations As Array
For i = 0 To 3              // 穷举所有旋转方向,得到各种旋转方式下的积木块形状
    rotatedBlock = GetRotatedBlock(currentBlock, i)
    [minCol, maxCol] = CalcOffsetXRange(rotatedBlock) // 计算横向坐标可以
                                                       // 移动的范围

    For j = minCol To maxCol
        y = CalcBottomOffsetY(rotatedBlock, j) // 计算下落停留的纵向位移
        configurations.Add(i, j, y)            // 保存当前格局
    Next
Next
```

现在离"自动摆放"的人工智能只有一步之遥——判断哪一种格局更好。

世界上举办过俄罗斯方块人工智能的竞赛，两个选手分别使用自己写的智能模块操作积木块，看谁的程序能够在指定时间内得到更多的分数。在此我们仅给出一种启发性的思路，而不给出具体的解法。

当你问一个俄罗斯方块玩家怎样摆放算是好的，他一般会建议：一次性多消行，不要形成"洞"（图 1-37 中斜线部分），争取不要摆放太高。作为一个自然人，你能够理解他的意思。但是，计算机对这种感性的语言没有理解能力，没办法要求它用感性的方法回答哪种摆放比较好，因此需要将格局的好坏用一种量化的方法表示出来。

我们采用"计分制"，具体来讲就是如果这种摆放达到了某要求就增加某一指定的分数，反之扣除。举例来说，如果这种摆放可以消除 2 行，则加上 3 分；如果形成了 5 个"洞"则扣除 20 分。试设置计分方式如下。

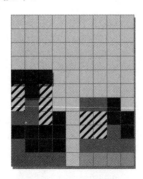

图 1-37　方块的摆放

- 一次性多消行：同时消除 1，2，3，4 行，分别加 1，3，7，13 分（分数指数
  上升）；

- 不要形成"洞"：每增加 1 个洞，扣除 4 分，超过 5 个洞，额外扣除 15 分；

- 争取不要摆放太高：放置行高于 $M \times 3/5$，则每高 1 行扣除 2 分。

上述的分数是自己估计的，读者可以根据实际情况来调整，达到一个最佳智能状况。代
码清单 1-30 是实现上述计分规则的伪代码。

代码清单 1-30

```
Score = 0
    CopyTo(area, tempArea)              // 复制一份游戏区域
    PasteTo(block, tempArea)            // 将积木块放入复制的游戏区域中

    lineCount = 0
    For y = offsetY To offsetY + 4      // 消行一定发生在放入积木块的4行
        If (RowIsFull(tempArea, y)) Then
            lineCount++;                // 统计消行数
        End If
    Next
    Score += ClearLineScore[lineCount]  // 消行加分

    ClearLines(tempArea)                // 在统计洞数时需要先消行
    OffsetY += lineCount

    holeCount = 0
    For x = OffsetX To OffsetX + 4      // 增加的洞一定出现在放入积木块的4列
        holeCount += CalcHoles(tempArea, x) - CalcHoles(area, x)
    Next

    Score -= holeCount * 4              // 每个洞扣除4分
    If (holeCount > 5) Then Score -= 15 // 超过5个洞额外扣除15分

    If (OffsetY < M * 3 / 5) Then       // 位置过高则扣分（OffsetY 以区域上方为0）
        Score -= (M * 3 / 5 - OffsetY) * 2
    End If

Return Score;
```

先使用这个方法为每种不同格局打一个分数，然后取分数最高的格局作为放置积木块的
位置。

当然，实际的计分规则应该更复杂，比如尽量保留某一列为空，等长条来时消 4 行；或
者，统计各种不同积木块出现的数量，预测后面可能出现何种积木块的概率比较大，等
等。读者可以充分发挥自己的想象力来创造更好的计分规则。

如果我们可以预知下一块的形状，这个问题就稍微复杂了一些。好在俄罗斯方块的游戏

区域并不大，还是能够穷举各种不同的摆放，然后同样使用"计分制"将最好的格局选择出来。要注意，摆放第二块积木前，第一块积木可能会消行，因此需要额外的空间来处理。

更进一步，如果预知下面多块的形状，穷举的方法依然适用，但是复杂度呈指数级别上升，所以需要用"减枝"的方法来降低复杂度。简单地说，就是穷举一个积木块的各种格局后，计算每种格局的得分，然后只取前 N 个最高得分的格局进行后续计算。这种方法是合理的：如果一个格局本身就很糟，那么在这个格局的基础上继续摆放也不会好到哪里去。但是，如果 N 设置得较小，则可能会漏掉最优解。因此需要根据实际情况调整 N 的取值。

扩展问题

1. 如果希望支持在下落过程中水平移动来"钻洞"，那么程序流程需要怎么调整？

2. 如图 1-38 所示，我们假设积木块在自动下落过程中，每两次自动下落间最多水平移动 3 格，那么该积木块是无法到达区域最右侧的。如果增加了这个限制，程序流程需要怎么调整？

3. 俄罗斯方块，挖雷等游戏为什么这么流行？如果面试者让你给这些游戏增加一些新功能，你能否在有限的时间内提出想法，并且说服对方？

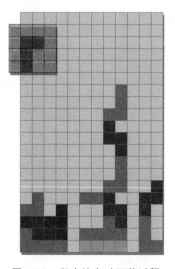

图 1-38　积木块自动下落过程

1.18 ★★★ 挖雷游戏

挖雷（Minesweeper）游戏很受 Windows 用户的喜爱，它的游戏规则很简单，盘面上有
数字标明周围地雷的数量，游戏者根据数字提示，清除没有地雷的方块，标出盘面上的
所有地雷即可，如图 1-39 所示。

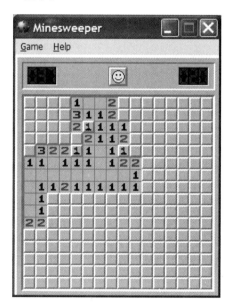

图 1-39 挖雷游戏示意

这样一个"古老"的游戏，有什么可以挖掘的呢？

问题 1：如果用户想为这个"古老"的游戏增加一个新功能，即按一个功能键，就能看
到剩余所有未标识的方块是否有地雷的概率。你能否实现这一功能？

问题 2：如果上一个问题太难了，可以让程序先标识所有**肯定有地雷**的方块。◆◆

第 2 章

数字之魅

——数字中的技巧

面试是双方平等交流的过程，有时候分不清谁在面试谁。

这一章收集了一些好玩的对数字及数组进行处理的题目。编程的过程实际上就是和数字打交道的过程。很多庞大的应用，例如搜索引擎查询并返回搜索结果的过程，就可以看作是对众多数组和其中大量数字（如：Page Rank，Page Id）进行计算、比较的过程。我们一方面不断地说要处理"海量数据"，另一方面同学们在程序课上定义数组的时候会写 int array[10]，int array[100]往往就觉得"技止此耳""我掌握了"！如果数组的元素个数是百万、千万级，你的算法还有效率吗？

有些题目看似简单，但是我们在面试中发现，有很多应聘者不能正确地写出"冒泡排序"或 "二分查找"，所以还是要从简单的题目出发。能不能把简单的问题完完全全地解决，没有任何 bug？

有读者会问——

那这些题目我都背好了，再来面试，行吗？

当然行。比如"求数组的子数组之和的最大值"（见正文之"2.14"节）这道题目，正确的解法只有不到 10 行代码。你当然可以背好了再来面试。不过面试者肯定会问一些扩展问题，像"如果数组首尾相连，怎么办""如果要求数组的子数组乘积的最大值"等。不能举一反三的同学，可能会比较难过。只有真正掌握了这些内容，才能应付自如。

2.1 ★★★
求二进制数中 1 的个数

对于一个字节（8bit）的无符号整型变量，求其二进制表示中"1"的个数，要求算法的执行效率尽可能高。

大多数读者都会有这样的反应：这个题目也太简单了吧，解法似乎也很直接，不会有太多的曲折峰回路转之处。那么面试者到底能用这个题目考察我们什么呢？事实上，在编写程序的过程中，根据实际应用的不同，对存储空间或效率的要求也不一样。比如在 PC 上与在嵌入式设备上的程序编写就有很大的差别。我们可以仔细思索一下如何才能使效率尽可能地高。

分析与解法

解法一

可以举一个八位的二进制例子来分析。对于二进制操作，我们知道，除以一个 2，原来的数字将会减少一个 0。如果除的过程中有余，那么就表示当前位置有一个 1。

以 10 100 010 为例：

第一次除以 2 时，商为 1 010 001，余为 0。

第二次除以 2 时，商为 101 000，余为 1。

因此，可以考虑利用整型数据除法的特点，通过相除和判断余数的值来分析。有如下代码（代码清单 2-1）。

代码清单 2-1

```
int Count(BYTE v)
{
    int num = 0;
    while(v)
    {
        if(v % 2 == 1)
        {
            num++;
        }
        v = v/ 2;
    }
    return num;
}
```

解法二：使用位操作

前面的代码看起来比较复杂。我们知道，向右移位操作同样可以达到相除的目的。唯一不同之处在于，移位之后如何来判断是否有 1 存在。对于这个问题，再来看一个八位的数字：10 100 001。

在向右移位的过程中，我们会把最后一位直接丢弃。因此，需要判断最后一位是否为 1，"与"操作可以达到目的。可以把这个八位的数字与 00 000 001 进行"与"操作。如果结果为 1，则表示当前八位数的最后一位为 1，否则为 0，如代码清单 2-2 所示。

代码清单 2-2

```
int Count(BYTE v)
{
    int num = 0;
    While(v)
    {
        num += v & 0x01;
        v >>= 1;
    }
    return num;
}
```

解法三

位操作比除、余操作的效率高了很多。但是，即使采用位操作，时间复杂度仍为 $O(\log_2 v)$，$\log_2 v$ 为二进制数的位数。那么，还能不能再降低一些复杂度呢？如果有办法让算法的复杂度只与"1"的个数有关，复杂度不就能进一步降低了吗？

同样用 10 100 001 来举例。如果只考虑和 1 的个数相关，那么，我们是否能够在每次判断中，仅与 1 来进行判断呢？

为了简化这个问题，我们考虑只有一个 1 的情况。例如：01 000 000。

如何判断给定的二进制数里面有且仅有一个 1 呢？可以通过判断这个数是否是 2 的整数次幂来实现。另外，如果只和这一个"1"进行判断，如何设计操作呢？我们知道，如果进行这个操作，结果为 0 或 1，就可以得到结论。

如果希望操作后的结果为 0，01 000 000 可以和 00 111 111 进行"与"操作。

这样，要进行的操作就是 01 000 000 & （01 000 000 – 00 000 001）= 01 000 000 & 00 111 111 = 0。

因此就有了解法三的代码清单 2-3。

代码清单 2-3

```
int Count(BYTE v)
{
    int num = 0;
    while(v)
    {
        v &= (v-1);
        num++;
    }
    return num;
}
```

解法四: 使用分支操作

解法三的复杂度降低到 $O(M)$，其中 M 是 v 中 1 的个数，有人可能已经很满足了，只用计算 1 的位数，这样应该够快了吧。然而，既然只有八位数据，索性直接把 0~255 的情况都罗列出来，并使用分支操作，可以得到答案，如代码清单 2-4 所示。

代码清单 2-4

```
int Count(BYTE v)
{
    int num = 0;
    switch (v)
    {
        case 0x0:
            num = 0;
            break;
        case 0x1:
        case 0x2:
        case 0x4:
        case 0x8:
        case 0x10:
        case 0x20:
        case 0x40:
        case 0x80:
            num = 1;
            break;
        case 0x3:
        case 0x6:
        case 0xc:
        case 0x18:
        case 0x30:
        case 0x60:
        case 0xc0:
            num = 2;
            break;
            //...
    }
    return num;
}
```

解法四看似很直接，但实际执行效率可能会低于解法二和解法三，因为分支语句的执行情况要看具体字节的值，如果 $a=0$，那自然在第 1 个 case 就得出了答案，但是，如果 $a=255$，则要在最后一个 case 才得出答案，即在进行了 255 次比较操作之后！

看来，解法四不可取！但是解法四提供了一个思路，就是采用空间换时间的方法，罗列并直接给出值。

最后，得到解法五：算法中不需要进行任何的比较便可直接返回答案，这个解法在时间复杂度上应该能够让人高山仰止了。

解法五：查表法

代码如清单 2-5 所示。

代码清单 2-5

```
/* 预定义的结果表 */
int countTable[256] =
{
    0, 1, 1, 2, 1, 2, 2, 3, 1, 2, 2, 3, 2, 3, 3, 4, 1, 2, 2, 3, 2, 3, 3, 4, 2, 3,
    3, 4, 3, 4, 4, 5, 1, 2, 2, 3, 2, 3, 3, 4, 2, 3, 3, 4, 3, 4, 4, 5, 2, 3, 3,
    4, 3, 4, 4, 5, 3, 4, 4, 5, 4, 5, 5, 6, 1, 2, 2, 3, 2, 3, 3, 4, 2, 3, 3, 4,
    3, 4, 4, 5, 2, 3, 3, 4, 3, 4, 4, 5, 3, 4, 4, 5, 4, 5, 5, 6, 2, 3, 3, 4, 3,
    4, 4, 5, 3, 4, 4, 5, 4, 5, 5, 6, 3, 4, 4, 5, 4, 5, 5, 6, 4, 5, 5, 6, 5, 6,
    6, 7, 1, 2, 2, 3, 2, 3, 3, 4, 2, 3, 3, 4, 3, 4, 4, 5, 2, 3, 3, 4, 3, 4, 4,
    5, 3, 4, 4, 5, 4, 5, 5, 6, 2, 3, 3, 4, 3, 4, 4, 5, 3, 4, 4, 5, 4, 5, 5, 6,
    3, 4, 4, 5, 4, 5, 5, 6, 4, 5, 5, 6, 5, 6, 6, 7, 2, 3, 3, 4, 3, 4, 4, 5, 3,
    4, 4, 5, 4, 5, 5, 6, 3, 4, 4, 5, 4, 5, 5, 6, 4, 5, 5, 6, 5, 6, 6, 7, 3, 4,
    4, 5, 4, 5, 5, 6, 4, 5, 5, 6, 5, 6, 6, 7, 4, 5, 5, 6, 5, 6, 6, 7, 5, 6, 6,
    7, 6, 7, 7, 8
};
int Count(BYTE v)
{
    //check parameter
    return countTable[v];
}
```

这是个典型的空间换时间的算法，把 0~255 中"1"的个数直接存储在数组中，v 作为数组的下标，countTable[v]就是 v 中"1"的个数。算法的时间复杂度仅为 $O(1)$。

在一个需要频繁使用这个算法的应用中，通过"空间换时间"来获取高的时间效率是一个常用的方法，具体的算法还应针对不同应用进行优化。

扩展问题

1. 如果变量是 32 位的 DWORD，你会使用上述的哪一个算法，或者改进哪一个算法？

2. 另一个相关的问题，给定两个正整数（二进制形式表示）A 和 B，问把 A 变为 B 需要改变多少位（bit）？也就是说，整数 A 和 B 的二进制表示中有多少位是不同的？

读者反馈

对于这个小小的问题，我们找出来四个解法，是否就已经"叹为观止""技止此耳"？

大家可以仔细分析，考虑一下各个算法的优劣及使用的场景。

更多参考请看 http://en.wikipedia.org/wiki/Hamming_weight，以及 SSE 4.2 中的 POPCNT 指令。

2.2 ★★★
不要被阶乘吓倒

阶乘（Factorial）是个很有意思的函数，但是不少人都比较怕它，我们来看看两个与阶乘相关的问题。

1. 给定一个整数 N，那么 N 的阶乘 $N!$ 末尾有多少个 0 呢？例如：$N=10$，$N! = 3\,628\,800$，$N!$ 的末尾有两个 0。

2. 求 $N!$ 的二进制表示中最低位 1 的位置。

阶乘（Factorial）是所有小于或等于该数的正整数的积。自然数 n 的阶乘写作 $n!$，这一表示法是基斯顿·卡曼（Christian·Kramp）于 1808 年引入的。

阶乘定义为

$$n! = \prod_{k=1}^{n} k \qquad \forall n \in N$$

或递归定义为

$$n! = \begin{cases} 1 & \text{if} \quad n = 0 \\ n(n-1)! & \text{if} \quad n > 0 \end{cases} \qquad \forall n \in N$$

分析与解法

有些人碰到这样的题目会想：是不是要完整计算出 N! 的值？如果溢出怎么办？事实上，如果我们从"哪些数相乘能得到 10"这个角度来考虑，问题就变得简单了。

首先考虑，如果 $N! = K \times 10^M$，且 K 不能被 10 整除，那么 N! 末尾有 M 个 0。再考虑对 N! 进行质因数分解，$N! = (2^X) \times (3^Y) \times (5^Z) \cdots$，由于 $10 = 2 \times 5$，所以 M 只跟 X 和 Z 相关，每一对 2 和 5 相乘可以得到一个 10，于是 $M = \min(X, Z)$。不难看出 X 大于等于 Z，因为能被 2 整除的数出现的频率比能被 5 整除的数高得多，所以把公式简化为 $M = Z$。

根据上面的分析，只要计算出 Z 的值，就可以得到 N! 末尾 0 的个数。

问题 1 的解法一

要计算 Z，最直接的方法，就是计算 i（$i = 1, 2, \cdots, N$）的因式分解中 5 的指数，然后求和，如代码清单 2-6 所示。

代码清单 2-6

```
ret = 0;
for(i = 1; i <= N; i++)
{
    j = i;
    while(j % 5 ==0)
    {
        ret++;
        j /= 5;
    }
}
```

问题 1 的解法二

公式：$Z = [N/5] + [N/5^2] + [N/5^3] + \cdots$（不用担心这会是一个无穷的运算，因为总存在一个 K，使得 $5^K > N$，$[N/5^K] = 0$。）

公式中，$[N/5]$ 表示不大于 N 的数中 5 的倍数贡献一个 5，$[N/5^2]$ 表示不大于 N 的数中 5^2 的倍数再贡献一个 5……代码如下。

```
ret = 0;
while(N)
{
    ret += N / 5;
    N /= 5;
}
```

问题 2 要求的是 $N!$ 的二进制表示中最低位 1 的位置。例如：给定 $N = 3$，$N! = 6$，那么 $N!$ 的二进制表示（1 010）的最低位 1 在第二位。

为了得到更好的解法，要对题目进行转化。

首先来看一个二进制数除以 2 的计算过程和结果是怎样的。

把一个二进制数除以 2，实际过程如下。

判断最后一个二进制位是否为 0，若为 0，则将此二进制数右移一位，即为商值（为什么）；反之，若为 1，则说明这个二进制数是奇数，无法被 2 整除（这又是为什么）。

所以，这个问题实际上等同于求 $N!$ 含有质因数 2 的个数。即答案等于 $N!$ 含有质因数 2 的个数加 1。

问题 2 的解法一

由于 $N!$ 中含有质因数 2 的个数，等于 $[N/2] + [N/4] + [N/8] + [N/16] + \cdots$ [1]，根据上述分析，得到具体算法，如代码清单 2-7 所示。

代码清单 2-7

```
int lowestOne(int N)
{
    int Ret = 0;
    while(N)
    {
        N >>= 1;
        Ret += N;
    }
    return Ret;
}
```

问题 2 的解法二

$N!$ 含有质因数 2 的个数，还等于 N 减去 N 的二进制表示中 1 的数目。我们还可以通过这个规律来求解。

下面对这个规律进行举例说明，假设 $N = 11011$（二进制表示，下列 01 串均为整数的二进制表示），那么 $N!$ 中含有质因数 2 的个数为 $[N/2] + [N/4] + [N/8] + [N/16] + \cdots$

---

1 这个规律请读者自己证明（提示 $[N/k]$ 等于 $1, 2, 3, \cdots, N$ 中能被 k 整除的数的个数）。

即   1101 + 110 + 11 + 1

$$= (1000 + 100 + 1)$$
$$+ (100 + 10)$$
$$+ (10 + 1)$$
$$+ 1$$
$$= (1000 + 100 + 10 + 1) + (100 + 10 + 1) + 1$$
$$= 1111 + 111 + 1$$
$$= (10000 - 1) + (1000 - 1) + (10 - 1) + (1 - 1)$$
$$= 11011 - (N 二进制表示中 1 的个数)$$

小结

任意一个长度为 m 的二进制数 N 可以表示为 $N = b[1] + b[2] \times 2 + b[3] \times 2^2 + \cdots + b[m] \times 2^{(m-1)}$，其中 $b[i]$ 表示此二进制数第 i 位上的数字（1 或 0）。所以，若最低位 $b[1]$ 为 1，则说明 N 为奇数；反之为偶数，将其除以 2，即等于将整个二进制数向低位移一位。

相关题目

给定整数 n，判断它是否为 2 的方幂（解答提示：$n>0$ && $((n \& (n-1)) == 0)$）。

2.3 ★★★ 寻找发帖"水王"

Tango 是微软亚洲研究院的一个试验项目,如图 2-1 所示。研究院的员工和实习生们都很喜欢在 Tango 上面交流灌水。传说,Tango 有一大"水王",他不但喜欢发贴,还会回复其他 ID 发的每个帖子。坊间风闻该"水王"发帖数目超过了帖子总数的一半。如果你有一个当前论坛上所有帖子(包括回帖)的列表,其中帖子作者的 ID 也在表中,你能快速找出这个传说中的 Tango 水王吗?

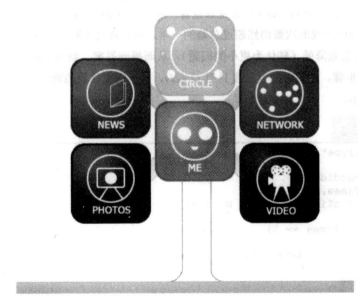

图 2-1 Tango

分析与解法

最直接的方法，我们可以对所有 ID 排序。然后再扫描一遍排好序的 ID 列表，统计各个 ID 出现的次数。如果某个 ID 出现的次数超过总数的一半，那么就输出这个 ID。这个算法的时间复杂度为 $O\,(N \times \log_2 N + N)$。

如果 ID 列表已经是有序的，还需要扫描一遍整个列表来统计各个 ID 出现的次数吗？

如果一个 ID 出现的次数超过总数 N 的一半。那么，无论水王的 ID 是什么，这个有序的 ID 列表中的第 $N/2$ 项（从 0 开始编号）一定会是这个 ID（读者可以试着证明一下）。不必再次扫描列表。如果能够迅速定位到列表的某一项（比如使用数组来存储列表），除去排序的时间复杂度，后处理需要的时间为 $O\,(1)$。

但上面两种方法都需要先对 ID 列表进行排序，时间复杂度方面没有本质的改进。能否避免排序呢？

如果每次删除两个不同的 ID（不管是否包含"水王"的 ID），那么，在剩下的 ID 列表中，"水王" ID 出现的次数仍然超过总数的一半。可以通过不断重复这个过程，把 ID 列表中的 ID 总数降低（转化为更小的问题），从而得到答案。新的思路，避免了排序这个耗时的步骤，总的时间复杂度只有 $O\,(N)$，且只需要常数的额外内存。伪代码如清单 2-8 所示。

代码清单 2-8

```
Type Find(Type* ID, int N)
{
    Type candidate;
    int nTimes, i;
    for(i = nTimes = 0; i < N; i++)
    {
        if(nTimes == 0)
        {
            candidate = ID[i], nTimes = 1;
        }
        else
        {
            if(candidate == ID[i])
                nTimes++;
            else
                nTimes--;
        }
    }
    return candidate;
}
```

这个题目体现了计算机科学中很普遍的思想,就是如何把一个问题转化为规模较小的若干个问题。分治、递推和贪心等都是基于这样的思路。在转化过程中,小的问题跟原问题本质上一致。同样我们可以将小问题转化为更小的问题。因此,转化过程是很重要的。像上面这个题目,我们保证了问题的解在小问题中仍然具有与原问题相同的性质:水王的 ID 在 ID 列表中的数量超过一半。转化的效率越高,转化之后问题规模缩小得越快,则整体的时间复杂度越低。

扩展问题

随着 Tango 的发展,管理员发现,"超级水王"没有了。统计结果表明,有 3 个发帖很多的 ID,他们的发帖数目都超过了帖子总数目 N 的 1/4。你能从发帖 ID 列表中快速找出他们的 ID 吗?

2.4 ★★★ 1 的数目

给定一个十进制正整数 N，写下从 1 开始，到 N 的所有整数，然后数一下其中出现的所有"1"的个数。

例如：

$N = 2$，写下 1，2。这样只出现了 1 个"1"。

$N = 12$，我们会写下 1, 2, 3, 4, 5, 6, 7, 8, 9, 10, 11, 12。这样，1 的个数是 5。

问题是：

1. 写一个函数 $f(N)$，返回 1 到 N 之间出现的"1"的个数，比如 $f(12) = 5$；

2. 满足条件"$f(N) = N$"的最大的 N 是多少？

分析与解法

问题 1 的解法一

这个问题看上去并不困难，最简单的方法就是从 1 开始遍历到 N，将其中每一个数中含有 "1" 的个数加起来，自然就得到了从 1 到 N 所有 "1" 的个数的和。写成程序如代码清单 2-9 所示。

代码清单 2-9

```
ULONGLONG Count1InAInteger(ULONGLONG n)
{
    ULONGLONG iNum = 0;
    while(n != 0)
    {
        iNum += (n % 10 == 1) ? 1 : 0;
        n /= 10;
    }

    return iNum;
}

ULONGLONG f(ULONGLONG n)
{
    ULONGLONG iCount = 0;
    for (ULONGLONG i = 1; i <= n; i++)
    {
        iCount += Count1InAInteger(i);
    }

    return iCount;
}
```

这个方法很简单，实现也很简单，容易理解。但是这个算法的致命问题是效率，它的时间复杂度是

$$O(N) \times 计算一个整数数字里面 "1" 的个数的复杂度 = O(N \times \lg N)$$

如果给定的 N 比较大，则需要很长的运算时间才能得到计算结果。比如在笔者的机器上，如果给定 N=100 000 000，则算出 $f(N)$ 大概需要 40 秒的时间，计算时间会随着 N 的增大以超过线性的速度增长。

看起来要计算从 1 到 N 的数字中所有 1 的和，至少也得遍历 1 到 N 之间所有的数字才能得到。那么能不能找到快一点的方法来解决这个问题呢？要提高效率，必须摈弃这种

遍历的方法，采用另外的思路。

问题 1 的解法二

仔细分析这个问题，给定了 N，似乎就可以通过分析"小于 N 的数在每一位上可能出现 1 的次数"之和来得到这个结果。对于一个特定的 N，试分析其中的规律。

先从一些简单的情况开始观察，看看能不能总结出什么规律。

先看 1 位数的情况。

如果 $N = 3$，那么从 1 到 3 的所有数字：1、2、3，只有个位数字上可能出现 1，而且只出现 1 次，进一步可以发现如果 N 是个位数，如果 $N \geqslant 1$，那么 $f(N)$ 都等于 1，如果 $N=0$，则 $f(N)$ 为 0。

再看 2 位数的情况。

如果 $N=13$，那么从 1 到 13 的所有数字：1、2、3、4、5、6、7、8、9、10、11、12、13，个位和十位的数字上都可能有 1，我们可分开考虑，个位出现 1 的次数有两次：1 和 11，十位出现 1 的次数有 4 次：10、11、12 和 13，所以 $f(N)$ =2+4=6。要注意的是 11 这个数字在十位和个位都出现了 1，但是 11 恰好分别被计算了一次，所以不用特殊处理。再考虑 $N=23$ 的情况，它和 $N=13$ 有点不同，十位出现 1 的次数为 10 次，从 10 到 19，个位出现 1 的次数为 1、11 和 21，所以 $f(N)$ =3+10=13。通过对两位数进行分析，我们发现，个位数出现 1 的次数不仅和个位数字有关，还和十位数有关：如果 N 的个位数大于等于 1，则个位出现 1 的次数为十位数的数字加 1；如果 N 的个位数为 0，则个位出现 1 的次数等于十位数的数字。而十位数上出现 1 的次数也类似：如果十位数字等于 1，则十位数上出现 1 的次数为个位数的数字加 1；如果十位数大于 1，则十位数上出现 1 的次数为 10。

```
f(13) = 个位出现1的个数 + 十位出现1的个数 = 2 + 4 = 6;
f(23) = 个位出现1的个数 + 十位出现1的个数 = 3 + 10 = 13;
f(33) = 个位出现1的个数 + 十位出现1的个数 = 4 + 10 = 14;
…
f(93) = 个位出现1的个数 + 十位出现1的个数 = 10 + 10 = 20;
```

接着分析 3 位数。

如果 $N = 123$：

个位出现 1 的个数为 13：1, 11, 21, …, 91, 101, 111, 121

十位出现 1 的个数为 20：10~19, 110~119

百位出现 1 的个数为 24：100~123

$f(23) =$ 个位出现 1 的个数 + 十位出现 1 的个数 + 百位出现 1 的次数 $= 13 + 20 + 24$ $= 57$；

同理我们可以再分析 4 位数、5 位数。读者朋友们可以写一写，总结一下各种情况有什么不同。

根据上面的尝试，下面我们推导一般情况下，从 N 得到 $f(N)$ 的计算方法。

假设 $N=abcde$，这里 a、b、c、d、e 分别是十进制数 N 的各个数位上的数字。如果要计算百位上出现 1 的次数，它将会受到三个因素的影响：百位上的数字，百位以下（低位）的数字，百位（更高位）以上的数字。

如果百位上的数字为 0，可知，百位上可能出现 1 的次数由更高位决定，比如 12 013，百位出现 1 的情况可能是 100~199，1 100~1 199，2 100~2 199，…，11 100~11 199，一共有 1 200 个。也就是由更高位数字（12）决定，并且等于更高位数字（12）×当前位数（100）。

如果百位上的数字为 1，可知，百位上可能出现 1 的次数不仅受更高位影响，还受低位影响。例如对于 12 113，受更高位影响，百位出现 1 的情况是 100~199，1 100~1 199，2 100~2 199，…，11 100~11 199，一共 1 200 个，等于更高位数字（12）×当前位数（100）。但是它还受低位影响，百位出现 1 的情况是 12 100~12 113，一共 114 个，等于低位数字（113）+1。

如果百位上数字大于 1（即为 2~9），则百位上可能出现 1 的次数也仅由更高位决定，比如 12 213，则百位出现 1 的可能性为：100~199，1 100~1 199，2 100~2 199，…，11 100~11 199，12 100~12 199，一共有 1 300 个，并且等于更高位数字加 1，再乘以当前位数，即（12+1）×（100）。

通过上面的归纳和总结，我们可以写出如代码清单 2-10 所示的更高效算法来计算 $f(N)$。

代码清单 2-10

```
LONGLONG Sum1s(ULONGLONG n)
{
    ULONGLONG iCount = 0;

    ULONGLONG iFactor = 1;
```

```
ULONGLONG iLowerNum = 0;
ULONGLONG iCurrNum = 0;
ULONGLONG iHigherNum = 0;

while(n / iFactor != 0)
{
    iLowerNum = n - (n / iFactor) * iFactor;
    iCurrNum = (n / iFactor) % 10;
    iHigherNum = n / (iFactor * 10);

    switch(iCurrNum)
    {
    case 0:
        iCount += iHigherNum * iFactor;
        break;
    case 1:
        iCount += iHigherNum * iFactor + iLowerNum + 1;
        break;
    default:
        iCount += (iHigherNum + 1) * iFactor;
        break;
    }

    iFactor *= 10;
}

return iCount;
}
```

这个方法只要分析 N 就可以得到 $f(N)$，避开了从 1 到 N 的遍历，输入长度为 Len 的数字其时间复杂度为 $O(Len)$，即为 $O(\ln(n)/\ln(10)+1)$。在笔者的计算机上，计算 $N=100\,000\,000$，相对于第一种方法的 40 秒时间，这种算法不到 1 毫秒就可以返回结果，速度至少提高了 40 000 倍。

问题 2 的解法

要确定最大的数 N，满足 $f(N)=N$。我们通过简单的分析可以知道（仿照上面给出的方法来分析）：

9 以下为	1 个；
99 以下为	1×10+10×1=20 个；
999 以下为	1×100+10×20=300 个；
9 999 以下为	1×1 000+10×300=4 000 个；
...	
999 999 999 以下为	900 000 000 个；
9 999 999 999 以下为	10 000 000 000 个。

容易从上面的式子归纳出：$f(10^n-1)=n\times10^{n-1}$。通过这个递推式，很容易看到，当 $n=10^{10}-1$ 时，$f(n)$ 的值大于 n，我们可以猜想，当 n 大于某一个数 N 时，$f(n)$ 会

始终比 n 大，也就是说，最大满足条件在 $0 \sim N$ 之间，亦即 N 是最大满足条件 $f(n)=n$ 的一个上界。如果能估计出这个 N，那么只要让 n 从 N 往 0 递减，每个分别检查是否有 $f(n)=n$，第一个满足条件的数就是我们要求的整数。

因此，问题转化为如何证明上界 N 确实存在，并估计出这个上界 N。

证明满足条件 $f(n)=n$ 的数存在一个上界

用类似数学归纳法的思路来推理这个问题。很容易得到下面这些结论（读者朋友可以自己试着列举验证一下）。

当 n 增加 10 时，$f(n)$ 至少增加 1；

当 n 增加 100 时，$f(n)$ 至少增加 20；

当 n 增加 1 000 时，$f(n)$ 至少增加 300；

当 n 增加 10 000 时，$f(n)$ 至少增加 4 000；

……

当 n 增加 10^k 时，$f(n)$ 至少增加 $k \times 10^{k-1}$。

把 n 按十进制展开，$n = a \times 10^k + b \times 10^{k-1} + \cdots$，则由上可得，

$$f(n) = f(0 + a \times 10^k + b \times 10^{k-1} + \cdots) > a \times k \times 10^{k-1} + b \times (k-1) \times 10^{k-2}$$

这里把 $a \times 10^k$ 看作在初值 0 上作 a 次 10^k 的增量，$b \times 10^{k-1}$ 为再作 b 次 10^{k-1} 的增量，重复使用上面关于自变量的 10^k 增加量的归纳结果。

又，

$$n = a \times 10^k + b \times 10^{k-1} + \cdots < a \times 10^k + (b+1) \times 10^{k-1}$$

如果 $a \times k \times 10^{k-1} + b \times (k-1) \times 10^{k-2} \geqslant a \times 10^k + (b+1) \times 10^{k-1}$ 的话，那么 $f(n)$ 必然大于 n。而要使不等式 $a \times k \times 10^{k-1} + b \times (k-1) \times 10^{k-2} \geqslant a \times 10k + (b+1) \times 10^{k-1}$ 成立，k 需要满足条件：$k \geqslant 10 + (b+10) / (b+10 \times a)$。显然，当 $k > 11$，或者说 n 的整数位数大于等于 12 时，$f(n) > n$ 恒成立。因此，我们求得一个满足条件的上界 $N = 10^{11}$。

计算这个最大数 n

令 $N = 10^{11} - 1 = 99\ 999\ 999\ 999$，让 n 从 N 往 0 递减，依此检查是否有 $f(n)=n$，第一个满足条件的就是我们要求的整数。得出 $n = 1\ 111\ 111\ 110$ 是满足 $f(n)=n$ 的最大整数。

扩展问题

对于其他进制表达方式，也可以试一试，看看有什么规律。例如二进制：

$f(1) = 1$

$f(10) = 10$（因为 01, 10 有两个 1）

$f(11) = 100$（因为 01, 10, 11 有四个 1）

读者朋友可以模仿我们的分析方法，给出相应的解答。

2.5 ★★★
寻找最大的 K 个数

在面试中，有下面的问答。

问：有很多个无序的数，我们姑且假定它们各不相等，怎么选出其中最大的若干个数呢？

答：可以这样写程序：int array[100] ⋯⋯

问：好，如果有更多的元素呢？

答：那可以改为：int array[1000] ⋯⋯

问：如果我们有很多元素，例如 1 亿个浮点数，怎么办？

答：个，十，百，千，万⋯⋯一共是 8 个零，那可以写：float array [100 000 000] ⋯⋯

问：这样的程序能编译运行吗？

答：嗯⋯⋯我从来没写过这么多的 0 ⋯⋯我不知道⋯⋯

分析与解法

解法一

当学生们信笔写下 float array [10 000 000]，他们往往没有想到这个数据结构要如何在电脑上实现，是从当前程序的栈（Stack），还是堆（Heap）中分配，甚至电脑的内存也许放不下这么大的东西？

我们先假设元素的数量不大，例如在几千个左右，在这种情况下，那我们就排序吧。在这里，快速排序或堆排序都是不错的选择，他们的平均时间复杂度都是 $O(N \times \log_2 N)$。然后取出前 K 个，$O(K)$。总时间复杂度 $O(N \times \log_2 N) + O(K) = O(N \times \log_2 N)$。

你一定注意到了，当 $K=1$ 时，上面的算法也是 $O(N \times \log_2 N)$ 的复杂度，而显然我们可以通过 $N-1$ 次的比较和交换得到结果。上面的算法把整个数组都进行了排序，而原题目只要求最大的 K 个数，并不需要前 K 个数有序，也不需要后 $N-K$ 个数有序。

如何避免做后 $N-K$ 个数的排序呢？我们需要部分排序算法，选择排序和交换排序都是不错的选择。把 N 个数中的前 K 个数排序出来，复杂度是 $O(N \times K)$。

那一个更好呢？$O(N \times \log_2 N)$ 还是 $O(N \times K)$？这取决于 K 的大小，你需要在面试者那里弄清楚。在 K（$K <= \log_2 N$）较小的情况下，可以选择部分排序。

在下一个解法中，我们会通过避免对前 K 个数排序来得到更好的性能。

解法二

回忆一下快速排序，快排中的每一步，都是将待排数据分做两组，其中一组数据的任何一个数都比另一组中的任何数大，再对两组分别做类似的操作，然后继续下去……

假设 N 个数存储在数组 S 中，我们从数组 S 中随机找出一个元素 X，把数组分为两部分 S_a 和 S_b。S_a 中的元素大于等于 X，S_b 中元素小于 X。

这时，有两种可能性：

1. S_a 中元素的个数小于 K，S_a 中所有的数和 S_b 中最大的 $K-|S_a|$ 个元素（$|S_a|$ 指 S_a 中元素的个数）就是数组 S 中最大的 K 个数。

2. S_a 中元素的个数大于或等于 K，则需要返回 S_a 中最大的 K 个元素。

这样递归下去，不断把问题分解成更小的问题，平均时间复杂度 $O(N \times \log_2 K)$。伪代码如清单 2-11 所示。

代码清单 2-11

```
Kbig(S, k):
    if(k <= 0):
        return []                    // 返回空数组
    if(length S <= k):
        return S
    (Sa, Sb) = Partition(S)
    return Kbig(Sa, k).Append(Kbig(Sb, k -Sa.length)

Partition(S):
    Sa = []                          // 初始化为空数组
    Sb = []                          // 初始化为空数组
    Swap(S[1], S[Random() % S.length])  // 随机选择一个数作为分组标准，以
                                        // 避免特殊数据下的算法退化，也可以
                                        // 通过对整个数据进行洗牌预处理实
                                        // 现这个目的
    p = S[1]
    for i in [2: S.length]:
        S[i] > p ? Sa.Append(S[i]) : Sb.Append(S[i])
                        // 将 p 加入较小的组，可以避免分组失败，也使分组更均匀，
                        // 提高效率
Sa.length < Sb.length ? Sa.Append(p) : Sb.Append(p)
return (Sa, Sb)
```

解法三

寻找 N 个数中最大的 K 个数，本质上就是寻找最大的 K 个数中最小的那个，也就是第 K 大的数。可以使用二分搜索的策略。对于一个给定的数 p，可以在 $O(N)$ 的时间复杂度内找出所有不小于 p 的数。假如 N 个数中最大的数为 V_{max}，最小的数为 V_{min}，那么这 N 个数中的第 K 大数一定在区间 $[V_{min}, V_{max}]$ 之间。那么，可以在这个区间内二分搜索 N 个数中的第 K 大数 p。伪代码如清单 2-12 所示。

代码清单 2-12

```
while(Vmax - Vmin > delta)
{
    Vmid = Vmin + (Vmax - Vmin) * 0.5;
    if(f(arr, N, Vmid) >= K)
```

```
        Vmin = Vmid;
    else
        Vmax = Vmid;
    }
```

伪代码中 f（arr, N, V_{mid}）返回数组 $arr[0, ..., N-1]$ 中大于等于 V_{mid} 的数的个数。

上述伪代码中，delta 的取值要比所有 N 个数中的任意两个不相等的元素差值之最小值小。如果所有元素都是整数，delta 可以取值 0.5。循环运行之后，得到一个区间（V_{min}，V_{max}），这个区间仅包含一个元素（或者多个相等的元素）。这个元素就是第 K 大的元素。整个算法的时间复杂度为 O（$N \times \log_2$（$|V_{max} - V_{min}|$ /delta））。由于 delta 的取值要比所有 N 个数中的任意两个不相等的元素差值之最小值小，因此时间复杂度跟数据分布相关。在数据分布平均的情况下，时间复杂度为 O（$N \times \log_2$（N））。

在整数的情况下，可以从另一个角度来看这个算法。假设所有整数的大小都在[0, 2^{m-1}]之间，也就是说，所有整数在二进制中都可以用 m bit 来表示（从低位到高位，分别用 0, 1, …, $m-1$ 标记）。我们可以先考察在二进制位的第（$m-1$）位，将 N 个整数按该位为 1 或 0 分成两个部分。也就是将整数分成取值为[0, 2^{m-1}-1]和[2^{m-1}, 2^m-1]两个区间。前一个区间中的整数第（$m-1$）位为 0，后一个区间中的整数第（$m-1$）位为 1。如果该位为 1 的整数个数 A 大于等于 K，那么，在所有该位为 1 的整数中继续寻找最大的 K 个。否则，在该位为 0 的整数中寻找最大的 $K-A$ 个。接着考虑二进制位第（$m-2$）位，以此类推。思路跟上面的浮点数的情况本质上一样。

对于上面两个方法，我们都需要遍历一遍整个集合，统计在该集合中大于等于某一个数的整数有多少个。不需要做随机访问操作，如果全部数据不能载入内存，可以每次都遍历一遍文件。经过统计，更新解所在的区间之后，再遍历一次文件，把在新的区间中的元素存入新的文件。下一次操作的时候，不再需要遍历全部的元素。每次需要两次文件遍历，最坏情况下，总共需要遍历文件的次数为 $2 \times \log_2$（$|V_{max} - V_{min}|$/delta）。由于每次更新解所在区间之后，元素数目会减少。当所有元素能够全部载入内存之后，就可以不再通过读写文件的方式来操作了。

此外，寻找 N 个数中的第 K 大的数，是一个经典问题。理论上，这个问题存在线性算法。不过这个线性算法的常数项比较大，在实际应用中效果有时并不好。

解法四

我们已经得到了三个解法，不过这三个解法有个共同的地方，就是需要对数据访问多次，那么就有下一个问题，如果 N 很大呢，100 亿？（更多的情况下，是面试者问你这个问题。）这个时候数据不能全部装入内存（不过也很难说，说知道以后会不会 1T 内存比 1 斤白菜还便宜），所以要求尽可能少地遍历所有数据。

不妨设 $N > K$，前 K 个数中的最大 K 个数是一个退化的情况，所有 K 个数就是最大的 K 个数。如果考虑第 $K+1$ 个数 X 呢？如果 X 比最大的 K 个数中的最小的数 Y 小，那么最大的 K 个数还是保持不变。如果 X 比 Y 大，那么最大的 K 个数应该去掉 Y，而包含 X。如果用一个数组来存储最大的 K 个数，每新加入一个数 X，就扫描一遍数组，得到数组中最小的数 Y。用 X 替代 Y，或者保持原数组不变。这种方法，所耗费的时间为 $O(N \times K)$。

进一步，可以用容量为 K 的最小堆来存储最大的 K 个数。最小堆的堆顶元素就是最大 K 个数中最小的一个。每次新考虑一个数 X，如果 X 比堆顶的元素 Y 小，则不需要改变原来的堆，因为这个元素比最大的 K 个数小。如果 X 比堆顶元素大，那么用 X 替换堆顶的元素 Y。在 X 替换堆顶元素 Y 之后，X 可能破坏最小堆的结构（每个结点都比它的父亲结点大），需要更新堆来维持堆的性质。更新过程花费的时间复杂度为 $O(\log_2 K)$。

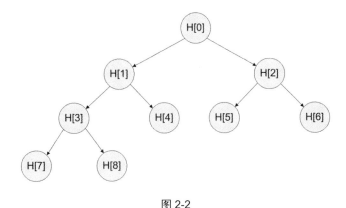

图 2-2

图 2-2 是一个堆，用一个数组 $h[]$ 表示。每个元素 $h[i]$，它的父亲结点是 $h[i/2]$，儿子结点是 $h[2 \times i + 1]$ 和 $h[2 \times i + 2]$。重新考虑一个数 X，需要进行的更新操作伪代码如清单 2-13 所示。

代码清单 2-13

```
if(X > h[0])
{
    h[0] = X;
    p = 0;
    while(p < K)
    {
        q = 2 * p + 1;
        if(q >= K)
            break;
        if((q < K - 1) && (h[q + 1] < h[q]))
```

```
            q = q + 1;
        if(h[q] < h[p])
        {
            t = h[p];
            h[p] = h[q];
            h[q] = t;
            p = q;
        }
        else
            break;
    }
}
```

因此，算法只需要扫描所有的数据一次，时间复杂度为 $O(N \times \log_2 K)$。这实际上是部分执行了堆排序的算法。在空间方面，由于这个算法只扫描所有的数据一次，因此我们只需要存储一个容量为 K 的堆。大多数情况下，堆可以全部载入内存。如果 K 仍然很大，我们可以尝试先找最大的 K' 个元素，然后找第 K' +1 个到第 $2 \times K'$ 个元素，以此类推（其中容量 K' 的堆可以完全载入内存）。不过这样，我们需要扫描所有数据 ceil[1]（K/K'）次。

解法五

上面类快速排序的方法平均时间复杂度是线性的。能否有确定的线性算法呢？是否可以通过改进计数排序、基数排序等来得到一个更高效的算法呢？答案是肯定的。但算法的适用范围会受到一定的限制。

如果所有 N 个数都是正整数，且它们的取值范围不太大，可以考虑申请空间，记录每个整数出现的次数，然后再从大到小取最大的 K 个。比如，所有整数都在 (0, MAXN) 区间中的话，利用一个数组 count[MAXN] 来记录每个整数出现的个数（count[i] 表示整数 i 在所有整数中出现的个数）。我们只需要扫描一遍就可以得到 count 数组。然后，寻找第 K 大的元素如代码清单 2-14 所示。

代码清单 2-14

```
for(sumCount = 0, v = MAXN - 1; v >= 0; v--)
{
    sumCount += count[v];
    if(sumCount >= K)
        break;
}
return v;
```

---

1 ceil（ceiling，天花板之意）表示大于等于一个浮点数的最小整数。

极端情况下，如果 N 个整数各不相同，我们甚至只需要一个 bit 来存储这个整数是否存在。

实际情况下，并不一定能保证所有元素都是正整数，且取值范围不太大。上面的方法仍然可以推广适用。如果 N 个数中最大的数为 V_{max}，最小的数为 V_{min}，我们可以把这个区间 $[V_{min}, V_{max}]$ 分成 M 块，每个小区间的跨度为 $d = (V_{max} - V_{min})/M$，即 $[V_{min}, V_{min}+d]$, $[V_{min} + d, V_{min} + 2d]$……然后，扫描一遍所有元素，统计各个小区间中的元素个数，跟上面方法类似地，我们可以知道第 K 大的元素在哪一个小区间。然后，再对那个小区间继续进行分块处理。这个方法介于解法三和类计数排序方法之间，不能保证线性。跟解法三类似地，时间复杂度为 $O((N+M) \times \log_2 M (|V_{max} - V_{min}|/delta))$。遍历文件的次数为 $2 \times \log_2 M (|V_{max} - V_{min}|/delta)$。当然，我们需要找一个尽量大的 M，但 M 取值要受内存限制。

在这道题中，我们根据 K 和 N 的相对大小，设计了不同的算法。在实际面试中，如果一个面试者能针对一个问题，说出多种不同的方法，并且分析它们各自适用的情况，那一定会给人留下深刻印象。

注：本题目的解答中用到了多种排序算法，这些算法在大部分的算法书籍中都有讲解，掌握排序算法对工作也会很有帮助。

扩展问题

1. 如果需要找出 N 个数中最大的 K 个不同的浮点数呢？比如，含有 10 个浮点数的数组（1.5, 1.5, 2.5, 2.5, 3.5, 3.5, 5, 0, −1.5, 3.5）中最大的 3 个不同的浮点数是（5, 3.5, 2.5）。

2. 如果是找第 k 到 m（$0 < k <= m <= n$）大的数呢？

3. 在搜索引擎中，网络上的每个网页都有"权威性"权重，如 page rank。如果我们需要寻找权重最大的 K 个网页，而网页的权重会不断地更新，那么算法要如何变动以达到快速更新（incremental update）并及时返回权重最大的 K 个网页？

   提示：堆排序？当每一个网页权重更新的时候，更新堆。还有更好的方法吗？

4. 在实际应用中，还有一个"精确度"的问题。我们可能并不需要返回严格意义上的最大的 K 个元素，在边界位置允许出现一些误差。当用户输入一个 query 的时候，对于每一个文档 d 来说，它跟这个 query 之间都有一个相关性衡量权重 f（query, d）。搜索引擎需要返回给用户的就是相关性权重最大的 K 个网页。如果每页 10

个网页，用户不会关心第 1000 页开外搜索结果的"精确度"，稍有误差是可以接受的。比如我们可以返回相关性第 10 001 大的网页，而不是第 9999 大的。在这种情况下，算法该如何改进才能更快更有效率呢？网页的数目可能大到一台机器无法容纳得下，这时怎么办呢？

提示：归并排序？如果每台机器都返回最相关的 K 个文档，那么所有机器上最相关 K 个文档的并集肯定包含全集中最相关的 K 个文档。由于边界情况并不需要非常精确，如果每台机器返回最好的 K' 个文档，那么 K' 应该如何取值，以达到我们返回最相关的 90%×K 个文档是完全精确的，或者最终返回的最相关的 K 个文档精确度超过 90%（最相关的 K 个文档中 90% 以上在全集中相关性的确排在前 K），或者最终返回的最相关的 K 个文档最差的相关性排序没有超出 110%×K。

5. 如第 4 点所说，对于每个文档 d，相对于不同的关键字 $q_1, q_2, \cdots, q_m$，分别有相关性权重 $f(d, q_1)$，$f(d, q_2)$，$\cdots, f(d, q_m)$。如果用户输入关键字 q_i 之后，我们已经获得了最相关的 K 个文档，而已知关键字 q_j 跟关键字 q_i 相似，文档跟这两个关键字的权重大小比较靠近，那么关键字 q_i 的最相关的 K 个文档，对寻找 q_j 最相关的 K 个文档有没有帮助呢？

2.6 ★
精确表达浮点数

在计算机中，有时使用 float 或 double 来存储小数是不能得到精确值的。如果你希望得到精确计算结果，最好是用分数形式来表示小数。有限小数或者无限循环小数都可以转化为分数。比如：

0.9 = 9/10

0.333（3）= 1/3（括号中的数字表示是循环节）

当然一个小数可以用好几种分数形式来表示。如：

0.333（3）= 1/3 = 3/9

给定一个有限小数或无限循环小数，你能否以分母最小的分数形式来返回这个小数呢？如果输入为循环小数，循环节用括号标记出来。下面是一些可能的输入数据，如 0.3、0.30、0.3（000）、0.3333（3333）、……

分析与解法

拿到这样一个问题，我们往往会从最简单的情况入手，因为所有的小数都可以分解成一个整数和一个纯小数之和，不妨只考虑大于 0、小于 1 的纯小数，且暂时不考虑分子和分母的约分。题目中输入的小数，要么为有限小数 $X=0.a_1a_2\cdots a_n$，要么为无限循环小数 $X=0.a_1a_2\cdots a_n(b_1b_2\cdots b_m)$，$X$ 表示式中的字母 $a_1a_2\cdots a_n$，$b_1b_2\cdots b_m$ 都是 0~9 的数字，括号部分（$b_1b_2\cdots b_m$）表示循环节，我们需要处理的就是以上两种情况。

对于有限小数 $X=0.a_1a_2\cdots a_n$ 来说，这个问题比较简单，X 就等于（$a_1a_2\cdots a_n$）$/10^n$。

对于无限循环小数 $X=0.a_1a_2\cdots a_n(b_1b_2\cdots b_m)$ 来说，其复杂部分在于小数点后同时有非循环部分和循环部分，我们可以做如下的转换。

$$X = 0.a_1a_2\cdots a_n(b_1b_2\cdots b_m)$$

$$\Rightarrow 10^n \times X = a_1a_2\cdots a_n.(b_1b_2\cdots b_m)$$

$$\Rightarrow 10^n \times X = a_1a_2\cdots a_n + 0.(b_1b_2\cdots b_m)$$

$$\Rightarrow X = (a_1a_2\cdots a_n + 0.(b_1b_2\cdots b_m))/10^n$$

对于整数部分 $a_1a_2\cdots a_n$，不需要做额外处理，只需要把小数部分转化为分数形式再加上这个整数即可。对于后面的无限循环部分，可以采用如下方式进行处理。

令 $Y=0.(b_1b_2\cdots b_m)$，那么

$$10^m \times Y = b_1b_2\cdots b_m.(b_1b_2\cdots b_m)$$

$$\Rightarrow 10^m \times Y = b_1b_2\cdots b_m + 0.(b_1b_2\cdots b_m)$$

$$\Rightarrow 10^m \times Y - Y = b_1b_2\cdots b_m$$

$$\Rightarrow Y = b_1b_2\cdots b_m/(10^m - 1)$$

将 Y 代入前面的 X 的等式可得：

$$X = (a_1a_2\cdots a_n + Y)/10^n$$

$$= (a_1a_2\cdots a_n + b_1b_2\cdots b_m/(10^m-1))/10^n$$

$$= ((a_1a_2\cdots a_n) \times (10^m-1) + (b_1b_2\cdots b_m))/((10^m-1) \times 10^n)$$

至此，便可以得到任意一个有限小数或无限循环小数的分数表示，但是此时分母未必是最简的，应该对分子和分母进行约分，这个相对比较简单。对于任意一个分数 A/B，可

以简化为（A /Gcd（A, B））/（B /Gcd（A, B）），其中 Gcd 函数为求 A 和 B 的最大公约数，这就涉及本书中的算法（2.7 节"最大公约数问题"），其中有很巧妙的解法，请读者阅读具体的章节，这里就不再赘述。

综上所述，先求得小数的分数表示方式，再对其分子分母进行约分，便能够得到分母最小的分数表现形式。

例如，对于小数 0.3（33），根据上述方法，可以转化为分数：

0.3（33）

= （3 × （10^2-1）+ 33）/（（10^2-1）×10）

= （3×99+33）/990

= 1 / 3

对于小数 0. 285 714（285 714），我们也可以算出：

0. 285 714（285 714）

= （285 714 × （10^6-1） + 285 714）/（（10^6-1）*10^6）

= （285 714×999 999 +285 714）/ 999 999 000 000

= 285 714 / 999 999

= 2/7

2.7 ★★
最大公约数问题

写一个程序，求两个正整数的最大公约数（Greatest Common Divisor，GCD）。如果两个正整数都很大，有什么简单的算法吗？

例如，给定两个数 1 100 100 210 001，120 200 021，求出其最大公约数。

分析与解法

求最大公约数是一个很基本的问题。早在公元前 300 年左右，欧几里得就在他的著作《几何原本》中给出了高效的解法——辗转相除法。辗转相除法的原理很聪明也很简单，假设用 $f(x, y)$ 表示 x，y 的最大公约数，取 $k = x/y$，$b = x\%y$，则 $x = ky + b$，如果一个数能够同时整除 x 和 y，则必能同时整除 b 和 y；而能够同时整除 b 和 y 的数也必能同时整除 x 和 y，即 x 和 y 的公约数与 b 和 y 的公约数是相同的，其最大公约数也是相同的，则有 $f(x, y) = f(y, x \% y)(x \geqslant y > 0)$，如此便可把原问题转化为求两个更小数的最大公约数，直到其中一个数为 0，剩下的另外一个数就是两者最大的公约数。辗转相除法更详细的证明可以在很多的初等数论相关书籍中找到，或者读者也可以试着证明一下。

示例如下。

$$f(42, 30) = f(30, 12) = f(12, 6) = f(6, 0) = 6$$

解法一

最简单的方法，就是直接用代码来实现辗转相除法。从上面的描述中，我们知道，利用递归就能够很轻松地完成这个问题。

具体代码如下。

```
int gcd(int x, int y)
{
    return (!y)?x:gcd(y, x%y);
}
```

解法二

在解法一中，我们用到了取模运算。但对于大整数而言，取模运算（其中用到除法）是非常昂贵的开销，将成为整个算法的瓶颈。有没有办法能够不用取模运算呢？

采用类似前面辗转相除法的分析，如果一个数能够同时整除 x 和 y，则必能同时整除 $x-y$ 和 y；而能够同时整除 $x-y$ 和 y 的数也必能同时整除 x 和 y，即 x 和 y 的公约数与 $x-y$ 和 y 的公约数是相同的，其最大公约数也是相同的，即 $f(x, y) = f(x-y, y)$，那么就可以不再需要进行大整数的取模运算，而转换成简单得多的大整数的减法。

在实际操作中，如果 $x<y$，可以先交换 (x, y)（因为 $f(x, y) = f(y, x)$），从而避免求一个正数和一个负数的最大公约数情况的出现。一直迭代下去，直到其中一个数为 0。

示例如下。

$$f(42, 30) = f(30, 12) = f(12, 18) = f(18, 12) = f(12, 6) = f(6, 6) = f(6, 0) = 6$$

解法二的具体代码如清单 2-15 所示。

代码清单 2-15

```
BigInt gcd(BigInt x, BigInt y)
{
    if(x < y)
        return gcd(y, x);
    if(y == 0)
        return x;
    else
        return gcd(x - y, y);
}
```

代码中 BigInt 是读者自己实现的一个大整数类（所谓大整数当然可以是成百上千位），那么就要求读者重载该大整数类中的减法运算符 "-"，关于大整数的具体实现这里不再赘述，若读者只是想验证该算法的正确性，完全可使用系统内建的 int 型来测试。

这个算法，免去了大整数除法的繁琐，但是同样也有不足之处。最大的瓶颈就是迭代的次数比之前的算法多了不少，如果遇到（10 000 000 000 000，1）这类情况，就会相当地令人郁闷了。

解法三

解法一的问题在于计算复杂的大整数除法运算，而解法二虽然将大整数的除法运算转换成了减法运算，降低了计算的复杂度，但它的问题在于减法的迭代次数太多，那么能否结合解法一和解法二从而使其成为一个最佳的算法呢？答案是肯定的。

从分析公约数的特点入手。

对于 y 和 x 来说，如果 $y=k \times y_1$，$x=k \times x_1$。那么有 $f(y, x) = k \times f(y_1, x_1)$。

另外，如果 $x = p \times x_1$，假设 p 是素数，并且 $y \% p \, ! = 0$（即 y 不能被 p 整除），那么 $f(x, y) = f(p \times x_1, y) = f(x_1, y)$。

注意到以上两点之后，我们就可以利用这两点对算法进行改进。

最简单的方法是，我们知道，2 是一个素数，同时对于二进制表示的大整数而言，可以很容易地将除以 2 和乘以 2 的运算转换成移位运算，从而避免大整数除法，由此就可以利用 2 这个数字来进行分析。

取 $p = 2$

若 x, y 均为偶数，$f(x, y) = 2 \times f(x/2, y/2) = 2 \times f(x{>>}1, y{>>}1)$

若 x 为偶数，y 为奇数，$f(x, y) = f(x/2, y) = f(x{>>}1, y)$

若 x 为奇数，y 为偶数，$f(x, y) = f(x, y/2) = f(x, y{>>}1)$

若 x, y 均为奇数，$f(x, y) = f(y, x - y)$，

那么在 $f(x, y) = f(y, x - y)$ 之后，$(x - y)$ 是一个偶数，下一步一定会有除以 2 的操作。

因此，最坏情况下的时间复杂度是 $O(\log_2(\max(x, y)))$。

考虑如下的情况：

$$
\begin{aligned}
f(42, 30) &= f(101010_2, 11110_2) \\
&= 2 \times f(10101_2, 1111_2) \\
&= 2 \times f(1111_2, 110_2) \\
&= 2 \times f(1111_2, 11_2) \\
&= 2 \times f(1100_2, 11_2) \\
&= 2 \times f(11_2, 11_2) \\
&= 2 \times f(0_2, 11_2) \\
&= 2 \times 11_2 \\
&= 6
\end{aligned}
$$

根据上面的规律，具体代码实现如清单 2-16 所示。

代码清单 2-16

```
BigInt gcd(BigInt x, BigInt y)
{
    if(x < y)
        return gcd(y, x);
    if(y == 0)
        return x;
    else
    {
        if(IsEven(x))
```

```
    {
        if(IsEven(y))
            return (gcd(x >> 1, y >> 1) << 1);
        else
            return gcd(x >> 1, y);
    }
    else
    {
        if(IsEven(y))
            return gcd(x, y >> 1);
        else
            return gcd(y, x - y);
    }
    }
}
```

BigInt 见解法二中的解释，IsEven（BigInt x）函数检查 x 是否为偶数，如果 x 为偶数，则返回 true，否则返回 false。此外，值得一提的是，上述实现中的递归为尾递归，我们可以将其转化成循环。

解法三很巧妙地利用移位运算和减法运算，避开了大整数除法，提高了算法的效率。程序员常常将移位运算作为一种技巧来使用，最常见的就是通过左移或右移来实现乘以 2 或除以 2 的操作。其实移位的用处远不止于此，如求一个整数的二进制表示中 1 的个数问题（见本书 2.1 节"求二进制数中 1 的个数"）和逆转一个整数的二进制表示问题等，往往让人拍案叫绝。

2.8 ★★★ 找符合条件的整数

任意给定一个正整数 N，求一个最小的正整数 M（$M>1$），使得 $N \times M$ 的十进制表示形式里只含有 1 和 0。

看了题目要求之后，我们首先想到从小到大枚举 M 的取值，然后再计算 $N \times M$，最后判断它们的乘积是否只含有 1 和 0。大体的思路可以用下面的伪代码来实现。

```
for(M = 2; ; M++)
{
    product = N * M;
    if(HasOnlyOneAndZero(product))
        output N, M, Product, and return;
}
```

但是问题很快就出现了，什么时候应该终止循环呢？这个循环会终止吗？即使能终止，也许这个循环仍需要耗费太多的时间，比如 $N=99$ 时，$M=1\,122\,334\,455\,667\,789$，$N \times M = 111\,111\,111\,111\,111\,111$。

分析与解法

题目中的直接做法显然不是一个令人满意的方法。还有没有其他的方法呢？答案是肯定的。

可以做一个问题的转化。由于问题中要求 $N \times M$ 的十进制表示形式里只含有 1 和 0，所以 $N \times M$ 与 M 相比有明显的特征。我们不妨尝试去搜索它们的乘积 $N \times M$，这样在某些情况下需要搜索的空间要小很多。另外，搜索 $N \times M$，而不去搜索 M，其实有一个更加重要的原因，就是当 M 很大时，特别是当 M 大于 2^{32} 时，某些机器就可能没法表示 M 了，我们就得自己实现高精度大整数类。但是考虑 $N \times M$ 的特点，可以只存储 $N \times M$ 的十进制表示中"1"的位置，这样就可以大大缩小表示 $N \times M$ 所需的空间，从而使程序能处理数值很大的情况。因此，考虑到程序的推广性，选择了以 $N \times M$ 为目标进行计算。

换句话说，就是把问题从"求一个最小的正整数 M，使得 $N \times M$ 的十进制表示形式里只含有 1 和 0"变成求一个最小的正整数 X，使得 X 的十进制表示形式里只含有 1 和 0，并且 X 被 N 整除。

我们先来看一下 X 的取值，X 从小到大有如下的取值：1、10、11、100、101、110、111、1 000、1 001、1 010、1 011、1 100、1 101、1 110、1 111、10 000、……

如果直接对 X 进行循环，就是先检查 $X=1$ 是否可以整除 N，再检查 $X=10$，然后检查 $X=11$，接着检查 $X=100\cdots$（就像遍历二进制整数一样遍历 X 的各个取值）。

但是这样处理还是比较慢，如果 X 的最终结果有 K 位，则要循环搜索 2^K 次。由于我们的目标是寻找最小的 X，使得 $X \bmod N = 0$，我们只要记录 $\bmod N = i$（$0 <= i < N$）的最小 X 就可以了。这样通过避免一些不必要的循环，可以达到加速算法的目的。那么如何避免不必要的循环呢？先来看一个例子。

设 $N=3$，$X=1$，再引入一个变量 J，$J = X \% N$。直接遍历 X，计算中间结果如表 2-1 所示。

表 2-1

Num	1	2	3	4	5	6	7
N	3	3	3	3	3	3	3
X	1	10	11	100	101	110	111
J	1	1	2	1	2	2	0

表 2-1 计算 110 % 3 是多余的。原因是 1 和 10 对 3 的余数相同，所以 101 和 110 对 3 的余数相同，那么只需要判断 101 是否能整除 3 就可以了，而不用判断 110 是否能整除 3。并且，如果 X 的最低 3 位是 110，那么可以通过将 101 替换 110 得到一个符合条件的更小正整数。因此，对于 mod N 同余的数，只需要记录最小的一个。

有些读者可能会问，当 X 循环到 110 时，我怎么知道 1 和 10 对 3 的余数相同呢？其实，X=1，X=10 是否能整除 3，在 X 循环到 110 时都已经计算过了，只要在计算 X=1，X=10 时，保留 X%N 的结果，就可以在 X=110 时作出判断，从而避免计算 X%N。

以上的例子阐明了在计算中保留 X 除以 N 的余数信息可以避免不必要的计算。下面给出更加形式化的论述。

假设已经遍历了 X 的十进制表示有 K 位时的所有情况，而且也搜索了 $X=10^K$ 的情况，设 $10^K \% N = a$。现在要搜索 X 有 K+1 位的情况，即 $X=10^K+Y$，$(0<Y<10^K)$。如果用最简单的方法，搜索空间（Y 的取值）将有 2^K-1 个数据。但是如果对这个空间进行分解，即把 Y 按照其对 N 的余数分类，我们的搜索空间将被分成 N-1 个子空间。对于每个子空间，其实只需要判断其中最小的元素加上 10^K 是否能被 N 整除即可，而没有必要判断这个子空间里所有元素加上 10^K 是否能被 N 整除。这样搜索的空间就从 2^K-1 维压缩到了 N-1 维。但是这种压缩有一个前提，就是在前面的计算中已经保留了余数信息，并且把 Y 的搜索空间进行了分解。所谓分解，从技术上讲，就是对于"X 模 N"的各种可能结果，保留一个对应的已经出现了的最小的 X（即建立一个长度为 N 的"余数信息数组"，这个数组的第 i 位保留已经出现的最小的模 N 为 i 的 X）。

那么现在的问题就是如何维护这个"余数信息数组"了。假设已经有了 X 的十进制表示有 K 位时的所有余数信息。也有了 $X=10^K$ 的余数信息。现在我们要搜索 X 有 K+1 位的情况，也即 $X=10^K+Y$，$(0<Y<10^K)$ 时，X 除以 N 的余数情况。由于已经有了对 Y 的按除 N 的余数进行的空间分解情况，即 $Y<10^K$ 的余数信息数组。我们只需要将 $10^K \% N$ 的结果与余数信息数组里非空的元素相加，再去模 N，看看会不会出现新的余数即可。如果出现，就在余数信息数组的相应位置增添对应的 X。这一步只需要 N 次循环。

综上所述，假设最终的结果 X 有 K 位，那么直接遍历 X，需要循环 2^K 次，而按照我们保留余数信息避免不必要的循环的方法，最多只需要（K-1）×N 步。可以看出，当最终结果比较大时，保留余数信息的算法具有明显的优势。

下面是这个算法的伪代码：BigInt[i]表示模 N 等于 i 的十进制表示形式里只含 1 和 0 的最小整数。由于 BigInt[i]可能很大，又因为它只有 0 和 1，所以，只需要记下 1 的位置即可。比如，整数 1001，记为 (0, 3) = 10^0+10^3。即 BigInt 的每个元素是一个变长数组，

对于模 N 等于 i 的最小 X，BigInt 的每个元素将存储最小 X 在十进制中表示"1"的位置。我们的目标就是求 BigInt[0]，如代码清单 2-17 所示。

代码清单 2-17

```
// 初始化
    for(i = 0;  i < N;  i++)
        BigInt[i].clear();
    BigInt[1].push_back(0);

    int NoUpdate = 0;
    for(i=1,j=10%N;  ;  i++,j=(j*10)%N)
    {
        bool flag = false;
        if(BigInt[j].size() == 0)
        {
            flag = true;
            // BigInt[j] = 10^i, (10^i % N = j)
            BigInt[j].clear();
            BigInt[j].push_back(i);
        }
        for(k = 1; k < N; k++)
        {
            if((BigInt[k].size() > 0)
                && (i > BigInt[k][BigInt[k].size() - 1])
                && (BigInt[(k + j) % N].size() == 0))
            {
                // BigInt[(k + j) % N] = 10^i + BigInt[k]
                flag = true;
                BigInt[(k + j) % N] = BigInt[k];
                BigInt[(k + j) % N].push_back(i);
            }
        }
        if(flag == false) NoUpdate++;
        elseNoUpdate=0;
        // 如果经过一个循环节都没能对BigInt进行更新，就是无解，跳出。
        // 或者BigInt[0] != NULL，已经找到解，也跳出。
        if(NoUpdate == N || BigInt[0].size() > 0)
            break;
    }
    if(BigInt[0].size() == 0)
    {
        // M not exist
    }
    else
    {
        // Find N * M = BigInt[0]
    }
```

在上面的实现中，循环节取值 N（其实循环节小于等于 N，循环节就是最小的 c，使得 $10^c \bmod N = 1$）。

这个算法其实部分借鉴了动态规划算法的思想。在动态规划算法的经典实例"最短路径问题"中，当处理中间结点时，只需要得到从起点到中间结点的最短路径，而不需要中间结点到那个端点的所有路径信息。"只保留模 N 的结果相同的 X 中最小的一个"的方法，与此思路相似。

扩展问题

1. 对于任意的 N，一定存在 M，使得 $N \times M$ 的乘积的十进制表示只有 0 和 1 吗？

2. 怎样找出满足题目要求的 N 和 M，使得 $N \times M < 2^{16}$，且 $N+M$ 最大？

2.9 ★★
斐波那契（Fibonacci）数列

斐波那契数列是一个非常美丽、和谐的数列，有人说它起源于一对繁殖力惊人、基因非常优秀的兔子，也有人说远古时期的鹦鹉螺就知道这个规律。

这个数列可以用排成螺旋状的一系列正方形来形象地说明。刚开始，我们把两个边长为 1 的正方形排列在一起（如图 2-3 所示）。

图 2-3　两个正方形

然后我们依次在图形中边长较长的一边接上一个新的正方形（如图 2-4、图 2-5 所示）。

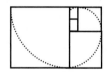

图 2-4　增加正方形 1　　　　　　图 2-5　增加正方形 2

按此顺序依次累加，并在新的正方形中加入以边长为半径的圆弧，我们就会得到美丽的曲线。

每一个学理工科的学生都知道斐波那契数列，斐波那契数列由如下递推关系式定义。

$$F(n) = \begin{cases} 0 & \text{if } n = 0; \\ 1 & \text{if } n = 1; \\ F(n-1) + F(n-2) & \text{if } n > 1。 \end{cases}$$

每一个上过算法课的同学都能用递归的方法求解斐波那契数列的第 n 项的值，即 $F(n)$。

代码清单 2-18

```
int Fibonacci(int n)
{
    if(n <= 0)
    {
        return 0;
```

```
    }
    else if (n == 1)
    {
        return 1;
    }
    else
    {
        return Fibonacci(n - 1) + Fibonacci(n - 2);
    }
}
```

我们的问题是：有没有更加优化的解法？

分析与解法

技术面试的一个常见问题是，对于一个常见的算法，能否进一步优化？这个时候，平时喜欢超越课本思考问题的同学，就有施展才华的机会了。

解法一：递推关系式的优化

上面一页写出的算法是根据递推关系式的定义直接得出的，它在计算 $F[n]$ 时，需要计算从 $F[2]$ 到 $F[n-1]$ 每一项的值，这样简单的递归式存在着很多的重复计算，如求 $F[5]$ = $F[4]+F[3]$，在求 $F[4]$ 的时候也需要求一次 $F[3]$ 的大小，等等。请问这个算法的时间复杂度是多少？

那么如何减少重复计算呢？可以用一个数组储存所有已计算过的项。这样便可以达到用空间换取时间的目的。在这种情况下，时间复杂度为 $O(N)$，而空间复杂度也为 $O(N)$。

那么有更快的算法吗？

解法二：求解通项公式

如果我们知道一个数列的通项公式，使用公式来计算会更加容易。能不能把这个函数的递推公式计算出来？

由递推公式 $F(n) = F(n-1) + F(n-2)$，知道 $F(n)$ 的特征方程为

$$x^2 = x + 1$$

有根：$X_{1,2} = \dfrac{1 \pm \sqrt{5}}{2}$

所以存在 A，B 使得：

$$F(n) = A \times \left(\frac{1+\sqrt{5}}{2}\right)^n + B \times \left(\frac{1-\sqrt{5}}{2}\right)^n$$

代入 $F(0) = 0$，$F(1) = 1$，解得 $A = \dfrac{\sqrt{5}}{5}$，$B = -\dfrac{\sqrt{5}}{5}$，即

$$F(n) = \frac{\sqrt{5}}{5} \times \left(\frac{1+\sqrt{5}}{2}\right)^n - \frac{\sqrt{5}}{5} \times \left(\frac{1-\sqrt{5}}{2}\right)^n$$

通过公式，我们可以在 $O(1)$ 的时间内得到 $F(n)$。但公式中引入了无理数，所以不能保证结果的精度。

解法三：分治策略

注意到 Fibonacci 数列是二阶递推数列，所以存在一个 2×2 的矩阵 A，使得：

$$\begin{pmatrix} F_n & F_{n-1} \end{pmatrix} = \begin{pmatrix} F_{n-1} & F_{n-2} \end{pmatrix} \times A \tag{1}$$

求解，可得：

$$A = \begin{pmatrix} 1 & 1 \\ 1 & 0 \end{pmatrix}$$

由（1）式我们有：

$$\begin{pmatrix} F_n & F_{n-1} \end{pmatrix} = \begin{pmatrix} F_{n-1} & F_{n-2} \end{pmatrix} \times A = \begin{pmatrix} F_{n-2} & F_{n-3} \end{pmatrix} \times A^2 = \cdots = \begin{pmatrix} F_1 & F_0 \end{pmatrix} \times A^{n-1}$$

剩下的问题就是求解矩阵 A 的方幂。

$A^n = A \times A \times \cdots \times A$。最直接的解法就是通过 $n-1$ 次乘法得到结果。但是当 n 很大时，比如 1 000 000 或 1 000 000 000，这个算法的效率就不能接受了。当然，你马上会说，在这个情况下，F_n 在整数里早就溢出了，但如果需要求解的是 F_n 对某个素数的余数呢？这个算法会是非常有用和高效的。

我们注意到：

$A^{x+y} = A^x \times A^y$；

$A^{x*2} = A^{x+x} = \left(A^x \right)^2$；

用二进制方式表示 n：

$n = a_k \times 2^k + a_{k-1} \times 2^{k-1} + \cdots + a_1 \times 2 + a_0$（其中 a_i=0 或 1，i=0, 1, $\cdots$, k）；

$A^n = A^{a_k \times 2^k + a_{k-1} \times 2^{k-1} \cdots + a_0} = \left(A^{2^k} \right)^{a_k} \times \left(A^{2^{k-1}} \right)^{a_{k-1}} \times \cdots \times \left(A^{2^1} \right)^{a_1} \times A^{a_0}$

如果能够得到 A^{2^i}（i=1, 2, $\cdots$, k）的值，就可以再经过 $\log_2 n$ 次乘法得到 A^n。

而这显然容易通过递推得到：

$$A^{2^i} = \left(A^{2^{i-1}} \right)^2$$

举个例子：

$$A^5 = A^{1 \times 2^2 + 0 \times 2^1 + 1 \times 2^0} = A^{2^2} \times A^{2^0}$$

求解：$A^{2^0} = A$

$$A^{2^1} = \left(A^{2^0}\right)^2$$

$$A^{2^2} = \left(A^{2^1}\right)^2$$

具体的代码如清单 2-19 所示。

代码清单 2-19

```
Class Matrix;                          // 假设我们已经有了实现乘法操作的矩阵类
                                       // 求解 m 的 n 次方
Matrix MatrixPow(const Matrix& m, int n)
{
    Matrix result = Matrix::Identity;          // 赋初值为单位矩阵
    Matrix tmp = m;
    for(; n; n >>= 1)
    {
        if (n & 1)
            result *= tmp;
        tmp *= tmp;
    }
}
int Fibonacci(int n)
{
    Matrix an = MatrixPow(A, n - 1);       // A 的值就是上面求解出来的
    return F1* an(0, 0) + F0 * an(1, 0); // 返回 Fn
}
```

整个算法的时间复杂度是 $O(\log_2 n)$。

扩展问题

假设 $A(0) = 1$，$A(1) = 2$，$A(2) = 2$。对于 $n>2$，都有 $A(k) = A(k-1) + A(k-2) + A(k-3)$。

1. 对于任何一个给定的 n，如何计算出 $A(n)$？

2. 对于 n 非常大的情况，如 $n=2^{60}$ 的时候，如何计算 $A(n) \bmod M$（$M<100\,000$）呢？

2.10 ★★★ 寻找数组中的最大值和最小值

数组是最简单的一种数据结构。我们经常碰到的一个基本问题，就是寻找整个数组中最大的数，或者最小的数。这时，我们都会扫描一遍数组，把最大（最小）的数找出来。如果我们需要同时找出最大和最小的数呢？

对于一个由 N 个整数组成的数组，需要比较多少次才能把最大和最小的数找出来呢？

例如给出如下数组，如图 2-6 所示。

图 2-6 数组

分析与解法

解法一

可以把寻找数组中的最大值和最小值看成是两个独立的问题，我们只要分别求解即可。最直接的做法是先扫描一遍数组，找出最大的数及最小的数。这样，我们需要比较 $2 \times N$ 次才能求解。

能否在这两个看似独立的问题之间建立关联，从而减少比较的次数呢？

解法二

一般情况下，最大的数和最小的数不会是同一个数（除非 $N=1$，或者所有整数都是一样的大小）。所以，我们希望先把数组分成两部分，然后再从这两部分中分别找出最大的数和最小的数。

首先按顺序将数组中相邻的两个数分在同一组（这只是概念上的分组，无须做任何实际操作）。若数组为 $\{5, 6, 8, 3, 7, 9\}$，如图 2-7 所示。

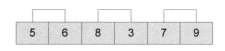

图 2-7　数组示意图

接着比较同一组中奇数位数字和偶数位数字，将较大的数放在偶数位上，较小的数放在奇数位上。经过 $N/2$ 次比较后，较大的数都放到了偶数位置上，较小的数则放到了奇数位置上，如图 2-8 所示。

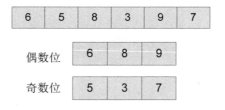

图 2-8　比较后的数组示意图

最后，我们从奇偶数位上分别求出 Max=9，Min=3，各需要比较 $N/2$ 次。整个算法共需要比较 $1.5 \times N$ 次。

解法三

解法二已经将比较次数降低到了 $1.5 \times N$ 次，但它破坏了原数组，如何避免破坏原数组呢？解法二是事先将两两分组中较小和较大的数调整了顺序，从而破坏了数组，如果可以在遍历的过程中进行比较，且不对数组中的元素进行调换，就不会破坏原数组了。首先仍然按顺序将数组中相邻的两个数分在同一组（这只是概念上的分组，无须做任何实际操作）。然后可以利用两个变量 Max 和 Min 来存储当前的最大值和最小值。同一组的两个数比较之后，不再调整顺序，而是将其中较小的数与当前 Min 比较，如果该数小于当前 Min 则更新 Min。同理，将其中较大的数与当前 Max 比较，如果该数大于当前 Max，则更新 Max。如此反复比较，直到遍历完整个数组。Min 和 Max 分别被初始化为数组第一和第二个数中的小者和大者。仍设原数组为 $\{5, 6, 8, 3, 7, 9\}$，则 Min 和 Max 分别被初始化为 6 和 5。比较过程如图 2-9 所示。

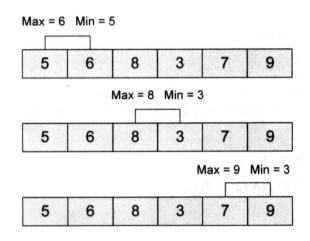

图 2-9　查找比较示意图

最后，Max=9，Min=3。但是时间复杂度并未降低，整个过程的比较次数仍为 $1.5 \times N$ 次。

解法四

分治思想是算法中很常用的一种技巧。在 N 个数中求最小值 Min 和最大值 Max，我们只需分别求出前后 $N/2$ 个数的 Min 和 Max，然后取较小的 Min，较大的 Max 即可（只需较大的数和较大的数比较，较小的数和较小的数比较，两次就可以了）。

假设我们要求 arr[1, 2, ⋯ , n]数组的最大数和最小数，上述算法的伪代码如清单 2-20 所示。

代码清单 2-20

```
(max, min) Search(arr, b, e)
{
    if(e - b <= 1)
    {
        if(arr[b] < arr[e])
            return (arr[e], arr[b]);
        else
            return (arr[b], arr[e]);
    }
    (maxL, minL) = Search(arr, b, b + (e - b) / 2);
    (maxR, minR) = Search(arr, b + (e - b) / 2 + 1, e);
    if(maxL > maxR)
        maxV = maxL;
    else
        maxV = maxR;
    if(minL < minR)
        minV = minL;
    else
        minV = minR;
    return (maxV, minV);
}
```

如果用 $f(N)$ 表示这个算法对于 N 个数的情况需要比较的次数。我们可以得到：

$$f(2) = 1$$

$$f(N) = 2 * f(N/2) + 2$$

$$= 2 * (2 * f(N/2^2) + 2) + 2$$

$$= 2^2 * f(N/2^2) + 2^2 + 2$$

$$\cdots$$

$$= 2^{(\log_2 N)-1} * f(N/2^{(\log_2 N)-1}) + 2^{\log_2 N-1} + ... + 2^2 + 2$$

$$= \frac{N}{2} * f(2) + 2^{(\log_2 N)-1} + ... + 2^2 + 2$$

$$= \frac{N}{2} * f(2) + \frac{2 * (1 - 2^{(\log_2 N)-1})}{1 - 2}$$

$$= \frac{N}{2} + \frac{2 * (1 - \frac{N}{2})}{1 - 2}$$

$$= 1.5N - 2$$

所以说即使采用分治法，总的比较次数仍然没有减少。

扩展问题

如果需要找出 N 个数组中的第二大数，需要比较多少次呢？是否可以使用类似的分治思想来降低比较的次数呢？

2.11 ★★★ 寻找最近点对

给定平面上 *N* 个点的坐标，找出距离最近的两个点（如图 2-10 所示）。

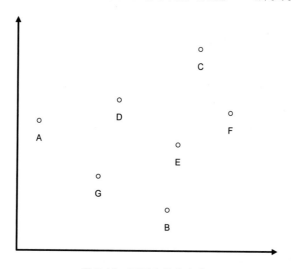

图 2-10　平面上的七个点

分析与解法

初看这个问题，会觉得没有什么头绪，在面试的时候，怎么办？我们不妨先看看一维的情况：在一个包含 N 个数的数组中，如何快速找出 N 个数中两两差值的最小值？一维的情况相当于所有的点都在一条直线上。虽然是一个退化的情况，但还是能从中得到一些启发。

解法一

数组中总共包含 N 个数，我们把它们两两之间的差值都求出来，那样就不难得出最小值了。时间复杂度为 $O(N^2)$。伪代码如清单 2-21 所示。

代码清单 2-21

```
double MinDifference(double arr[], int n)
{
    if(n < 2)
    {
        return 0;
    }
    double fMinDiff = fabs(arr[0] - arr[1]);
    for(int i = 0; i < n; ++i)
        for(int j = i + 1; j < n; ++j)
        {
            double tmp = fabs(arr[i] - arr[j]);
            if(fMinDiff > tmp)
            {
                fMinDiff = tmp;
            }
        }
    return fMinDiff;
}
```

如果扩展到二维的情况，那就相当于枚举任意两个点，然后再记录下距离最近的点对。时间复杂度也是 $O(N^2)$。这还是一个很直接的想法，能否继续改进呢？

解法二

如果数组有序，找出最小的差值就很容易了。可以用 $O(N \times \log_2 N)$ 的算法进行排序（快速排序、堆排序、归并排序等）。排序完成后，找最小差值只需要 $O(N)$ 的时间，总时间复杂度是 $O(N \times \log_2 N)$。

代码清单 2-22

```
double MinDifference(double arr[], int n)
{
    if(n < 2)
    {
        return 0;
    }
    // Sort array arr[]
    Sort(arr, arr + n);

    double fMinDiff = arr[1] - arr[0];
    for(int i = 2; i < n; ++i)
    {
        double tmp = arr[i] - arr[i - 1];
        if(fMinDiff > tmp)
        {
            fMinDiff = tmp;
        }
    }
    return fMinDiff;
}
```

在一维情况下，时间复杂度改进了不少。但是这个方法不能推广到二维的情况，因为距离最近的点对不能保证是映射到某条直线之后紧靠着的两个点，如图 2-11 所示。点 A 和 C 的距离最近，但它们在 X 轴上的投影点却不是相邻的。

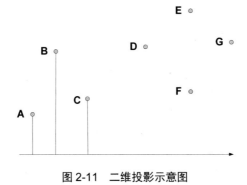

图 2-11　二维投影示意图

解法三

还有什么想法呢？如果我们用数组的中间值 k 把数组分成 Left、Right 两部分，小于 k 的数为 Left 部分，其他的为 Right 部分，那么这个最小差值要么来自 Left 部分，要么来自 Right 部分，要么是 Left 中最大数和 Right 中最小数的差值。在这里，我们其实借用了分治思想。时间复杂度仍然为 $O（N \times \log_2 N）$。

这个方法中的分治思想也可以扩展到二维的情况。

根据水平方向的坐标把平面上的 N 个点分成两部分 Left 和 Right。跟以往一样,我们希望这两个部分点数的个数差不多。假设分别求出了 Left 和 Right 两个部分中距离最近的点对之最短距离为 MinDist(Left)和 MinDist(Right),还有一种情况我们没有考虑,那就是点对中一个点来自于 Left 部分,另一个点来自于 Right 部分。最直接的想法,那就是穷举 Left 和 Right 两个部分之间的点对,这样的点对很多,最多可能有 $N \times N/4$ 对。显然,穷举所有 Left 和 Right 之间的点对不是好办法。是否可以只考虑有可能成为最近点对的候选点对呢?由于我们已经知道 Left 和 Right 两个部分中的最近点对距离分别为 MinDist(Left)和 MinDist(Right),如果 Left 和 Right 之间的点对距离超过 MDist = MinValue(MinDist(Left),MinDist(Right)),我们则不会对它们感兴趣,因为这些点对不可能是最近点对。

如图 2-12 所示,通过直线 $x = M$ 将所有的点分成 $x < M$ 和 $x > M$ 两部分,在分别求出两部分的最近点对之后,只需要考虑点对 CD。因为其他点对 AD、BD、CE、CF、CG 等都不可能成为最近点对。也就是说,只要考虑从 $x = M - \text{MDist}$ 到 $x = M + \text{MDist}$ 之间这个带状区域内的最小点对,然后再跟 MDist 比较就可以了。在计算带状区域的最小点对时,可以按 Y 坐标,对带状区域内的顶点进行排序。如果一个点对的距离小于 MDist,那么它们一定在一个 MDist×(2 × MDist)的区域内,如图 2-13 所示。

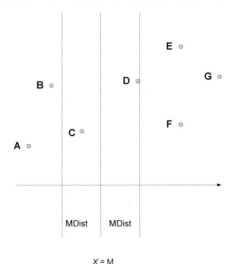

图 2-12 二维点分布示意图

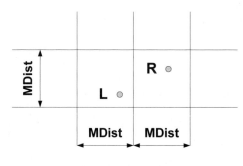

图 2-13 区域示意图

而在左右两个 MDist × MDist 正方形区域内，最多都只能含有 4 个点。如果超过 4 个点，则这个正方形区域内至少存在一个点对的距离小于 Mdist，这跟 $x < M$ 和 $x > M$ 两个部分的最近点对距离分别是 MinDist（Left）和 MinDist（Right）矛盾。

因此，一个 MDist × (2 × Mdist) 的区域内最多有 8 个点，如图 2-14 所示。对于任意一个带状区域内的顶点，只要考察它与按 Y 坐标排序且紧接着的 7 个点之间的距离就可以了。根据这个特点，我们可用 $O(N)$ 时间完成带状区域最近点对的查找。在这一步，需要注意的是：我们可以用归并排序法将带状区域的点按 Y 坐标排序。归并排序的过程与计算最近点对的算法结合在一起。

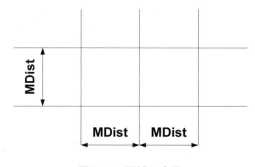

图 2-14 区域示意图

整个算法的时间复杂度 $f(N)$ 的递归表达式为

$$F(2) = 1$$

$$F(3) = 3$$

$$F(N) = 2 \times f(N/2) + O(N) \quad (N > 2)$$

可以计算出 $f(N) = N \times \log_2 N$。也就是说，我们用 $O(N \times \log_2 N)$ 的时间可以完成最近点对问题。

扩展问题

1. 如果给定一个数组 arr[0, …, N-1]，要求找出相邻两个数的最大差值。对于数 X 和 Y，如果不存在其他数组中的数在[X, Y]区间内，则 X 和 Y 是相邻的。

   我们也可以使用上面的方法来解决这个扩展问题。不过，这个扩展问题还有一个更漂亮的解法。如果在这个数组 arr 中，最大的数为 arr.MaxValue，而最小的数为 arr.MinValue，那么根据抽屉原理，相邻两个数的最大差值一定不小于 delta =（arr.MaxValue – arr.MinValue）/（N – 1）。

   证明： 假设任意相邻两个数的差值都小于 delta，而数组 arr 从小到大排好序后得到数组 sorted_arr, sorted_arr[0] < sorted_arr[1] < … < sorted_arr[N-1]，则 sorted_arr[1] – sorted_arr[0] < delta, sorted_arr[2] – sorted_arr[1] < delta, …, sorted_arr[N-1] – sorted_arr[N-2] < delta，有 arr.MaxValue – arr.MinValue = sorted_arr[N-1] – sorted_arr[0] =（sorted_arr[N-1] – sorted_arr[N-2]）+ … +（sorted_arr[1] – sorted_arr[0]）< delta *（N – 1）= arr.MaxValue – arr.MinValue。那么它与假设矛盾。

   通过上面的分析，我们知道最大的差值大于等于 delta。因此，我们忽略小于 delta 的差值，因为这些差值都不可能是答案。一个方法就是我们把区间 [arr.MinValue, arr.MaxValue] 分成 N 个桶：[arr.MinValue, arr.MinValue], [arr.MinValue + delta], [arr.MinValue + delta, arr.MinValue + delta * 2], …, [arr.MaxValue – delta, arr.MaxValue]。综合上面的分析，我们知道最大的差值应该出现在不同的桶之间（除非 delta = 0），因为处于同一个桶的两个数的差值不超过 delta，我们可以忽略不计。既然最大的差值处于两个不同的桶之间，那么它们就等于某个桶的最小值与前一个非空桶的最大值的差值。

   根据上面的分析，可以申请 O（N）大小的空间来存储每一个桶的最大值和最小值，然后再扫描一遍所有的桶就可以得到整个数组的最大差值。整个算法的空间复杂度和时间复杂度均为 O（N）。

2. 如果给定的是平面上的 N 个点，如何寻找距离最远的两个点呢？

2.12 ★★
快速寻找满足条件的两个数

能否快速找出一个数组中的两个数字，让这两个数字之和等于一个给定的值，为了简化起见，我们假设这个数组中肯定存在至少一组符合要求的解。

例如有如下两个数组，如图 2-15 所示。

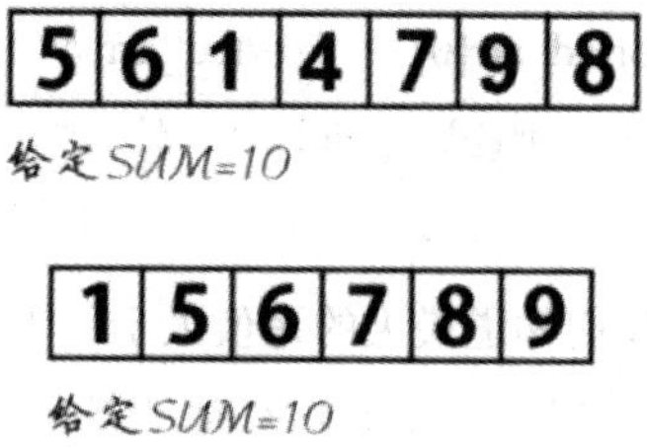

```
5 6 1 4 7 9 8
```
给定 SUM=10

```
1 5 6 7 8 9
```
给定 SUM=10

图 2-15 两个数组

分析与解法

这个题目不是很难，也很容易理解。但是要得出高效率的解法，还是需要一番思考的。

解法一

一个直接的解法就是穷举：从数组中任意取出两个数字，计算两者之和是否为给定的数字。

显然其时间复杂度为 $N(N-1)/2$ 即 $O(N^2)$。这个算法很简单，写起来也很容易，但是效率不高。一般在程序设计里面，要尽可能降低算法的时间和空间复杂度，所以需要继续寻找效率更高的解法。

解法二

求两个数字之和，假设给定的和为 Sum。一个变通的思路，就是对数组中的每个数字 arr[i] 都判别 Sum-arr[i] 是否在数组中。这样，就变通成为一个查找的算法。

在一个无序数组中查找一个数的复杂度是 $O(N)$，对于每个数字 arr[i]，都需要查找对应的 Sum-arr[i] 在不在数组中，很容易得到时间复杂度还是 $O(N^2)$。这和最原始的方法相比没有改进。但是如果能够提高查找的效率，就能够提高整个算法的效率。怎样提高查找的效率呢？

学过编程的人都知道，提高查找效率通常可以先将要查找的数组排序，然后用二分查找等方法进行查找，就可以将原来 $O(N)$ 的查找时间缩短到 $O(\log_2 N)$。这样对于每个 arr[i]，都要花 $O(\log_2 N)$ 去查找对应的 Sum-arr[i] 在不在数组中，总的时间复杂度降低为 $N\log_2 N$。当然将长度为 N 的数组进行排序本身也需要 $O(N\log_2 N)$ 的时间，好在只需要排序一次就够了，所以总的时间复杂度依然是 $O(N\log_2 N)$。这样，就改进了最原始的方法。

到这里，有的读者可能会更进一步地想，先排序再二分查找固然可以将时间从 $O(N^2)$ 缩短到 $O(\log_2 N)$，但是还有更快的查找方法：hash 表。因为给定一个数字，根据 hash 映射查找另一个数字是否在数组中，只需用 $O(1)$ 时间。这样的话，总体的算法复杂度可以降低到 $O(N)$，但这种方法需要额外增加 $O(N)$ 的 hash 表存储空间。某些情况下，用空间换时间也不失为一个好方法。

解法三

还可以换个角度来考虑这个问题，假设已经有了这个数组的任意两个元素之和的有序数首组（长为 N^2）。那么利用二分查找法，只需用 $O(2\log_2 N)$ 就可以解决这个问题。当然不太可能去计算这个有序数组，因为它需要 $O(N^2)$ 的时间。但这个思考仍启发我们，可以直接对两个数字的和进行一个有序的遍历，从而降低算法的时间复杂度。先对数组进行排序，时间复杂度为（$N\log_2 N$）。

然后令 $i=0$，$j=n-1$，看 arr[i] + arr[j] 是否等于 Sum，如果是，则结束。如果小于 Sum，则 $i=i+1$；如果大于 Sum，则 $j=j-1$。这样只需要在排好序的数组上遍历一次，就可以得到最后的结果，时间复杂度为 $O(N)$。两步加起来总的时间复杂度 $O(N\log_2 N)$，下面这个程序就利用了这个思想，如代码清单 2-23 所示。

代码清单 2-23

```
for(i = 0, j = n - 1; i < j; )
    if(arr[i] + arr[j] == Sum)
        return (i, j);
    else if(arr[i] + arr[j] < Sum)
        i++;
    else
        j--;
return (-1, -1);
```

它的时间复杂度是 $O(N)$。

扩展问题

注意题目有一个重要的前提，就是数组中肯定存在这样的一对数字。考虑下面的扩展问题。

1. 如果把这个问题中的"两个数字"改成"三个数字"或"任意个数字"时，你的解是什么呢？

2. 如果完全相等的一对数字对找不到，能否找出和最接近的解？

3. 把上面的两个题目综合起来，就得到这样一个题目：给定一个数 N 和一组数字集合 S，求 S 中和最接近 N 的子集。想继续钻研下去的读者，可以看一看专业书籍中关于 NP、NP-Complete 的描述。

面试中很多题目都是给定一个数组，要求返回两个下标的（比如找两个元素，或者找一个子数组）。而相应比较高效的解法，则是先排序，然后在一个循环体里利用两个变量进行反向的遍历，并且这两个变量遍历的方向是不变的，从而保证遍历算法的时间复杂度是 $O(N)$。以后读者再遇到类似的问题，也可以考虑利用两个下标进行遍历。

2.13 ★★
子数组的最大乘积

给定一个长度为 N 的整数数组，只允许用乘法，不能用除法，计算任意（$N-1$）个数的组合中乘积最大的一组，并写出算法的时间复杂度。

我们把所有可能的（$N-1$）个数的组合找出来，分别计算它们的乘积，并比较大小。由于总共有 N 个（$N-1$）个数的组合，总的时间复杂度为 $O(N^2)$，显然这不是最好的解法。

分析与解法

解法一

在计算机科学中，时间和空间往往是一对矛盾体，不过，这里有一个折中方法。可以通过"空间换时间"或"时间换空间"的策略来达到优化某一方面的目的。在这里，是否可以通过"空间换时间"来降低时间复杂度呢？

计算（N–1）个数的组合乘积，假设第 i 个（$0{\leqslant}i{\leqslant}N$–1）元素被排除在乘积之外（如图 2-16 所示）。

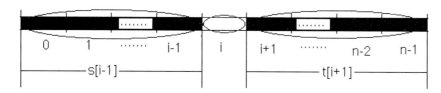

图 2-16　组合示意图

设 $array[]$ 为初始数组，$s[i]$ 表示数组前 i 个元素的乘积 $s[i]=\prod_1^i array[i-1]$，其中 $1{\leqslant}i{\leqslant}N$，$s[0]=1$（边界条件），那么 $s[i]=s[i-1]\times array[i-1]$，其中 $i=1,2,\cdots,N-1,N$；

设 $t[i]$ 表示数组后（N–i）个元素的乘积 $t[i]=\prod_i^n array[i]$，其中 $1{\leqslant}i{\leqslant}N$，$t[N+1]=1$（边界条件），那么 $t[i]=t[i+1]\times array[i]$，其中 $i=1,2,\cdots,N-1,N$；

那么设 $p[i]$ 为数组除第 i 个元素外，其他 N–1 个元素的乘积，即有：

$p[i]=s[i-1]\times t[i+1]$。

由于只需要从头至尾，和从尾至头扫描数组两次即可得到数组 $s[]$ 和 $t[]$，进而线性时间可以得到 $p[]$。所以，很容易就可以得到 $p[]$ 的最大值（只需遍历 $p[]$ 一次）。总的时间复杂度等于计算数组 $s[]$、$t[]$、$p[]$ 的时间复杂度加上查找 $p[]$ 最大值的时间复杂度等于 $O(N)$。

解法二

其实，还可以通过分析，进一步减少解答问题的计算量。假设 N 个整数的乘积为 P，针对 P 的正负性进行如下分析（其中，A_{N-1} 表示 N–1 个数的组合，P_{N-1} 表示 N–1 个数的组合的乘积）。

1. P 为 0

   那么，数组中至少包含有一个 0。假设除去一个 0 之外，其他 N-1 个数的乘积为 Q，根据 Q 的正负性进行讨论：

   Q 为 0

   说明数组中至少有两个 0，那么 N-1 个数的乘积只能为 0，返回 0；

   Q 为正数

   返回 Q，因为如果以 0 替换此时 A_{N-1} 中的任一个数，所得到的 P_{N-1} 为 0，必然小于 Q；

   Q 为负数

   如果以 0 替换此时 A_{N-1} 中的任一个数，所得到的 P_{N-1} 为 0，大于 Q，乘积最大值为 0。

2. P 为负数

   根据"负负得正"的乘法性质，自然想到从 N 个整数中去掉一个负数，使得 P_{N-1} 为一个正数。而要使这个正数最大，这个被去掉的负数的绝对值必须是数组中最小的。我们只需要扫描一遍数组，把绝对值最小的负数给去掉就可以了。

3. P 为正数

   类似地，如果数组中存在正数值，那么应该去掉最小的正数值，否则去掉绝对值最大的负数值。

上面的解法采用了直接求 N 个整数的乘积 P，进而判断 P 的正负性的办法，但是直接求乘积在编译环境下往往会有溢出的危险（这也就是本题要求不使用除法的潜在用意☺），事实上可做一个小的转变，不需要直接求乘积，而是求出数组中正数（+）、负数（−）和 0 的个数，从而判断 P 的正负性，其余部分与以上面的解法相同。

在时间复杂度方面，由于只需要遍历数组一次，在遍历数组的同时就可得到数组中正数（+）、负数（−）和 0 的个数，以及数组中绝对值最小的正数和负数，时间复杂度为 $O(N)$。

2.14 ★★★
求数组的子数组之和的最大值

一个有 N 个整数元素的一维数组（$A[0], A[1], \cdots, A[n-2], A[n-1]$），这个数组当然有很多子数组，那么子数组之和的最大值是什么呢？

这是一道看似简单，实际上也挺简单，但是却难倒了不少学生的题目。这也是很多公司面试的题目，微软亚洲研究院曾在 2006 年的笔试题中出过这道题，只有 20%的人能够写出正确的解法，能做到最优 $O(N)$ 解法的同学非常少。事实上这个题目及相关解答在网上都能够找到，不过散布于网上的几个版本似乎都有不正确的地方，我们在这里总结一下。

例如有如下数组，如图 2-17 所示。

图 2-17　数组

分析与解法

解法一

我们先明确题意。

1. 题目说的子数组，是连续的。
2. 题目只需要求和，并不需要返回子数组的具体位置。
3. 数组的元素是整数，所以数组可能包含有正整数、零、负整数。

举几个例子：

数组：[1，−2，3，5，−3，2]应返回：8
数组：[0，−2，3，5，−1，2]应返回：9
数组：[−9，−2，−3，−5，−3]应返回：−2，这也是最大子数组的和。

这几个典型的输入能帮助我们测试算法的逻辑。在写具体算法前列出各种可能输入，也可以让应聘者有机会和面试者交流，明确题目的要求。例如：如果数组中全部是负数，怎么办？是返回 0，还是最大的负数？这是面试和闭卷考试不一样的地方，要抓住机会交流。

了解了题意之后，我们试验最直接的方法，记 Sum[i, ⋯, j]为数组 A 中第 i 个元素到第 j 个元素的和（其中 $0 <= i <= j < n$），遍历所有可能的 Sum[i, ⋯, j]，那么时间复杂度为 $O(N^3)$。

代码清单 2-24

```
int MaxSum(int* A, int n)
{
    int maximum = -INF;
    int sum;
    for(int i = 0; i < n; i++)
    {
        for(int j = i; j < n; j++)
        {
            for(int k = i; k <= j; k++)
            {
                sum += A[k];
            }
            if(sum > maximum)
                maximum = sum;
        }
    }
    return maximum;
}
```

上面的程序还有一个 bug，读者能找出来吗？

如果注意到 Sum[$i, \cdots, j$] = Sum[$i, \cdots, j-1$] + $A[j]$，则可以将算法中的最后一个 for 循环省略，避免重复计算，从而使算法得以改进，改进后的算法如下，这时复杂度为 $O(N^2)$。

代码清单 2-25

```
int MaxSum(int* A, int n)
{
    int maximum = -INF;
    int sum;
    for(int i = 0; i < n; i++)
    {
        sum = 0;
        for(int j = i; j < n; j++)
        {
            sum += A[j];
            if(sum > maximum)
                maximum = sum;
        }
    }
    return maximum;
}
```

能继续优化吗？

解法二

如果将所给数组（$A[0], \cdots, A[n-1]$）分为长度相等的两段数组（$A[0], \cdots, A[n/2-1]$）和（$A[n/2], \cdots, A[n-1]$），分别求出这两段数组各自的最大子段和，则原数组（$A[0], \cdots, A[n-1]$）的最大子段和为以下三种情况的最大值：

1.　（$A[0], \cdots, A[n-1]$）的最大子段和与（$A[0], \cdots, A[n/2-1]$）的最大子段和相同；

2.　（$A[0], \cdots, A[n-1]$）的最大子段和与（$A[n/2], \cdots, A[n-1]$）的最大子段和相同；

3.　（$A[0], \cdots, A[n-1]$）的最大子段跨过其中间两个元素 $A[n/2-1]$ 到 $A[n/2]$。

第 1 和第 2 种情况事实上是问题规模减半的相同子问题，可以通过递归求得。

至于第 3 种情况，我们只要找到以 $A[n/2-1]$ 结尾的和最大的一段数组之和 s_1=（$A[i], \cdots, A[n/2-1]$）（0<=i<$n/2-1$）$A[]$和以 $A[n/2]$ 开始和最大的一段数组之和 s_2=（$A[n/2], \cdots, A[j]$）（$n/2$<=j<n）。那么第 3 种情况的最大值为 s_1+s_2 = $A[i]$+$\cdots$+$A[n/2-1]$ + $A[n/2]$ +$\cdots$ +$A[j]$，只需要对原数组进行一次遍历即可。

其实这是一种分治算法，每个问题都可分解成为两个问题规模减半的子问题，再加上一次遍历算法。该分治算法的时间复杂度满足典型的分治算法递归式，总的时间复杂度为 $T(N) = O(N \times \log_2 N)$。

解法三

解法二中的分治算法已经将时间复杂度从 $O(N^2)$ 降到了 $O(N \times \log_2 N)$，应该说是一个不错的改进，但是否还可以进一步将时间复杂度降低呢？答案是肯定的，从分治算法中得到提示：可以考虑数组的第一个元素 $A[0]$，以及最大的一段数组（$A[i], \cdots, A[j]$）跟 $A[0]$ 之间的关系，有以下几种情况：

1. 当 $0 = i = j$ 时，元素 $A[0]$ 本身构成和最大的一段；
2. 当 $0 = i < j$ 时，和最大的一段以 $A[0]$ 开始；
3. 当 $0 < i$ 时，元素 $A[0]$ 跟和最大的一段没有关系。

从上面三种情况可以看出，可以将一个大问题（N 个元素数组）转化为一个较小的问题（$n-1$ 个元素的数组）。假设已经知道（$A[1], \cdots, A[n-1]$）中和最大的一段数组之和为 $All[1]$，并且已经知道（$A[1], \cdots, A[n-1]$）中包含 $A[1]$ 的和最大的一段数组为 $Start[1]$，那么根据上述分析的三种情况，不难看出（$A[0], \cdots, A[n-1]$）中问题的解 $All[0]$ 是三种情况的最大值 $\max\{A[0], A[0]+Start[1], All[1]\}$。通过这样的分析，可以看出这个问题符合无后效性，可以使用动态规划的方法来解决。

代码清单 2-26

```
int max(int x, int y)                    // 返回 x,y 两者中的较大值
{
    return (x > y) ? x : y;
}

int MaxSum(int* A, int n)
{
    Start[n - 1] = A[n - 1];
    All[n - 1] = A[n - 1];
    for(i = n - 2; i >= 0; i--)          // 从数组末尾往前遍历，直到数组首
    {
        Start[i] = max(A[i], A[i] + Start[i + 1]);
        All[i] = max(Start[i], All[i + 1]);
    }
    return All[0];                        // 遍历完数组，All[0]中存放着结果
}
```

新方法的时间复杂度已经降到 $O(N)$ 了。

编程之美——微软技术面试心得

但一个新的问题出现了：我们又额外申请了两个数组 *All*[]、*Start*[]，能否在空间方面也节省一点呢？

观察这两个递推式：

```
Start[i] = max{A[i], Start[i+1] + A[i]}
All[i] = max{Start[i], All[i+1]}
```

第一个递推式：$Start[i] = \max\{A[i], Start[i+1] + A[i]\}$。如果 $Start[i+1] < 0$，则 $Start[i] = A[i]$。而且，在这两个递推式中，其实都只需要用两个变量就可以了。$Start[k+1]$ 只有在计算 $Start[k]$ 时使用，而 $All[k+1]$ 也只有在计算 $All[k]$ 时使用。所以程序可以进一步改进一下，只需 $O(1)$ 的空间就足够了。

代码清单 2-27

```
int max(int x, int y)
{
    return (x > y) ? x : y;                    // 用于比较 x 和 y 的大小，返回 x 和 y 中的较大者
}

int MaxSum(int* A, int n)
{
// 要做参数检查
    nStart = A[n - 1];
    nAll = A[n - 1];
    for(i = n-2; i >= 0; i--)
    {
        nStart = max(A[i], nStart + A[i]);
        nAll = max(nStart, nAll);
    }
    return nAll;
}
```

改进的算法不仅节省了空间，而且只有寥寥几行，却达到了很高的效率，是不是很美呢？

我们还可以换一个写法。

代码清单 2-28

```
int MaxSum(int* A, int n)
{
                                    // 要做输入参数检查
    nStart = A[n - 1];
    nAll = A[n - 1];
    for(i = n - 2; i >= 0; i--)
    {
        if(nStart < 0)
            nStart = 0;              // 数组全部是负数，如何？
        nStart += A[i];
```

```
        if(nStart > nAll)
            nAll = nStart;
    }
    return nAll;
}
```

扩展问题

1. 如果数组（$A[0]$，…，$A[n-1]$）首尾相邻，也就是我们允许找到一段数字（$A[i]$，…，$A[n-1]$，$A[0]$，…，$A[j]$），请使其和最大，怎么办？

   可以把问题的解分为两种情况。

   （1）解没有跨过 $A[n-1]$ 到 $A[0]$（原问题）。

   （2）解跨过 $A[n-1]$ 到 $A[0]$。

   对于第 2 种情况有两种可能：

   （2.1）包含整个数组（$A[0]$，…，$A[n-1]$）

   （2.2）包含两个部分：从 $A[0]$ 开始的一段（$A[0]$，…，$A[j]$）（$0<=j<n$），以及以 $A[n-1]$ 结尾的一段（$A[i]$，…，$A[n-1]$）（$j<i<n$）

   情形（2.2）相当于从数组中删除一块（$A[j+1]$，…，$A[i-1]$）。这一部分的和一定是负的，且是可能找到的子数组的和为负数且绝对值最大的（为什么？）。寻找这样一个子数组的问题跟情形（1）是一样的，可以用同样的方法解决。

   最后，再取两种情况的最大值就可以了，求解跨过 $A[n-1]$ 到 $A[0]$ 的情况只需要遍历数组一次，故总的时间复杂度为 $O(N)+O(N)=O(N)$。

2. 如果题目要求同时返回最大子数组的位置，算法应如何改变？还能保持 $O(N)$ 的时间复杂度吗？

2.15 ★★★
子数组之和的最大值（二维）

我们在前面分析了一维数组的子数组之和最大值的问题，那么如果是二维数组又该如何分析呢？如图 2-18 所示。

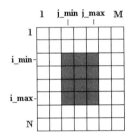

图 2-18 二维最大值示意图

分析与解法

最直接的方法，当然就是枚举每一个矩形区域，然后再求这个矩形区域中元素的和。

解法一

代码清单 2-29

```
int max(int x, int y)
{
    return (x > y) ? x : y;       // 用于比较 x 和 y 的大小，返回 x 和 y 中的较大者
}

// @parameters
// A，二维数组
// n，行数
// m，列数
int MaxSum(int* A, int n, int m)
{
    maximum = -INF;
    for(i_min = 1; i_min <= n; i_min++)
        for(i_max = i_min; i_max <= n; i_max++)
            for(j_min = 1; j_min <= m; j_min++)
                for(j_max = j_min; j_max <= m; j_max++)
                    maximum = max(maximum, Sum(A,i_min, i_max, j_min,
                        j_max));
    return maximum;
}
```

采用这种方法的时间复杂度为 $O(N^2 \times M^2 \times \text{Sum}$ 的时间复杂度）。上面 Sum 函数是以 (i_min, j_min)、(i_min, j_max)、(i_max, j_min)、(i_max, j_max) 为顶点的矩形区域（图 2-19 的灰色部分）中的元素之和。求矩形区域中的元素之和若仍采用最直接的遍历，时间复杂度就太大了。

考虑到区域的和需要频繁计算，或许我们可以做一些预处理，并把计算结果存下来，以达到"空间换时间"的目的。即通过"部分和"的 $O(N \times M)$ 预处理，可以在 $O(1)$ 时间内计算出任意一个区域中的元素和。

关于"部分和"，先看一维数组（$A[1]$, $\cdots$, $A[n]$），如果事先记录下 $PS[i]$：

$PS[0] = 0$，边界值

$PS[i] = PS[i-1] + A[i] = A[1] + \cdots + A[i]$（$0 < i <= n$）

那么，数组中任意一段（$A[i]$, $\cdots$, $A[j]$）的元素之和等于 $PS[j] - PS[i-1]$。

类似地，在二维情况下，定义"部分和"PS[i][j]等于以（1, 1）、（i, 1）、（1, j）、（i, j）为顶点的矩形区域的元素之和。

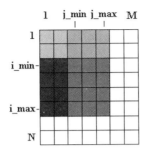

图 2-19   二维最大值示意图

通过图 2-19 也可以看出，以（i_min, j_min）、（i_min, j_max）、（i_max, j_min）、（i_max, j_max）为顶点的矩形区域的元素之和，等于 PS[i_max][j_max]-PS[i_min-1][j_max]-PS[i_max][j_min-1] + PS[i_min-1][j_min-1]。也就是在已知"部分和"的基础上可以用 O（1）时间算出任意矩形区域中的元素之和。

万事俱备，只欠"部分和"。怎么快速预处理以得到所有"部分和"呢？

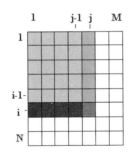

图 2-20   二维最大值示意图

观察图 2-20 不难看出，在更小"部分和"的基础上，也能以 O（1）时间得到新的"部分和"。图 2-20 中 PS[i][j] = PS[i-1][j] + PS[i][j-1]-PS[i-1][j-1] + B[i][j]，其中 B[i][j]为矩阵中第 i 行第 j 列的元素（下标从 1 开始）。因此，O（$N * M$）的时间就足够进行预处理并得到所有部分和：

```
for(i = 0; i <=n; i++)
    PS[i][0] = 0;          // 边界值
for(j = 0; j <= M; j++)
    PS[0][j] = 0;          // 边界值
for(i = 1; i <= n; i++)
    for(j = 1; j <= M; j++)
        PS[i][j] = PS[i - 1][j] + PS[i][j - 1] - PS[i - 1][j - 1] + B[i][j];
```

综上所述，我们得到了一个时间复杂度为 $O(N^2 \times M^2)$ 的解法。

解法二

是否还可以找到更快的方法呢？前面我们发现一维的解答可以线性完成。如果我们能把问题从二维转化为一维，或许可以再改进一下。

假设已经确定了矩形区域的上下边界，比如知道矩形区域的上下边界分别是第 a 行和第 c 行，现在要确定左右边界。

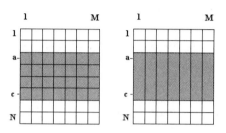

图 2-21　二维示意图

如图 2-21 所示，其实这个问题就是一维的，可以把每一列中第 a 行和第 c 行之间的元素看成一个整体。即求数组（$BC[1]$, $\cdots$, $BC[M]$）中和最大的一段，其中 $BC[i]=B[a][i]+\cdots+B[c][i]$。

这样，我们枚举矩形上下边界，然后再用一维情况下的方法确定左右边界，就可以得到二维问题的解。新方法的时间复杂度为 $O(N^2 \times M)$。

代码清单 2-30

```
// @parameters
// A, 二维数组
// n, 行数
// m, 列数
int MaxSum(int* A, int n, int m)
{
    maximum = -INF;
    for(a = 1; a <= n; a++)
        for(c = a; c <= n; c++)
        {
            Start = BC(a, c, m);
            All = BC(a, c, m);
            for(i = m-1; i >= 1; i--)
            {
                if(Start < 0)
                    Start = 0;
                Start += BC(a, c, i);
                if(Start > All)
```

```
                        All = Start;
                }
            if(All > maximum)
                maximum = All;
        }
    return maximum;
}
```

$BC(a, c, i)$，表示在第 a 行和第 c 行之间的第 i 列的所有元素的和，显然可以通过"部分和"在 $O(1)$ 时间内计算出来，它等于 $PS[c][i]-PS[a-1][i]-PS[c][i-1]+PS[a-1][i-1]$。

当然，也可以枚举左右边界，再用一维情况下的方法确定上下边界，它们本质上是一样的。至此，这个问题只需 $O(N \times M \times \min(N, M))$ 的时间就可以解决了。

扩展问题

1. 如果二维数组也是首尾相连，像一条首尾相连的带子，算法会如何改变？

2. 在上面的基础上，如果这个二维数组的上下也相连，就像一个游泳圈（如图 2-22 所示），算法应该怎样修改？

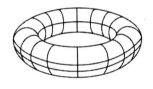

图 2-22

3. 在三维数组 $C[i][j][k]$（$1 <= i <= N, 1 <= j <= M, 1 <= k <= L$）中找出一块长方体，使得和最大。

4. 如果再将问题扩展到四维的情况又如何呢？请读者根据以上的分析，想出一个优化解法。

还有一个扩展问题……算了，下次吧。☺

2.16 ★★★ 求数组中最长递增子序列

写一个时间复杂度尽可能低的程序，求一个一维数组（N 个元素）中的最长递增子序列的长度。

例如：在序列 1, -1, 2,-3, 4, -5, 6, -7 中，其最长递增子序列的长度为 4（如 1, 2, 4, 6），如图 2-23 所示。

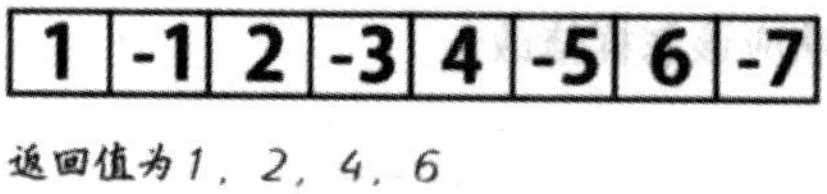

| 1 | -1 | 2 | -3 | 4 | -5 | 6 | -7 |

返回值为 1, 2, 4, 6

图 2-23　序列

分析与解法

根据题目的要求，求一维数组中的最长递增子序列，也就是找一个标号的序列 $b[0]$, $b[1]$, $\cdots$, $b[m]$（$0 \le b[0] < b[1] < \cdots < b[m] < N$），使得 $array[b[0]] < array[b[1]] < \cdots < array[b[m]]$。

解法一

根据无后效性的定义我们知道，将各阶段按照一定的次序排列好之后，对于某个给定的阶段状态来说，它以前各阶段的状态无法直接影响它未来的决策，而只能间接地通过当前状态来影响。换句话说，每个状态都是过去历史的一个完整总结。

同样地，仍以序列 1, −1, 2, −3, 4, −5, 6, −7 为例，我们在找到 4 之后，并不关心 4 之前的两个值具体是怎样的，因为它对找到 6 并没有直接影响。因此，这个问题满足无后效性，可以使用动态规划来解决。

可以通过数字的规律来分析目标串：1, −1, 2, −3, 4, −5, 6, −7。

使用 i 来表示当前遍历的位置：

当 $i = 1$ 时，显然，最长的递增序列为（1），序列长度为 1。

当 $i = 2$ 时，由于−1 < 1，因此，必须丢弃第一个值然后重新建立串。当前的递增序列为（−1），长度为 1。

当 $i = 3$ 时，由于 2 > 1，2 > −1，因此，最长的递增序列为（1, 2），（−1, 2），长度为 2。在这里，2 前面是 1 还是−1 对求出后面的递增序列没有直接影响。

依此类推后，可以得出如下的结论。

假设在目标数组 $array[]$ 的前 i 个元素中，最长递增子序列的长度为 $LIS[i]$，那么

$$LIS[i+1] = \max\{1, LIS[k] + 1\}, array[i+1] > array[k], \text{for any } k <= i$$

即如果 $array[i+1]$ 大于 $array[k]$，那么第 $i+1$ 个元素可以接在长度为 $LIS[k]$ 的子序列后面构成一个更长的子序列。与此同时 $array[i+1]$ 本身至少可以构成一个长度为 1 的子序列。

根据上面的分析，就可以得到代码清单 2-31。

代码清单 2-31：C#代码

```
int LIS(int[] array)
{
    int[] LIS = new int[array.Length];
    for(int i = 0; i < array.Length; i++)
    {
        LIS[i] = 1;                               // 初始化默认的长度
        for(int j = 0; j < i; j++)                // 前面最长的序列
        {
            if(array[i] > array[j] && LIS[j] + 1 > LIS[i])
            {
                LIS[i] = LIS[j] + 1;
            }
        }
    }
    return Max(LIS);                              // 取 LIS 的最大值
}
```

这种方法的时间复杂度为 $O(N^2 + N) = O(N^2)$。

解法二

显然，$O(N^2)$ 的算法只是一个比较基本的解法，我们需要想想看是否能够进一步提高效率。在前面的分析中，当考察第 $i+1$ 个元素的时候，我们是不考虑前面 i 个元素的分布情况的。现在我们从另一个角度分析，即当考察第 $i+1$ 个元素的时候考虑前面 i 个元素的情况。

对于前面 i 个元素的任何一个递增子序列，如果这个子序列的最大的元素比 $array[i+1]$ 小，那么就可以将 $array[i+1]$ 加在这个子序列后面，构成一个新的递增子序列。

比如当 $i=4$ 的时候，目标序列为 1, –1, 2,–3, 4, –5, 6, –7, 最长递增序列为（1, 2），（–1, 2），那么，只要 4 > 2，就可以把 4 直接增加到前面的子序列中形成一个新的递增子序列。

因此，我们希望找到前 i 个元素中的一个递增子序列，使得这个递增子序列的最大的元素比 $array[i+1]$ 小，且长度尽量地长。这样将 $array[i+1]$ 加在该递增子序列后，便可找到以 $array[i+1]$ 为最大元素的最长递增子序列。

仍然假设在数组的前 i 个元素中，以 $array[i]$ 为最大元素的最长递增子序列的长度为 $LIS[i]$。

同时，假设：

长度为 1 的递增子序列最大元素的最小值为 MaxV[1]；

长度为 2 的递增子序列最大元素的最小值为 MaxV[2]；

······

长度为 *LIS*[*i*]的递增子序列最大元素的最小值为 MaxV[*LIS*[*i*]]。

假如维护了这些值，那么，在算法中就可以利用相关的信息来减少判断的次数。

具体算法实现如代码清单 2-32 所示。

代码清单 2-32：C#代码

```csharp
int LIS(int[] array)
{
    // 记录数组中的递增序列信息
    int[] MaxV = new int[array.Length + 1];

    MaxV[1] = array[0];                 // 数组中的第一值，边界值
    MaxV[0] = Min(array) - 1;           // 数组中最小值，边界值
    int[] LIS = new int[array.Length];

    // 初始化最长递增序列的信息
    for(int i = 0; i < LIS.Length; i++)
    {
        LIS[i] = 1;
    }

    int nMaxLIS = 1;                    // 数组最长递增子序列的长度

    for(int i = 1; i < array.Length; i++)
    {
        // 遍历历史最长递增序列信息
        int j;
        for(j = nMaxLIS; j >= 0; j--)
        {
            if(array[i] > MaxV[j])
            {
                LIS[i] = j + 1;
                break;
            }
        }

        // 如果当前最长序列大于最长递增序列长度，更新最长信息
        if(LIS[i] > nMaxLIS)
        {
            nMaxLIS = LIS[i];
            MaxV[LIS[i]] = array[i];
        }
        else if (MaxV[j] < array[i] && array[i] < MaxV[j + 1])
        {
            MaxV[j + 1] = array[i];
        }
```

```
    }

    return nMaxLIS;
}
```

由于上述解法中的穷举遍历，时间复杂度仍然为 $O(N^2)$。

解法三

解法二的结果似乎仍然不能让人满意。我们是否把递增序列中间的关系全部挖掘出来了呢？再分析一下临时存储下来的最长递增序列信息。

在递增序列中，如果 $i<j$，那么就会有 MaxV[i] < MaxV[j]。如果出现 MaxV[j]<MaxV[i] 的情况，则跟定义矛盾，为什么？

因此，根据这样单调递增的关系，可以将上面方法中的穷举部分进行如下修改：

```
for(j = LIS[i-1]; j >= 1; j--)
{
    if(array[i] > MaxV[j])
    {
        LIS[i] = j + 1;
        break;
    }
}
```

如果把上述的查询部分利用二分搜索进行加速，那么就可以把时间复杂度降为 $O(N \times \log_2 N)$。

小结

从上面的分析中可以看出我们先提出一个最直接（或者说最简单）的解法，然后从这个最简单解法来看是否有提升的空间，进而一步一步地挖掘解法中的潜力，从而减少解法的时间复杂度。

在实际的面试中，这样的方法同样有效。因为面试者更加看中的是应聘者是否有解决问题的思路，不会因为最后没有达到最优算法而简单地给予否定。应聘者也可以先提出简单的办法，以此投石问路，看看面试者是否会有进一步的提示。

2.17 ★ 数组循环移位

设计一个算法，把一个含有 N 个元素的数组循环右移 K 位，要求时间复杂度为 $O(N)$，且只允许使用两个附加变量。

不合题意的解法如下。

我们先试验简单的办法，可以每次将数组中的元素右移一位，循环 K 次。$abcd1234 \rightarrow 4abcd123 \rightarrow 34abcd12 \rightarrow 234abcd1 \rightarrow 1234abcd$。伪代码如代码清单 2-33 所示。

代码清单 2-33

```
RightShift(int* arr, int N, int K)
{
    while(K--)
    {
        int t = arr[N - 1];
        for(int i = N - 1; i > 0; i --)
            arr[i] = arr[i - 1];
        arr[0] = t;
    }
}
```

虽然这个算法可以实现数组的循环右移，但是算法复杂度为 $O(K \times N)$，不符合题目的要求，要继续探索。

分析与解法

假如数组为 *abcd*1234，循环右移 4 位的话，我们希望到达的状态是 1234*abcd*。不妨设 *K* 是一个非负的整数，当 *K* 为负整数的时候，右移 *K* 位，相当于左移（−*K*）位。左移和右移在本质上是一样的。

解法一

大家开始可能会有这样的潜在假设，*K*<*N*。事实上，很多时候也的确是这样的。但严格来说，我们不能用这样的"惯性思维"来思考问题。尤其在编程的时候，全面地考虑问题是很重要的，*K* 可能是一个远大于 *N* 的整数，在这个时候，上面的解法是需要改进的。

仔细观察循环右移的特点，不难发现：每个元素右移 *N* 位后都会回到自己的位置上。因此，如果 *K* > *N*，右移 *K-N* 之后的数组序列跟右移 *K* 位的结果是一样的。进而可得出一条通用的规律：右移 *K* 位之后的情形，跟右移 *K′* = *K* % *N* 位之后的情形一样。如代码清单 2-34 所示。

代码清单 2-34

```
RightShift(int* arr, int N, int K)
{
    K %= N;
    while(K--)
    {
        int t = arr[N - 1];
        for(int i = N - 1; i > 0; i --)
            arr[i] = arr[i - 1];
        arr[0] = t;
    }
}
```

可见，在考虑了循环右移的特点之后，算法复杂度降为 $O(N^2)$，这跟 *K* 无关，与题目的要求又接近了一步。但时间复杂度还不够低，接下来让我们继续挖掘循环右移前后，数组之间的关联。

解法二

假设原数组序列为 *abcd*1234，要求变换成的数组序列为 1234*abcd*，即循环右移了 4 位。比较之后，不难看出，其中有两段的顺序是不变的：1234 和 *abcd*，可把这两段看成两个整体。右移 K 位的过程就是把数组的两部分交换一下。变换的过程通过以下步骤完成：

1. 逆序排列 *abcd*：*abcd*1234 → *dcba*1234；

2. 逆序排列 1234：*dcba*1234 → *dcba*4321；

3. 全部逆序：*dcba*4321 → 1234*abcd*。

伪代码可以参考代码清单 2-35。

代码清单 2-35

```
Reverse(int* arr, int b, int e)
{
    for(; b < e; b++, e--)
    {
        int temp = arr[e];
        arr[e] = arr[b];
        arr[b] = temp;
    }
}

RightShift(int* arr, int N, int k)
{
    K %= N;
    Reverse(arr, 0, N - K - 1);
    Reverse(arr, N - K, N - 1);
    Reverse(arr, 0, N - 1);
}
```

这样，我们就可以在线性时间内实现右移操作了。

2.18 ★★
数组分割

有一个无序、元素个数为 $2n$ 的正整数数组，要求：如何能把这个数组分割为元素个数为 n 的两个数组，并使两个子数组的和最接近？

例如有如下数组，如图 2-24 所示。

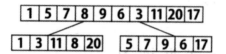

图 2-24　正整数数组

分析与解法

从题目中可以分析出，题目的本质就是要从 $2N$ 个整数中找出 N 个，使得它们的和尽可能地靠近所有整数之和的一半。

解法一

看到这个题目后，一个直观的想法是：

先将数组的所有元素排序为 $a_1 < a_2 < \cdots < a_{2N}$。

将它们划分为两个子数组 $S_1 = [a_1, a_3, a_5, \cdots, a_{2N-1}]$ 和 $S_2 = [a_2, a_4, a_6, \cdots, a_{2N}]$。

从 S_1 和 S_2 中找出一对数进行交换，使得 SUM（S_1）和 SUM（S_2）之间的差值尽可能地小，直到找不到可对换的。这种想法的缺陷是得到的 S_1 和 S_2 并不是最优的。

解法二

假设 $2N$ 个整数之和为 SUM。从 $2N$ 个整数中找出 N 个元素的和，有三种可能：大于 SUM/2、等于 SUM/2 和小于 SUM/2。而这两种情况没有本质的区别。因此，可以只考虑小于等于 SUM/2 的情况。

可以用动态规划来解决这个问题。具体分析如下。

可以把任务分成 $2N$ 步，第 k 步的定义是前 k 个元素中任意 i 个元素的和，所有可能的取值之集合为 S_k（只考虑取值小于等于 SUM/2 的情况）。

然后将第 k 步拆分成两个小步。即首先得到前 $k-1$ 个元素中，任意 i 个元素，总共能有多少种取值，设这个取值集合为 $S_{k-1} = \{v_i\}$。第二步就是令 $S_k = S_{k-1} \bigcup \{v_i + arr[k]\}$，即可完成第 k 步。

伪代码的实现如代码清单 2-36。

代码清单 2-36

```
定义：Heap[i]表示存储从 arr 中取 i 个数所能产生的和之集合的堆。
初始化：Heap[0]只有一个元素0。Heap[i]，i>0没有元素。
for(k = 1; k <= 2 * n; k++)
{
    i_max = min(k - 1, n - 1);
    for(i = i_max; i >= 0; i--)
    {
        for each v in Heap[i]
            insert(v + arr[k], Heap[i + 1]);
    }
}
```

这个代码实际执行 insert 次数至多是 2^{N-1} 次，因此，时间复杂度为 O（2^N）。

既然算法的时间复杂度是 N 的指数级，因此在 N 很大时，效率很低。我们不得不考虑设计一种时间复杂度是 N 的多项式函数的方法。考虑的出发点是，是否有另一种拆分第 k 步的方法。

解法三

解法二的拆分方法需要遍历 $S_{k-1} = \{v_i\}$ 的元素，由于 $S_{k-1} = \{v_i\}$ 的元素个数随着 k 的增大而增大，所以导致了解法二的效率低下。能不能设计一个算法使得第 k 步所花费的时间与 k 无关呢？

我们不妨倒过来想，原来是给定 $S_{k-1} = \{v_i\}$，求 S_k。那我们能不能给定 S_k 的可能值 v 和 arr[k]，去寻找 v-arr[k]是否在 $S_{k-1} = \{v_i\}$ 中呢？由于 S_k 可能值的集合大小与 k 无关，所以这样设计的动态规划算法其第 k 步的时间复杂度与 k 无关。

代码如代码清单 2-37 所示。

代码清单 2-37

```
定义：isOK[i][v]表示是否可以找到 i 个数,使得它们之和等于 v
初始化 isOK[0][0] = true;
    isOK[i][v] = false(i > 0, v > 0)

for(k = 1; k <= 2 * n; k++)
{
    for(i = min(k,n); (i >= 1; i--)
        for(v = 1; v <= Sum / 2; v++)
            if(v >= arr[k] && isOK[i - 1][v - arr[k]])
                isOK[i][v] = true;
}
```

利用上述算法，时间复杂度将为 $O（N^2 \times Sum）$。

讨论

虽然解法三对于 N 是多项式时间算法，但当 SUM 很大而 N 很小时，比如对于 $arr = \{10^9, 10^8, 10^8 + 1, 10^9 + 1\}$，这个解法是很不合适的，所以我们应该根据具体的问题选用合适的方法。

扩展问题

如果数组中有负数，怎么办？

2.19 ★★ 区间重合判断

给定一个源区间$[x, y]$（$y \geqslant x$）和N个无序的目标区间$[x_1, y_1][x_2, y_2][x_3, y_3] \cdots [x_n, y_n]$，判断源区间$[x, y]$是不是在目标区间内（也即$[x, y] \in \bigcup\limits_{i=1}^{n}[x_i, y_i]$是否成立）？

例如：给定源区间$[1, 6]$和一组无序的目标区间$[2, 3][1, 2][3, 9]$，即可认为区间$[1, 6]$在区间$[2, 3][1, 2][3, 9]$内（因为目标区间实际上是$[1, 9]$），如图2-25所示。

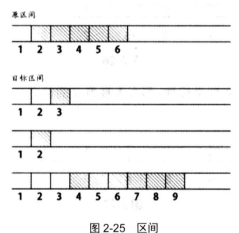

图2-25 区间

分析与解法

解法二

问题的本质在于对目标区间的处理。一个比较直接的思路即将源区间[x, y]（y≥x）和 N 个无序的目标区间[x₁, y₁][x₂, y₂][x₃, y₃]···[xₙ, yₙ]逐个投影到坐标轴上，只考察源区间未被覆盖的部分。如果所有的目标区间全部投影完毕，仍然有源区间没有被覆盖，那么源区间就不在目标区间之内。

仍以 [1, 6]和[2, 3][1, 2][3, 9]为例，考察[1, 6]是否在[2, 3][1, 2][3, 9]内：

源区间为[1, 6]，那么最初未被覆盖的部分为{[1, 6]}（如图 2-26 所示），将按顺序考察目标区间[2, 3][1, 2][3, 9]。

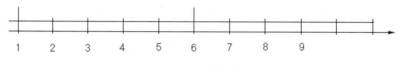

图 2-26　未被覆盖的区间 1

将目标区间[2, 3]投影到坐标轴，那么未被覆盖的部分{[1, 6]}将变为{[1, 2],[3, 6]}（如图 2-27 所示）。

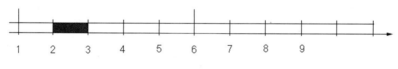

图 2-27　未被覆盖的区间 2

将目标区间[1, 2]投影到坐标轴，那么未被覆盖的部分{[1, 2], [3, 6]}将变为{[3, 6]} （如图 2-28 所示）。

图 2-28　未被覆盖的区间 3

将目标区间[3, 9]投影到坐标轴，那么未被覆盖的部分{[3, 6]}将变为{ø}，即可说明[1, 6]是在[2, 3][1, 2][3, 9]内（如图 2-29 所示）。

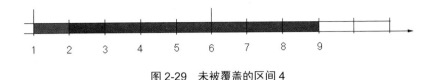

图 2-29 未被覆盖的区间 4

由以上步骤可看出，每次操作，尚未被覆盖的区间数组大小最多增加 1（当然可能会减少），而每投影一个新的目标区间，计算有哪些源区间数组被覆盖需要 O（$\log_2 N$）的时间复杂度，但是更新尚未被覆盖的区间数组需要 O（N）的时间复杂度，所以总的时间复杂度为 O（N^2）。

这个解法的时间复杂度高，而且如果要对 k 组源区间进行查询，那么时间复杂度会增大单次查询的 k 倍。有没有更好的解法，使得单次查询的时间复杂度降低，并且使 k 次查询的时间复杂度小于单次查询的时间复杂度的 $1/k$ 倍呢？

解法二

一种值得尝试并已经在本书中多次运用的思路是，对现有的数组进行一些预处理（如合并、排序等），将无序的目标区间合并成几个有序的区间，这样就可以进行区间的比较。

因此，问题就变成了如何将这些无序的数组转化为一个目标区间。

首先可以做一次数据初始化的工作。由于目标区间数组是无序的，因此可以对其进行合并操作，使其变得有序。

即先将目标区间数组按 X 轴坐标从小到大排序（排序时可采用快速排序等），如[2, 3] [1, 2] [3, 9] → [1, 2] [2, 3] [3,9]；接着扫描排序后的目标区间数组，将这些区间合并成若干个互不相交的区间，如[1, 2] [2, 3] [3, 9] → [1, 9]。

然后在数据初始化的基础上，运用二分查找（为什么？）来判定源区间[x, y]是否被合并后的这些互不相交的区间中的某一个包含。如[1, 6]被[1, 9]包含，则可说明[1, 6]在[2, 3] [1, 2][3, 9]内。

这种思路相对简单，时间复杂度计算如下：

排序的时间复杂度：O（$N \times \log_2 N$）（N 为目标区间的个数）；

合并的时间复杂度：O（N）；

单次查找的时间复杂度：$\log_2 N$；

所以总的时间复杂度为 $O(N \times \log_2 N) + O(N) + O(k \times \log_2 N) = O(N \times \log_2 N + k \times \log_2 N)$，$k$ 为查询的次数，合并目标区间数组的初始化数据操作只需要进行一次。

这样不仅单次查询的时间复杂度降低了，而且对于 $k \gg N$ 的情况，处理起来也会方便很多。

总结

解法一采用利用目标区间来分割源区间的方法，会增加存储空间；解法二采用合并的方法，既简单又节省了空间。

扩展问题

如何处理二维空间的覆盖问题？例如在 Windows 桌面上有若干窗口，如何判断某一窗口是否完全被其他窗口覆盖？

2.20 ★★ 程序理解和时间分析

很多同学自己会写程序，但是往往看不懂别人写的程序。在读程序时，都到电脑上去试验，或者用单步跟踪的办法来调试。如果程序运行的时间很长，那我们要等电脑运行几天几夜吗？用人脑行不行呢？在面试的时候，面试者也会考一考应聘者对程序的理解能力，如下题所示。

不用电脑的帮助，回答下面的问题（如代码清单 2-38 所示）。

代码清单 2-38：C#代码

```csharp
using System;
using System.Collections.Generic;
using System.Text;

namespace FindTheNumber
{
    class Program
    {
        static void Main(string[] args)
        {
            int [] rg =
            {2,3,4,5,6,7,8,9,10,11,12,13,14,15,16,17,
            18,19,20,21,22,23,24,25,26,27,28,29,30,31};

            for(Int64 i = 1; i < Int64.MaxValue; i++)
            {
                int hit = 0;
                int hit1 = -1;
                int hit2 = -1;
                for (int j = 0; (j < rg.Length) && (hit <= 2); j++)
                {
                    if((i % rg[j]) != 0)
                    {
                        hit++;
                        if(hit == 1)
                        {
                            hit1 = j;
                        }
                        else if (hit == 2)
                        {
                            hit2 = j;
                        }
                        else
```

```
                        break;

                    }
                }

                if((hit == 2) && (hit1 + 1 == hit2))
                {
                    Console.WriteLine("found {0}", i);
                }

            }
        }
    }
}
```

问题 1：这个程序要找的是符合什么条件的数？

问题 2：这样的数存在吗？符合这一条件的最小数是什么？

问题 3：在电脑上运行这一程序，你估计多长时间才能输出第一个结果？时间精确到分钟（电脑：单核 CPU 2.0GHz，内存和硬盘等资源充足）。

这道题目没有分析，也没有答案。读者得靠自己的能力来搞定。

2.21 ★★
只考加法的面试题

看了这么多题目，有人不禁会想，这些题目都太难了！有没有容易的？这里有一题，只用到加法，大家别嫌题目简单，不妨试试看。

我们知道：

1+2 = 3；

4+5 = 9；

2+3+4 = 9。

等式的左边都是两个或两个以上连续的自然数相加，那么是不是所有的整数都可以写成这样的形式呢？稍微考虑一下，我们发现，4、8 等数并不能写成这样的形式。

问题 1：写一个程序，对于一个 64 位正整数，输出它所有可能的连续自然数（两个以上）之和的算式[1]。

问题 2：大家在测试上面程序的过程中，肯定会注意到有一些数字不能表达为一系列连续的自然之和，例如 32 好像就找不到。那么，这样的数字有什么规律呢？能否证明你的结论？

问题 3：在 64 位正整数范围内，子序列数目最多的数是哪一个？这个问题要用程序蛮力搜索，恐怕要运行很长时间，能否用数学知识推导出来？◆◇◆

---

1 当然，在写这个程序的时候，可以用各种运算，不限于加法。

第 3 章

结构之法

——字符串及链表的探索

研究院每天下午三点钟有大量新鲜水果供应，这是大家每天盼望的时刻，部分同事还拍了一部叫"三点"的电影，限量发行。

这一章覆盖了常用的数据结构。对字符串、链表、队列和树等数据结构的处理几乎是每个程序中会涉及的问题。同学们在课堂上也学过，这些问题有什么好考的呢？

大家都知道二叉树的前序、中序和后序遍历算法，但是当给出了两个遍历输出的结果，要求还原二叉树的时候，就能考察出大家是否真正掌握了这些不同遍历算法的含义及使用它们的办法。

有些同学对于"指针"比较恐惧，笔者也听说某些大学里"C 语言"这门课不讲指针，于是学生和老师在上课的时候都轻松了一阵子，但是在找工作和实际工作中，就不轻松了："出来混，总是要还的"。事实上指针就是内存中的地址，没什么可怕的。

有不少同学学习了 Java、C#，这些现代的语言和运行环境（例如 Java VM、CLR）通常把实现的细节给掩盖了。你觉得很方便，例如：要排序，则 array.sort()，要新的实体，就 new()一个，不用担心什么时候需要释放，多好！但是不要忘了有句谚语：**The devil is in the details**。

在"操控 CPU 使用率"这个面试题目中，有一个应聘者的 C#代码从逻辑上看都没有任何问题，但是在运行中，CPU 的使用率就是不平滑，会突然产生巨大的抖动，然后回归正常。反复研究之后，发现问题原来出自——

```
TimeSpan ts= new TimeSpan();
```

这句语句没有错，但是他把这句语句放在了一个循环里面，这样在很短的时间内，程序就创建了大量的 TimeSpan 对象。程序员不管释放，但是 CLR 要管，所以 CLR 就要经常进行垃圾清理（GC）工作，导致 CPU 的使用率急剧上涨。这些 details（细节）处理不好，你的程序就会出现你不能理解的奇怪行为。

3.1 ★
字符串移位包含的问题

给定两个字符串 s_1 和 s_2，要求判定 s_2 是否能够被 s_1 做循环移位（rotate）得到的字符串包含。例如，给定 s_1 = AABCD 和 s_2 = CDAA，返回 true；给定 s_1 = ABCD 和 s_2 = ACBD，返回 false。

分析与解法

解法一

从题目中可以看出，我们可以使用最直接的方法对 s_1 进行循环移位，再进行字符串包含的判断，从而遍历其所有的可能性。

因此，可以用如代码清单 3-1 的代码实现。

代码清单 3-1

```
char src[ ] = "AABBCD";
char des[ ] = "CDAA";

int len = strlen(src);
for(int i = 0; i < len; i++)
{
    char tempchar = src[0];
    for(int j = 0; j < len - 1; j++)
        src[j] = src[j + 1];
    src[len - 1] = tempchar;
    if(strstr(src, des) == 0)
    {
        return (true);
    }
}
return false;
```

如上，穷举 s_1（如 ABCD）做循环移位（rotate）所能得到的所有字符串，看其结果是否与 s_2 相等。若字符串的长度 N 较大，显然效率很低。

解法二

我们也可以对循环移位之后的结果进行分析。

以 s_1=ABCD 为例，先分析对 s_1 进行循环移位之后的结果，如下所示。

ABCD →BCDA →CDAB →DABC →ABCD···

假设我们把前面移走的数据进行保留，会发现有如下的规律。

ABCD →ABCDA →ABCDAB →ABCDABC →ABCDABCD

因此，可以看出对 s_1 做循环移位（rotate）所得到的字符串都将是字符串 s_1s_1 的子字符串。如果 s_2 可以由 s_1 循环移位（rotate）得到，那么 s_2 一定在 s_1s_1 上。至此我们将问题转换成考察 s_2 是否在 s_1s_1 上，可通过调用一次 strstr[1] 函数得到结果。

例如若 CDAB 在 ABCDABCD 上，那么 CDAB 也可通过 ABCD 做循环移位得到（ABCD 循环左移或循环右移两位）。

总结

第二种方法利用了"提高空间复杂度来换取时间复杂度的降低"的思路，适用于对时间复杂度要求高的场合。

我们能否更进一步，不需要申请过多新的空间，而同样解决这一问题？

---

1 strstr 函数说明：
　　原型：extern char *strstr（char *haystack, char *needle）;
　　用法：#include <string.h>
　　功能：从字符串 haystack 中寻找 needle 第一次出现的位置（不比较结束符 NULL）。
　　说明：返回指向第一次出现 needle 位置的指针，如果没找到则返回 NULL。

3.2 ★★★ 电话号码对应英语单词

电话的号码盘一般可以用于输入字母。如用 2 可以输入 A、B、C，用 3 可以输入 D、E、F 等，如图 3-1 所示。

图 3-1　手机按键示意图

对于号码 5869872，可以依次输出其代表的所有字母组合。如：JTMWTPA、JTMWTPB……

1. 您是否可以根据这样的对应关系设计一个程序，尽可能快地从这些字母组合中找到一个有意义的单词来表述一个电话号码呢？如：可以用单词"computer"来描述号码 26678837。

2. 对于一个电话号码，是否可以用一个单词来代表呢？怎样才是最快的方法呢？显然，肯定不是所有的电话号码都能够对应到单词上去。但是根据问题 1 的解答，思路相对比较清晰。

分析与解法

对于题目 1，不妨掏出手机或寻找身边的电话来进行研究，相信我们很快就能够找出规律。可以发现除了 0、1 之外，其他数字上最少都有 3 个字符，其中 7、9 上有 4 个字符，我们假设 0、1 输出的是空字符。

首先将问题简单化。若电话号码只有一位数，比如说 4，那么其代表的"单词"为 G、H、I，据此可以画出一棵排列树，如图 3-2 所示。

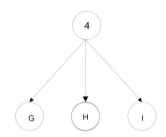

图 3-2 排列树示意图

接着若电话号码升级到两位数（比如 42），又将如何呢？分两步走，从左到右，在选择一个第一位数字所代表的字符的基础上，遍历第二位数字所代表的字符，直到遍历完第一位数字代表的所有字符。就拿 42 来说，4 所能代表的字符为（G, H, I），2 所能代表的字符为（A, B, C），首先让 4 代表 G，接着遍历 2 所能代表的所有字符，即可得到 GA、GB、GC；然后再让 4 代表 H，再次遍历 2 所能代表的所有字符，可得到 HA、HB、HC；最后让 4 代表 I，那么同理可得到 IA、IB、IC。

同样，可以在 4 所表示的排列树的基础上，进一步画出 42 所表示的排列树，如图 3-3 所示。

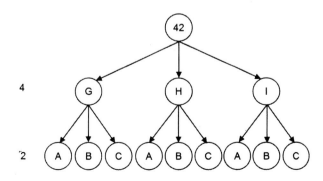

图 3-3 多个数字的排列树示意图

聪明的读者可能已经发现，通过遍历这棵排列树所有叶子节点而得到的所有路径的集合，即为 42 所能代表的所有"单词"的集合。

那么现在无论电话号码的位数如何升级，相信大家都能够构造出相应的排列树，从而可以简单地通过遍历所有的叶子节点，得到其所代表的"单词"集合。

通过分析，下面要做的就是如何遍历得到一个电话号码所能代表的"单词"集合。

问题 1 的解法一： 直接循环法

将各个数字所能代表的字符存储在一个二维数组中，其中假设 0、1 所代表的字符为空字符（如代码清单 3-2 所示）。

代码清单 3-2

```
char c[10][10] =
{
    "",                 //0
    "",                 //1
    "ABC",              //2
    "DEF",              //3
    "GHI",              //4
    "JKL",              //5
    "MNO",              //6
    "PQRS",             //7
    "TUV",              //8
    "WXYZ",             //9
};
```

将各个数字所能代表的字符总数记录于另一个数组中：

```
int total[10]={0, 0, 3, 3, 3, 3, 3, 4, 3, 4};
```

用一个数组存储电话号码：

```
int number[TelLength]; //TelLength 为电话号码的位数
```

将数字目前所代表的字符在其所能代表的字符集中的位置用一个数组储存起来：

```
int answer[TelLength]; //TelLength 为电话号码的位数, 初始化时 answer[i] = 0.
```

举个例子，若 Number[0]=4，即电话号码的第一位为 4，若 answer[0]=2，即 4 目前所代表的字符为

```
c[number[0]][answer[0]] = c[4][2] = 'I'
```

假设电话号码只有 3 位，那么可能会有人很快写出 3 个 for 循环来（如代码清单 3-3 所示）。

代码清单 3-3

```
for(answer[0] = 0; answer[0] < total[number[0]]; answer[0]++)
    for(answer[1] = 0; answer[1] < total[number[1]]; answer[1]++)
        for(answer[2] = 0; answer[2] < total[number[2]]; answer[2]++)
        {
            for(int i = 0; i < 3; i++)
                printf("%c",c[Number[i]][answer[i]]);
            printf("\n");
        }
```

的确，针对 3 位的电话号码，此 3 个 for 循环可以很好地解决问题（n 位的电话号码，则需要 n 个 for 循环），但是不同地区的电话号码位数不同，而且若是电话号码位数升级了呢？我们就需要修改源代码去增加若干个 for 循环，这是一件很痛苦的事情，而且也实在体现不出编程之"美"来，其实对程序进行简单修改，即可解决这样的扩展性问题（如代码清单 3-4 所示）。

代码清单 3-4

```
while(true)
{
    //TelLength 为电话号码的长度
    for(i = 0; i < TelLength; i++)
        printf("%c", c[number[i]][answer[i]]);
    printf("\n");
    int k = n - 1;
    while(k >= 0)
    {
        if(answer[k] < total[number[k]] - 1)
        {
            answer[k]++;
            break;
        }
        else
        {
            answer[k] = 0; k--;
        }
    }
    if(k < 0)
        break;
}
```

问题 1 的解法二：递归的方法

循环的方法固然简单，如果要求使用递归，又该如何解决呢？其实可以从循环算法中那些被我们批判的 n 个 for 循环方法中得到提示，每层的 for 循环，其实可以看成一个递归函数的调用（如代码清单 3-5 所示）。

代码清单 3-5

```c
void RecursiveSearch(int* number, int* answer, int index, int n)
{
    if(index == n)
    {
        for(int i = 0; i < m; i++)
            printf("%c", c[number[i]][answer[i]]);
        printf("\n");
        return;
    }
    for(answer[index] = 0;
        answer[index] < total[number[index]];
        answer[index]++)
    {
        RecursiveSearch(number, answer, index + 1, n);
    }
}
```

其中 number[]和 answer[]的含义同上，number[]用于存放电话号码，answer[]则用于存放对应数字目前所代表的字符在其所能代表的字符集中的位置，index 则说明对电话号码的第几位进行循环，n 为电话号码的位数。这样，递归的初始调用为 RecursiveSearch（number, answer, 0, n）。

问题 2 的解法一

利用问题 1 的算法，把该电话号码所对应的字符全部计算出来，然后去匹配字典，判断是否有答案。

问题 2 的解法二

如果查询的次数较多，可直接把字典里面的所有单词都按照这种转换规则转换为数字，并存到文件中，使之成为另一本数字字典。然后，通过对这个电话号码查表的方式来得到结果。事实上这已经有相应的 Web 应用出现了，网站服务器中存放着经过转换的数字字典，客户端通过浏览器就可以很方便快捷地进行查询。但若查询的次数较少，比如只在 Client 查一两次，那么翻译整本数字字典就不值得了。

3.3 ★★ 计算字符串的相似度

许多程序会大量使用字符串。对于不同的字符串，我们希望能够有办法判断其相似程度。我们定义了一套操作方法来把两个不相同的字符串变得相同，具体的操作方法为：

1. 修改一个字符（如把 "*a*" 替换为 "*b*"）；
2. 增加一个字符（如把 "*abdd*" 变为 "*aebdd*"）；
3. 删除一个字符（如把 "*travelling*" 变为 "*traveling*"）。

比如，对于 "*abcdefg*" 和 "*abcdef*" 两个字符串来说，我们认为可以通过增加/减少一个 "*g*" 的方式来达到目的。上面的两种方案，都仅需要一次操作。把这个操作所需要的次数定义为两个字符串的距离，而相似度等于"距离+1"的倒数。也就是说，"*abcdefg*" 和 "*abcdef*" 的距离为 1，相似度为 1 / 2 = 0.5。

给定任意两个字符串，你是否能写出一个算法来计算出它们的相似度呢？

分析与解法

不难看出，两个字符串的距离肯定不超过它们的长度之和（我们可以通过删除操作把两个串都转化为空串）。虽然这个结论对结果没有帮助，但至少可以知道，任意两个字符串的距离都是有限的。

考虑如何才能把这个问题转化成规模较小的同样的问题。如果有两个串 $A=xabcdae$ 和 $B=xfdfa$，它们的第一个字符是相同的，只要计算 $A[2, \cdots, 7] = abcdae$ 和 $B[2, \cdots, 5] = fdfa$ 的距离就可以了。但是如果两个串的第一个字符不相同，那么可以进行如下的操作（$\text{len}A$ 和 $\text{len}B$ 分别是 A 串和 B 串的长度）。

1. 删除 A 串的第一个字符，然后计算 $A[2, \cdots, \text{len}A]$ 和 $B[1, \cdots, \text{len}B]$ 的距离。

2. 删除 B 串的第一个字符，然后计算 $A[1, \cdots, \text{len}A]$ 和 $B[2, \cdots, \text{len}B]$ 的距离。

3. 修改 A 串的第一个字符为 B 串的第一个字符，然后计算 $A[2, \cdots, \text{len}A]$ 和 $B[2, \cdots, \text{len}B]$ 的距离。

4. 修改 B 串的第一个字符为 A 串的第一个字符，然后计算 $A[2, \cdots, \text{len}A]$ 和 $B[2, \cdots, \text{len}B]$ 的距离。

5. 增加 B 串的第一个字符到 A 串的第一个字符之前，然后计算 $A[1, \cdots, \text{len}A]$ 和 $B[2, \cdots, \text{len}B]$ 的距离。

6. 增加 A 串的第一个字符到 B 串的第一个字符之前，然后计算 $A[2, \cdots, \text{len}A]$ 和 $B[1, \cdots, \text{len}B]$ 的距离。

在这个题目中，我们并不在乎两个字符串变得相等之后的字符串是怎样的。所以，可以将上面 6 个操作合并为

1. 一步操作之后，再将 $A[2, \cdots, \text{len}A]$ 和 $B[1, \cdots, \text{len}B]$ 变成相同字符串。

2. 一步操作之后，再将 $A[1, \cdots, \text{len}A]$ 和 $B[2, \cdots, \text{len}B]$ 变成相同字符串。

3. 一步操作之后，再将 $A[2, \cdots, \text{len}A]$ 和 $B[2, \cdots, \text{len}B]$ 变成相同字符串。

这样，很快就可以完成一个递归程序（如代码清单 3-6 所示）。

代码清单 3-6

```
Int CalculateStringDistance(string strA, int pABegin, int pAEnd,
  string strB, int pBBegin, int pBEnd)
{
    if(pABegin > pAEnd)
    {
        if(pBBegin > pBEnd)
            return 0;
        else
```

```
            return pBEnd - pBBegin + 1;
    }

    if(pBBegin > pBEnd)
    {
        if(pABegin > pAEnd)
            return 0;
        else
            return pAEnd - pABegin + 1;
    }

    if(strA[pABegin] == strB[pBBegin])
    {
        return CalculateStringDistance(strA, pABegin + 1, pAEnd,
          strB, pBBegin + 1, pBEnd);
    }
    else
    {
        int t1 = CalculateStringDistance(strA, pABegin, pAEnd, strB,
          pBBegin + 1, pBEnd);
        int t2 = CalculateStringDistance(strA, pABegin + 1, pAEnd, strB,
          pBBegin, pBEnd);
        int t3 = CalculateStringDistance(strA, pABegin + 1, pAEnd, strB,
          pBBegin + 1, pBEnd);
        return minValue(t1,t2,t3) + 1;
    }
}
```

上面的递归程序，有什么地方需要改进呢？在递归的过程中，有些数据被重复计算了。比如，如果开始我们调用 CalculateStringDistance(strA, 1, 2, strB, 1, 2)，图 3-4 是部分展开的递归调用。

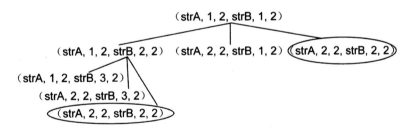

图 3-4　部分展开的递归调用

可以看到，圈中的两个子问题被重复计算了。为了避免这种不必要的重复计算，可以把子问题计算后的解存储起来。如何修改递归程序呢？这个问题就留给读者自己完成吧！

3.4 ★ 从无头单链表中删除节点

假设有一个没有头指针的单链表。一个指针指向此单链表中间的一个节点（不是第一个，也不是最后一个节点），请将该节点从单链表中删除。

例如有如下链表，如图 3-5 所示。

删除此节点

图 3-5　链表

分析与解法

假设给定的指针为 pCurrent，Node* pNext = pCurrent →Next（pNext 指向 pCurrent 所指节点的下一个节点）。

根据题意，pCurrent 指向链表的某一个节点（除了最后一个节点），即 pCurrent 指向中间节点，那么此时 pCurrent →Next ≠ NULL。

若 pCurrent 指向链表中间节点的某个节点 B，如图 3-6 所示，则需要删掉 B，使得 A 和 C 相连，如图 3-7 所示。删掉 B 容易，但是单链表节点并没有头指针，因此无法追朔到 A，也就无法将 A 和 C 相连。

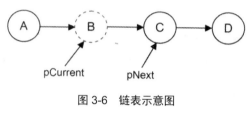

图 3-6　链表示意图

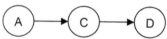

图 3-7　删除之后链表示意图

重新考察所拥有的条件——尾指针，我们由 pCurrent 指向 B，pNext（pCurrent →Next）指向 C，同理 pNext→Next（pCurrent →Next →Next）指向 D，不过不能简单地删除 B，因为那样会使得链表被分割。但是我们可以删除 C，并通过 pCurrent →Next = pCurrent →Next →Next 重新使链表连接，其中唯一丢失的是 C 中的 data 项。那么就让我们来上演一出算法版的"狸猫换太子"，将 C 中的数据取代 B 中的数据项，让 B 摇身一变成为 C，然后将真正指向 C 的指针删除，这样我们就达到了目的，代码如下：

```
pCurrent -> Next = pNext -> Next;
pCurrent -> Data = pNext -> Data;
delete pNext;
```

完整代码如代码清单 3-7 所示。

代码清单 3-7

```
void DeleteRandomNode(node* pCurrent)
{
    Assert(pCurrent != NULL);
    node* pNext = pCurrent -> next;
    if(pNext != NULL)
```

```
    {
        pCurrent -> next = pNext -> next;
        pCurrent -> data = pNext -> data;
        delete pNext;
    }
}
```

扩展问题

编写一个函数，给定一个链表的头指针，要求只遍历一次，将单链表中的元素顺序反转
过来。

总结

很多对 C 语言不熟悉的同学比较害怕指针的题目，其实指针不过是内存中的地址而已。
当处理这类题目时，先画出清晰的图表会很有帮助。

3.5 ★★
最短摘要的生成

互联网搜索已经成为了大家工作和生活的一部分。在输入一些关键词之后，搜索引擎会返回许多结果，每个结果都包含一段概括网页内容的摘要。 例如，在 www.live.com 中搜索"微软亚洲研究院 使命"，第一个结果是微软亚洲研究院的首页，如图 3-8 所示。

在搜索结果中，标题和 URL 之间的内容就是我们所说的摘要。

图 3-8 搜索引擎中的最短摘要

这些最短摘要是怎样生成的呢？可以对问题进行如下的简化。

假设给定的已经是经过网页分词之后的结果，词语序列数组为 W。其中 $W[0], W[1], \cdots, W[N]$ 为一些已经分好的词语。

假设用户输入的搜索关键词为数组 Q。其中 $Q[0], Q[1], \cdots, Q[m]$ 为所有输入的搜索关键词。

这样，生成的最短摘要实际上就是一串相互联系的分词序列。比如从 $W[i]$ 到 $W[j]$，其中，$0<i<j<=N$。例如图 3-8 中，"微软亚洲研究院成立于 1998 年，我们的使命"包含了所有的关键字——"微软亚洲研究院 使命"。

那么，我们该怎么做呢？

分析与解法

解法一

在分析问题之前，先通过一个实际的例子来探讨。比如在微软亚洲研究院的主页上，有这么一段话：

"微软亚洲研究院成立于 1998 年，我们的使命是使未来的计算机能够看、听、学，能用自然语言与人类进行交流。在此基础上，微软亚洲研究院还将促进计算机在亚太地区的普及，改善亚太用户的计算体验。"

那么，我们可以猜想一下可能的分词结果就是：

"微软/亚洲/研究院/成立/于/1998/年/，/我们/的/使命/是/使/未来/的/计算机/能够/看/、/听/、/学/，/能/用/自然语言/与/人类/进行/交流/。/在/此/基础/上/，/微软/亚洲/研究院/还/将/促进/计算机/在/亚太/地区/的/普及/，/改善/亚太/用户/的/计算/体验/。/"

这也就是我们期望的 W 数组序列。

那么，我们可以看看这样的一个序列：

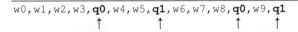

看了如上的序列之后，相信大家一定找到一些解题思路了吧。

1. 从 W 数组的第一个位置开始查找出一段包含所有关键词数组 Q 的序列。计算当前的最短长度，并更新 Seq 数组。

2. 对目标数组 W 进行遍历，从第二个位置开始，重新查找包含所有关键词数组 Q 的序列，同样计算出其最短长度，以及更新包含所有关键词的序列 Seq，然后求出最短距离。

3. 依次操作下去，一直到遍历至目标数组 W 的最后一个位置为止。

那么，这个算法的时间复杂度如何呢？

要遍历所有其他的关键词（M），对于每个关键词，要遍历整个网页的词（N），而每个关键词在整个网页中的每一次出现，要遍历所有的 Seq，以更新这个关键词与所有其他关键词的最小距离。

所以算法复杂度为：$O(N^2 \times M)$。

解法二

前面的时间复杂度这么高，我们是否有办法降低呢？

相信你一定注意到了，进行查找的时候，总是重复地循环，效率不高。那么怎么简化呢？还是来看看这些序列：

w0,w1,w2,w3,**q0**,w4,w5,**q1**,w6,w7,w8,**q0**,w9,**q1**

问题在于，如何一次把所有的关键词都扫描到，并且不遗漏。扫描肯定是无法避免的，但是如何把两次扫描的结果联系起来呢？这是一个值得考虑的问题。

沿用前面的扫描方法，再来看看。

第一次扫描的时候，假设需要包含所有的关键词，将得到如下的结果。

w0,w1,w2,w3,**q0**,w4,w5,**q1**,w6,w7,w8,**q0**,w9,**q1**

那么，下次扫描应该怎么办呢？显然，我们可以把第一个被扫描的位置挪到 q0 处。

w0,w1,w2,w3,**q0**,w4,w5,**q1**,w6,w7,w8,**q0**,w9,**q1**

如果把第一个被扫描的位置继续往后面移动一格，这样包含的序列中将减少了关键词 q0。那么，如果我们把第二个扫描位置往后移，这样就可以找到下一个包含所有关键词的序列。如下。

w0,w1,w2,w3,**q0**,w4,w5,**q1**,w6,w7,w8,**q0**,w9,**q1**

这样，问题就和第一次扫描时碰到的情况一样了。依次扫描下去，在 w 中找出所有包含 q 的序列，并且找出其中的最小值，就可得到最终的结果。

示例代码如清单 3-8 所示。

代码清单 3-8

```
int nTargetLen = N + 1;          // 设置目标长度为总长度+1
int pBegin = 0;                  // 初始指针
int pEnd = 0;                    // 结束指针
int nLen = N;                    // 目标数组的长度为 N
int nAbstractBegin = 0;          // 目标摘要的起始地址
int nAbstractBegin = 0;          // 目标摘要的结束地址

while(true)
{
    // 假设包含所有的关键词，并且后面的指针没有越界，往后移动指针
```

```
while(!isAllExisted() && pEnd < nLen)
{
    pEnd++;
}

// 假设找到一段包含所有关键词信息的字符串
while(isAllExisted())
{
    if(pEnd - pBegin < nTargetLen)
    {
        nTargetLen = pEnd - pBegin;
        nAbstractBegin = pBegin;
        nAbstractEnd = pEnd - 1;
    }
    pBegin++;
}
if(pEnd >= N)
    Break;
}
```

小结

在上面的分析中，我们首先简化和抽象了问题，使之变成了一个容易理解的字符串匹配的问题。然后，在最简单的算法的基础之上，找出可能的简化方案，进而降低算法的复杂度。

在实际的面试中，面试者并没有期望应聘者第一次就能够给出最佳解决方案。如果应聘者能够不断地深入分析问题，逐步找出更加可行的方案，将能够获得面试者的认可。

扩展问题

当搜索一个词语后，有许多的相似页面出现，如何判断两个页面相似，从而在搜索结果中隐去这类结果？

3.6 ★★ 编程判断两个链表是否相交

给出两个单向链表的头指针（如图 3-9 所示），比如 h_1、h_2，判断这两个链表是否相交。这里为了简化问题，我们假设两个链表均不带环。

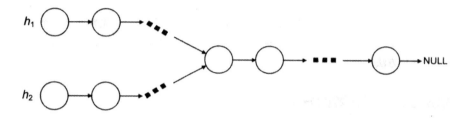

图 3-9　链表相交示意图

分析与解法

这样的一个问题，也许我们平时很少考虑。但在一个大的系统中，如果出现两个链表相交的情况，一旦程序释放了其中一个链表的所有节点，那样就会造成信息的丢失，并且另一个与之相交的链表也会受到影响，这是我们不希望看到的。在特殊的情况下，的确需要出现相交的两个链表，我们希望在释放一个链表之前知道是否有其他链表跟当前这个链表相交。

解法一：直观的想法

看到这个问题，我们的第一个想法估计都是，"不管三七二十一"，先判断第一个链表的每个节点是否在第二个链表中。这种方法的时间复杂度为 $O(\text{Length}(h_1) \times \text{Length}(h_2))$。可见，这种方法很耗时间。

解法二：利用计数的方法

很容易想到，如果两个链表相交，那么这两个链表就会有共同的节点。而节点地址又是节点的唯一标识。所以，如果我们能够判断两个链表中是否存在地址一致的节点，就可以知道这两个链表是否相交。一个简单的做法是对第一个链表的节点地址进行 hash 排序，建立 hash 表，然后针对第二个链表的每个节点的地址查询 hash 表，如果它在 hash 表中出现，那么说明第二个链表和第一个链表有共同的节点。这个方法的时间复杂度为 $O(\max(\text{Length}(h_1) + \text{Length}(h_2)))$。但是它同时需要附加 $O(\text{Length}(h_1))$ 的存储空间，以存储哈希表。虽然这样做减少了时间复杂度，但是是以增加存储空间为代价的。是否还有更好的方法呢，既能够以线性时间复杂度解决问题，又能减少存储空间？

解法三：转化为另一已知的问题

由于两个链表都没有环，我们可以把第二个链表接在第一个链表后面，如果得到的链表有环，则说明这两个链表相交。否则，这两个链表不相交（如图 3-10 所示）。这样我们就把问题转化为判断一个链表是否有环。

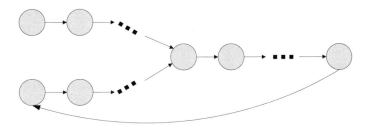

图 3-10　链表有环的情况

判断一个链表是否有环，也不是一个简单的问题，但是需要注意的是，在这里如果有环，则第二个链表的表头一定在环上，我们只需要从第二个链表开始遍历，看是否会回到起始点就可以判断出来。最后，当然可别忘了恢复原来的状态，去掉从第一个链表到第二个链表表头的指向。

这个方法总的时间复杂度也是线性的，但只需要常数的空间。

解法四：抓住要点

仔细观察题目中的图示，如果两个没有环的链表相交于某一节点，那么在这个节点之后的所有节点都是两个链表所共有的。那么我们能否利用这个特点简化我们的解法呢？困难在于我们并不知道哪个节点必定是两个链表共有的节点（如果它们相交）。进一步考虑"如果两个没有环的链表相交于某一节点，那么在这个节点之后的所有节点都是两个链表共有的"这个特点，我们可以知道，如果它们相交，则最后一个节点一定是共有的。而我们很容易能得到链表的最后一个节点，所以这成了我们简化解法的一个主要突破口。

先遍历第一个链表，记住最后一个节点。然后遍历第二个链表，到最后一个节点时和第一个链表的最后一个节点做比较，如果相同，则相交，否则，不相交。这样我们就得到了一个时间复杂度，它为 $O((Length(h_1) + Length(h_2)))$，而且只用了一个额外的指针来存储最后一个节点。这个方法比解法三更胜一筹。

扩展问题

1. 如果链表可能有环呢?上面的方法需要怎么调整？

2. 如果我们需要求出两个链表相交的第一个节点呢？

3.7 ★★ 队列中取最大值操作问题

假设有这样一个拥有 3 个操作的队列：

1. EnQueue(v)：将 v 加入队列中；
2. DeQueue：使队列中的队首元素删除并返回此元素；
3. MaxElement：返回队列中的最大元素。

请设计一种数据结构和算法，让 MaxElement 操作的时间复杂度尽可能地低。

队列是遵守"先入先出"原则的一种复杂数据结构。其底层的数据结构不一定要用数组来实现，还可以使用其他特殊的数据结构来实现，以达到降低 MaxElement 操作复杂度的目的。

分析与解法

解法一

这个问题的关键在于取最大值的操作，并且得考虑当队列里面的元素动态增加和减少的时候，如何能够非常快速地把最大值取出。

显然，最直接的思路就是按传统方式来实现队列：利用一个数组或链表来存储队列的元素，利用两个指针分别指向队列的队首和队尾。如果采用这种方法，那么 MaxElement 操作需要遍历队列的所有元素。在队列的长度为 N 的条件下，时间复杂度为 $O(N)$。[1]

解法二

根据取最大值的要求，可以考虑用最大堆来维护队列中的元素。堆中每个元素都有指针指向它的后续元素。这样，堆就可以很快实现返回最大元素的操作。同时，我们也能保证队列的正常插入和删除。MaxElement 操作其实就是维护一个最大堆，其时间复杂度为 $O(1)$。而入队和出队操作的时间复杂度为 $O(\log_2 N)$。

图 3-11 为这种解法的示意图。其中实线为普通最大堆的示意图，从中可以看出子节点都比父节点的值小。而箭头表示指针，节点用以描述插入队列的先后顺序。

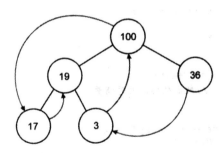

图 3-11　最大堆示意图

解法三

还能做得更好些吗？让我们再回忆一下解法二。其实，抽象地说，解法二之所以求最大值操作的速度比解法一快，是因为它利用一个指针集合保持了队列中元素的相对大小关系。所以返回最大值只需要 $O(1)$ 的时间复杂度，而在元素入队或出队时，更新这个指针集合都需要 $O(\log_2 N)$ 的时间复杂度。所以一种思路是我们去寻找一种新的保存队列中元素相对大小关系的指针集合，并且使得更新这个指针集合的时间复杂度更低。

让我们带着这个目标，考虑用其他的底层数据结构来实现"先入先出"的功能。由于栈是一个和队列极其相似的数据结构，我们不妨先看看栈。

对于栈来讲，Push 和 Pop 操作都是在栈顶完成的，所以很容易维护栈中的最大值，它的时间复杂度为 $O(1)$。其基本实现如代码清单 3-9 所示。

代码清单 3-9

```
class stack
{
public:

    stack()
    {
        stackTop = -1;
        maxStackItemIndex = -1;
    }
    void Push(Type x)
    {
        stackTop++;
        if(stackTop >= MAXN)
            ;           //超出栈的最大存储量
        Else
        {
            stackItem[stackTop] = x;
            if(x > Max())
            {
                link2NextMaxItem[stackTop] = maxStackItemIndex;
                maxStackItemIndex = stackTop;
            }
            else
                link2NextMaxItem[stackTop] = -1;
        }
    }

    Type Pop()
    {
        Type ret;
        if(stackTop < 0)
```

```
            ThrowException();    //已经没有元素了，所以不能 pop
        else
        {
            ret = stackItem[stackTop];
            if(stackTop == maxStackItemIndex)
            {
                maxStackItemIndex = link2NextMaxItem[stackTop];
            }
            stackTop--;
        }
        return ret;
    }

    Type Max()
    {
        if(maxStackItemIndex >= 0)
            return stackItem[maxStackItemIndex];
        else
            return -INF;
    }
private:

    Type stackItem[MAXN];
    int stackTop;
    int link2NextMaxItem[MAXN];
    int maxStackItemIndex;
}
```

这里，维护一个最大值的序列（link2NextMaxItem）来保证 Max 操作的时间复杂度
为 $O(1)$，相当于用空间复杂度换取了时间复杂度。

如果能够用栈有效地实现队列，而栈的 Max 操作又很容易实现，那么队列的 Max 操作
也就能有效地完成了。那如何使用栈实现队列，基本操作的时间复杂度又是多少呢？

考虑使用两个栈来实现一个队列，设为栈 A 和栈 B。

这样队列的类可以如代码清单 3-10 那样定义。

代码清单 3-10

```
class Queue
{
public:

    Type MaxValue(Type x, Type y)
    {
        If(x > y)
            return x;
        else
            return y;
```

```
    }

    Type Queue::Max()
    {
        return MaxValue(stackA.Max(), stackB.Max());
    }

    EnQueue(v)
    {
        stackB.push(v);
    }

    Type DeQueue()
    {
        If(stackA.empty())
        {
            While(!stackB.empty())
                stackA.push(stackB.pop())
        }
        return stackA.pop();
    }

private:

    stack stackA;
    stack stackB;
}
```

上述代码能够用栈来实现一个队列。出队的时候，如果 A 堆栈为空，那么"把 B 堆栈的数据都弹出并压入 A 堆栈"这个操作不是 O（1）的，虽然如此，但从每个元素的角度来看，它被移动的次数最多可能有 3 次，这 3 次分别是：从 B 堆栈进入；当 A 堆栈为空时，从 B 堆栈弹出并压入 A 堆栈；从 A 堆栈被弹出。相当于入队经过一次操作，出队经过两次操作。所以这种方法的平均时间复杂度是线性的。

总结

通过这道题，我们了解到可以用不同的底层结构来实现队列这个抽象的容器，并且可以用空间换时间的方法来降低时间复杂度。读者不妨再试试其他方法，并比较不同方法的优劣。

3.8 ★ 求二叉树中节点的最大距离

如果我们把二叉树看成一个图，父子节点之间的连线看成是双向的，我们姑且定义"距离"为两个节点之间边的个数。

写一个程序求一棵二叉树中相距最远的两个节点之间的距离。

如图 3-12 所示，粗箭头的边表示最长距离。

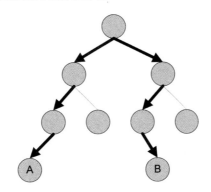

图 3-12　树中相距最远的两个节点 A，B

分析与解法

我们先画几个不同形状的二叉树（如图 3-13 所示），看看能否得到一些启示。

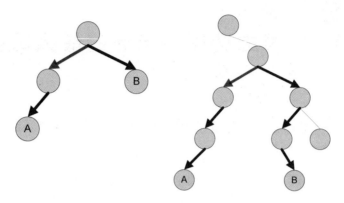

图 3-13   几个例子

从例子中可以看出，相距最远的两个节点，一定是两个叶子节点，或者是一个叶子节点到它的根节点。（为什么？）

解法一

根据相距最远的两个节点一定是叶子节点这个规律，我们可以进一步讨论。

对于任意一个节点，以该节点为根，假设这个根有 k 个孩子节点，那么相距最远的两个节点 U 和 V 之间的路径与这个根节点的关系有两种情况。

1. 若路径经过根 Root，则 U 和 V 是属于不同子树的，且它们都是该子树中到根节点最远的节点，否则跟它们的距离最远相矛盾。这种情况如图 3-14 所示。

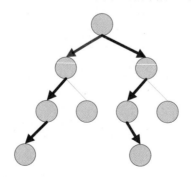

图 3-14   相距最远的节点在左右最长的子树中

2. 如果路径不经过 Root，那么它们一定属于根的 k 个子树之一。并且它们也是该子树中相距最远的两个顶点。如图 3-15 中的节点 A。

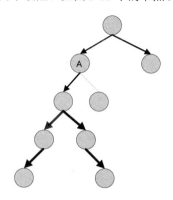

图 3-15　相距最远的节点在某个子树下

因此，问题就可以转化为在子树上的解，从而能够利用动态规划来解决。

设第 k 棵子树中相距最远的两个节点：U_k 和 V_k，其距离定义为 $d(U_k, V_k)$，那么节点 U_k 或 V_k 即为子树 k 到根节点 R_k 距离最长的节点。我们设 U_k 为子树 k 中到根节点 R_k 距离最长的节点，其到根节点的距离定义为 $d(U_k, R)$。取 $d(U_i, R)$（$1 \leq i \leq k$）中最大的两个值 max1 和 max2，那么经过根节点 R 的最长路径为 max1+max2+2，所以树 R 中相距最远的两个点的距离为：$\max\{d(U_1, V_1), \cdots, d(U_k, V_k), \text{max1+max2+2}\}$。

采用深度优先搜索如图 3-16，只需要遍历所有的节点一次，时间复杂度为 $O(|E|) = O(|V|-1)$，其中 V 为点的集合，E 为边的集合。

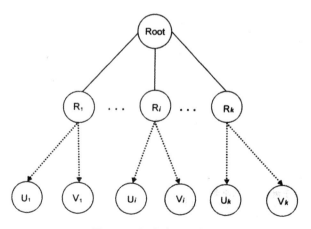

图 3-16　深度遍历示意图

示例代码如清单 3-11 所示，我们使用二叉树来实现该算法。

代码清单 3-11

```
// 数据结构定义
struct NODE
{
    NODE* pLeft;          // 左子树
    NODE* pRight;         // 右子树
    int nMaxLeft;         // 左子树中的最长距离
    int nMaxRight;        // 右子树中的最长距离
    char chValue;         // 该节点的值
};

int nMaxLen = 0;

// 寻找树中最长的两段距离
void FindMaxLen(NODE* pRoot)
{
    // 遍历到叶子节点，返回
    if(pRoot == NULL)
    {
        return;
    }

    // 如果左子树为空，那么该节点的左边最长距离为0
    if(pRoot -> pLeft == NULL)
    {
        pRoot -> nMaxLeft = 0;
    }

    // 如果右子树为空，那么该节点的右边最长距离为0
    if(pRoot -> pRight == NULL)
    {
        pRoot -> nMaxRight = 0;
    }

    // 如果左子树不为空，递归寻找左子树最长距离
    if(pRoot -> pLeft != NULL)
    {
        FindMaxLen(pRoot -> pLeft);
    }

    // 如果右子树不为空，递归寻找右子树最长距离
    if(pRoot -> pRight != NULL)
    {
        FindMaxLen(pRoot -> pRight);
    }

    // 计算左子树最长节点距离
    if(pRoot -> pLeft != NULL)
    {
        int nTempMax = 0;
        if(pRoot -> pLeft -> nMaxLeft > pRoot -> pLeft -> nMaxRight)
        {
            nTempMax = pRoot -> pLeft -> nMaxLeft;
```

```
    }
    else
    {
        nTempMax = pRoot -> pLeft -> nMaxRight;
    }
    pRoot -> nMaxLeft = nTempMax + 1;
}

// 计算右子树最长节点距离
if(pRoot -> pRight != NULL)
{
    int nTempMax = 0;
    if(pRoot -> pRight -> nMaxLeft > pRoot -> pRight -> nMaxRight)
    {
        nTempMax = pRoot -> pRight -> nMaxLeft;
    }
    else
    {
        nTempMax = pRoot -> pRight -> nMaxRight;
    }
    pRoot -> nMaxRight = nTempMax + 1;
}

// 更新最长距离
if(pRoot -> nMaxLeft + pRoot -> nMaxRight > nMaxLen)
{
    nMaxLen = pRoot -> nMaxLeft + pRoot -> nMaxRight;
}
}
```

扩展问题

在代码中，我们使用了递归的办法来完成问题的求解。那么是否有非递归的算法来解决这个问题呢？

总结

对于递归问题，笔者有一些小小的体会。

1. 先弄清楚递归的顺序。在递归的实现中，往往需要假设后续的调用已经完成，在此基础之上，才实现递归的逻辑。在该题中，我们就是假设已经把后面的长度计算出来了，然后继续考虑后面的逻辑。

2. 分析清楚递归体的逻辑，然后写出来。比如在上面的问题中，递归体的逻辑就是如何计算两边最长的距离。

3. 考虑清楚递归退出的边界条件。也就是说，哪些地方应该写 return。

注意到以上 3 点，在面对递归问题的时候，我们将总是有章可循。

热心读者叶劲峰先生写了一个不需要额外空间的简明算法，见 *http://www.cnblogs.com/miloyip/archive/2010/02/25/1673114.html*。同时有几条非常有价值的留言，值得作者们好好学习。

3.9 ★★
重建二叉树

每一个学过算法和数据结构的同学都能很流利地背诵出二叉树的三种遍历次序——前序、中序、后序，也都能很快地写出相应的算法（希望如此）。那么，如果已经知道了遍历的结果，能不能把一棵二叉树重新构造出来呢？

给定一棵二叉树，假设每个节点都用唯一的字符来表示，具体结构如下。

```
struct NODE {
    NODE* pLeft;
    NODE* pRight;
    char chValue;          // it can be other data type
};
```

假设已经有了前序遍历和中序遍历的结果，希望通过一个算法重建这棵树。

给定函数的定义如下。

```
void Rebuild(char* pPreOrder, char* pInOrder,int nTreeLen, NODE** pRoot)
```

参数

pPreOrder：以 null 为结尾的前序遍历结果的字符串数组。

pInOrder：以 null 为结尾的中序遍历结果的字符串数组。

nTreeLen：树的长度。

pRoot：返回 node** 类型，根据前序和中序遍历结果重新构建树的根节点。

例如

前序遍历结果：a b d c e f

中序遍历结果：d b a e c f

重建的树如图 3-17 所示。

编程之美——微软技术面试心得

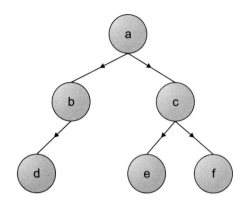

图 3-17　重建树示意图

请用 C 或 C++来实现二叉树的重建。

分析与解法

我们先回忆一下定义。

前序遍历：先访问当前节点，然后以前序访问左子树，右子树。

中序遍历：先以中序遍历左子树，接着访问当前节点，然后以中序遍历右子树。

根据前序遍历和中序遍历的特点，可以发现如下规律。

前序遍历的每一个节点，都是当前子树的根节点。同时，以对应的节点为边界，就会把中序遍历的结果分为左子树和右子树。

前序：　　**a** b d c e f

　　　　　"**a**" 是根节点

中序：　　d b **a** e c f

　　　　　"**a**" 是根节点，把字符串分成左右两个子树

"a" 是前序遍历节点中的第一个元素，可以看出，它把中序遍历的结果分成 "db" 和 "ecf" 两个部分。可以从图 3-17 中看出，这就是 "a" 的左子树和右子树的遍历结果。

如果能够找到前序遍历中对应的左子树和右子树，就可以把 "a" 作为当前的根节点，然后依次递归下去，这样就能够依次恢复左子树和右子树的遍历结果。

确定前序遍历左右子树的这个问题，读者可以在看解法之前自行思考一下。

解法一

根据前面的分析，可以通过清单 3-12 的代码递归解决这个问题。

代码清单 3-12

```
// ReBuild.cpp : 根据前序及中序结果，重建树的根节点
//

// 定义树的长度。为了后序调用实现的简单，我们直接用宏定义了树节点的总数
#define TREELEN 6

// 树节点
struct NODE
{
    NODE* pLeft;            // 左节点
```

```
    NODE* pRight;           // 右节点
    char chValue;           // 节点值
};

void ReBuild(char* pPreOrder,          //前序遍历结果
             char* pInOrder,           //中序遍历结果
             int nTreeLen,             //树长度
             NODE** pRoot)             //根节点
{

    //检查边界条件
    if(pPreOrder == NULL || pInOrder == NULL)
    {
        return;
    }

    // 获得前序遍历的第一个节点
    NODE* pTemp = new NODE;
    pTemp -> chValue = *pPreOrder;
    pTemp -> pLeft = NULL;
    pTemp -> pRight = NULL;

    // 如果节点为空，把当前节点复制到根节点
    if(*pRoot == NULL)
    {
        *pRoot = pTemp;
    }

    // 如果当前树长度为1，那么已经是最后一个节点
    if(nTreeLen == 1)
    {
        return;
    }

    // 寻找子树长度
    char* pOrgInOrder = pInOrder;
    char* pLeftEnd = pInOrder;
    int nTempLen = 0;

    // 找到左子树的结尾
    while(*pPreOrder != *pLeftEnd)
    {
        if(pPreOrder == NULL || pLeftEnd == NULL)
        {
            return;
        }

        nTempLen++;

        // 记录临时长度，以免溢出
        if(nTempLen > nTreeLen)
        {
```

```
                break;
            }

            pLeftEnd++;
        }

        // 寻找左子树长度
        int nLeftLen = 0;
        nLeftLen = (int)(pLeftEnd - pOrgInOrder);

        // 寻找右子树长度
        int nRightLen = 0;
        nRightLen = nTreeLen - nLeftLen - 1;

        // 重建左子树
        if(nLeftLen > 0)
        {
            ReBuild(pPreOrder + 1, pInOrder, nLeftLen, &((*pRoot) -> pLeft));
        }

        // 重建右子树
        if(nRightLen > 0)
        {
            ReBuild(pPreOrder + nLeftLen + 1, pInOrder + nLeftLen + 1,
              nRightLen, &((*pRoot) -> pRight));
        }
    }
}

// 示例的调用代码
int main(int argc, char* argv[])
{
    char szPreOrder[TREELEN]={'a', 'b', 'd', 'c', 'e', 'f'};
    char szInOrder[TREELEN]={'d', 'b', 'a', 'e', 'c', 'f'};

    NODE* pRoot = NULL;
    ReBuild(szPreOrder, szInOrder, TREELEN, &pRoot);
}
```

递归的问题可以通过栈或队列的方式来实现。栈或队列的实现相对简单，留给读者自行解决。

扩展问题

1. 如果根据字母不能确定节点，换句话说，节点上面的字母有可能是相同的。那么，这道题该如何来做呢？重构出来的二叉树是唯一的吗？如果不是唯一的，如何重构出所有可能的解呢？

2. 如何判断给定的前序遍历和中序遍历的结果是合理的呢？

3. 如果知道前序和后序遍历的结果，能重构二叉树吗？

总结

这个题目可能出现在一些参考书中，有读者看到这道题目之后可能会大失所望地说："微软也用书上的题目来面试人啊！"

的确，不仅如此，面试者还经常考察排序算法的实现。有不少应聘者不仅不能完整地解答问题，甚至不能描述完整的思路。这样的表现的确对不起在简历上写的"精通算法"等字样。

如果读者自行解答这道题目，一般不会少于 20 分钟。并且，在编译或调试时，往往还会出现 bug。

这些 bug 通常是怎样产生的呢？

1. 缺少边界条件的检查。在实践中，边界条件检查相当重要。
2. 没有用各种例子进行测试。比如说，试验非完全二叉树，退化的二叉树等。

提问

如果你是开发人员，你能写出几种测试用例？

3.10 ★★★ 分层遍历二叉树

问题 1：给定一棵二叉树，要求按分层遍历该二叉树，即从上到下按层次访问该二叉树（每一层将单独输出一行），每一层要求访问的顺序为从左到右，并将节点依次编号。那么分层遍历如图 3-18 中的二叉树，正确输出应为

```
1
2 3
4 5 6
7 8
```

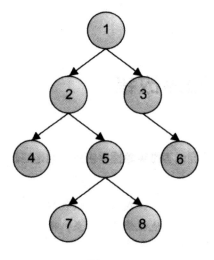

图 3-18

问题 2：写另外一个函数，打印二叉树中的某层次的节点（从左到右），其中根节点为第 0 层，函数原型为 int PrintNodeAtLevel（Node* root, int level），成功返回 1，失败则返回 0。

分析与解法

关于二叉树的问题，由于其本身固有的递归特性，通常我们可以用递归算法来解决。至于题中的两个问题，仔细考虑可以发现，如果解决了第 2 个问题，则问题 1 可采用问题 2 的解法来依次遍历其各层节点。那么我们先来考虑问题 2 的解法。

我们定义节点的数据结构为（设二叉树中的数据类型为整数）

```
struct Node
{
    int data;           //节点中的数据
    Node* lChild;       //左子指针
    Node* rChild;       //右子指针
}
```

假设要求访问二叉树中第 k 层的节点，那么其实可以把它转换成分别访问"以该二叉树根节点的左右子节点为根节点的两棵子树"中层次为 $k-1$ 的节点，如题目中的二叉树，给定 $k=2$，即要求访问原二叉树中第 2 层的节点（根节点为第 0 层），可把它转换成分别访问以节点 2、3 为根节点的两棵子树中第 $k-1=1$ 层的节点（如代码清单 3-13 所示）。

代码清单 3-13

```
// 输出以 root 为根节点中的第 level 层中的所有节点（从左到右），成功返回1，
//失败则返回0
// @param
// root 为二叉树的根节点
// level 为层次数，其中根节点为第0层
int PrintNodeAtLevel(Node* root, int level)
{
    if(!root || level < 0)
        return 0;
    if(level == 0)
    {
        cout << root -> data << " ";
        return 1;
    }
    return PrintNodeAtLevel(node -> lChild, level - 1) + PrintNodeAtLevel
        (node -> rChild, level - 1);
}
```

采用递归算法，思路比较清晰，写出来的代码也很简洁，但缺点就是递归函数的调用效率较低，无论是耗费的计算时间还是占用的存储空间都比非递归算法要多。

以上解决了递归访问二叉树中给定层次节点的问题，那么如何利用该算法来解决问题 1 呢？如果我们知道该二叉树的深度 n，那么只需要调用 n 次 PrintNodeAtLevel()（如代码清单 3-14 所示）。

代码清单 3-14

```
// 层次遍历二叉树
// @param
// root, 二叉树的根节点
// depth, 树的深度
void PrintNodeByLevel(Node* root, int depth)
{
    for(int level = 0; level < depth; level++)
    {
        PrintNodeAtLevel(root, level);
        cout << endl;
    }
}
```

如果事先不知道二叉树的深度，那么还需要写一个求二叉树的深度的算法，该算法也可用递归实现，有兴趣的读者可以自己试试。但求二叉树深度与问题 2 是同等时间复杂度的问题，能不能不求二叉树的深度呢？当访问二叉树某一层次失败的时候返回就可以了，如代码清单 3-15 所示。

代码清单 3-15

```
// 层次遍历二叉树
// root, 二叉树的根节点
void PrintNodeByLevel(Node* root)
{
    for(int level=0; ; level++)
    {
        if(!PrintNodeAtLevel(root, level))
            break;
        cout << endl;
    }
}
```

至此我们解决了题目中的两个问题，但细心的读者可能会发现，其实在问题 1 的算法中，对二叉树中每一层的访问都需要重新从根节点开始，直到访问完所有的层次。这样的做法，效率实在不高，那么有没有更好的算法呢？

在访问第 k 层的时候，我们只需要知道第 $k-1$ 层的节点信息就足够了，所以在访问第 k 层的时候，要是能够知道第 $k-1$ 层的节点信息，就不再需要从根节点开始遍历了。

根据上述分析，可以从根节点出发，依次将每层的节点从左到右压入一个数组，并用一个游标 Cur 记录当前访问的节点，另一个游标 Last 指示当前层次的最后一个节点的下一个位置，以 Cur==Last 作为当前层次访问结束的条件，在访问某一层的同时将该层的所有节点的子节点压入数组，在访问完某一层之后，检查是否还有新的层次可以访问，直到访问完所有的层次（不再有新节点可以访问）。

首先将根节点 1 压入数组，并将游标 Cur 置为 0（游标如图 3-19 中的箭头所示，数组下标从 0 开始），游标 Last 置为 1。

图 3-19 游标与数组状态 1

Cur<Last，说明此层（第一层）尚未被访问，因此，依次访问 Cur 到 Last 之间的所有节点（第一层只有一个节点），并依次将被访问节点的左右子节点压入数组（注意左右子节点压入数组的顺序），那么访问完第一层的游标及数组的状态如图 3-20 所示。

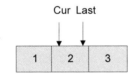

图 3-20 游标与数组状态 2

由于 Cur==Last，说明该层（第一层）已被访问完，此时数组中还有未被访问到的节点，则输出换行符（为输出新的一行做准备），并将 Last 定位于新一行的末尾（即数组当前最后一个元素的下一位），如图 3-21 所示。

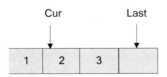

图 3-21 游标与数组状态 3

继续依次住下访问其他层次的节点，直到访问完所有的层次（不再有新节点可以访问），如图 3-22 所示。

图 3-22 游标与数组状态 4

代码如清单 3-16 所示。

代码清单 3-16

```
// 按层次遍历二叉树
// @param
// root, 二叉树的根节点
void PrintNodeByLevel(Node* root)
{
    if(root == NULL)
        return;
    vector<Node*> vec;              //这里我们使用 STL 中的 vector 来代替数组, 可利用
                                    //到其动态扩展的属性

    vec.push_back(root);
    int cur = 0;
    int last = 1;
    while(cur < vec.size())
    {
        Last = vec.size();          //新的一行访问开始, 重新定位 last 于当前行最
后
                                    //一个节点的下一个位置

        while(cur < last)
        {
            cout << vec[cur] -> data << " ";        //访问节点
            if(!vec[cur] -> lChild)     //当前访问节点的左节点不为空则压入
                vec.push_back(vec[cur] -> lChild);
            if(!vec[cur] -> rChild)     //当前访问节点的右节点不为空则压入,
                                        //注意左右节点的访问顺序不能颠倒
                vec.push_back(vec[cur] -> rChild);
            cur++;
        }
        cout << endl;               //当 cur == last,说明该层访问结束, 输出换行符
    }
}
```

扩展问题

如果要求按深度从下到上访问图 3-23 中的二叉树, 每层的访问顺序仍然是从左到右, 即访问顺序变为

```
78
456
23
1
```

需要如何改进算法?

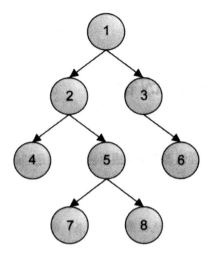

图 3-23   二叉树

提示：可考虑左右节点的访问顺序。

如果按深度从下到上访问，每层的访问顺序变成从右到左，即访问顺序变为

```
87
654
32
1
```

算法又怎么改进？

热心读者叶劲峰写了一个不需要额外空间的简明算法，见 *http://www.cnblogs.com/ miloyip/archive/2010/05/12/binary_tree_traversal.html*。

3.11 ★ 程序改错

一次面试之后，应聘者和面试者微笑着握手告别，但是他们对面试的评价往往相差很远，例如——

应聘者：来了一个比较和气的员工，我们谈了谈各种排序的优劣，我昨天晚上在网上看的东西都用上了，我几乎要把他侃晕了。后来，他要我写一个二分查找的程序，我略加思索，很快地写好了，写得太快了，有一个条件没有考虑，让他看了出来。后来他叫我再检查一下还有什么错，我还是比较自信的，觉得代码没什么大问题。他挑出来一些小小的问题，无外乎一些"牛角尖"的问题，我也很快搞定了……**我觉得面试也不过如此。**

面试者：我们先谈了谈各种排序的优劣，我发现他混淆了各种排序方法的优缺点和适用范围，叙述得完全没有条理（例如……）。我叫他写一个完整的二分查找程序。他想了很长时间，最后写出来的解法有一个严重的错误，我指出之后，他能想出一个改正的方法，但不是最优的。我强调"完整的程序"，让他再检查一下还有什么错，他根本不会用一些测试用例去检查，而是把程序又自己读了一遍，说没有错误。我指出了至少4 个小错误，他能认识这些错误，但是在修改中把原来算法的结构破坏了，最后的解法显得非常混乱。他在这个题目中花了很长时间……**我觉得他明显达不到我们的要求。**

二分查找是算法设计的基本功。它的思想很简单：分而治之；即通过把一个大问题分解成多个子问题来降低解题的复杂度。思路固然简单，但是许多人在写代码实现的时候却往往容易出现各种错误。下面是一个程序片段（如代码清单 3-17 所示），其中包含了一些常见的错误。你能够找出来吗？

问题：找出一个有序（字典序）字符串数组 arr 中值等于字符串 v 的元素的序号，如果有多个元素满足这个条件，则返回其中序号最大的。

代码清单 3-17：带有错误的二分查找源码

```
int bisearch(char** arr, int b, int e, char* v)
{
    int minIndex = b, maxIndex = e, midIndex;
    while(minIndex < maxIndex)
    {
        midIndex = (minIndex + maxIndex) / 2;
        if(strcmp(arr[midIndex], v) <= 0)
        {
            minIndex = midIndex;
        }
        else
        {
            maxIndex = midIndex - 1;
        }
    }
    if(!strcmp(arr[maxIndex], v))
    {
        return maxIndex;
    }
    else
    {
        return -1;
    }
}
```

分析与解法

在写循环（或者递归）程序的时候，我们应特别应该注意三个方面的问题：初始条件，转化，终止条件。针对上面这个二分程序，我们也要逐一考虑这些方面。

程序的第一个问题就是：midIndex = (minIndex + maxIndex) / 2;

这样的写法粗看没什么不妥，但在一些极端情况下，会由于求和中间结果的溢出而导致出现错误（假设这是个 32 位程序，32 位有符号整数可以表示的范围是 −2147483648～+2147483647，如果 minIndex 加上 maxIndex 的值恰好超过了 +2147483647，那么就会造成上溢出，导致 midIndex 变成负数）。所以我们最好把它写成 midIndex = minIndex + (maxIndex − minIndex) / 2;

第二个问题是：循环的终止条件有可能无法到达，也就是说，在某些测试用例下，程序不会停止。比如，当 minIndex = 2，maxIndex = 3，而 arr[minIndex] <= v 的时候，程序将进入死循环。

所以改正后的代码如清单 3-18 所示。

代码清单 3-18：纠正错误后的二分查找源码

```
int bisearch(char** arr, int b, int e, char* v)
{
    int minIndex = b, maxIndex = e, midIndex;

    //循环结束有两种情况：
    //若 minIndex 为偶数则 minIndex == maxIndex;
    //否则就是 minIndex == maxIndex - 1
    while(minIndex < maxIndex - 1)
    {
        midIndex = minIndex + (maxIndex - minIndex) / 2;
        if(strcmp(arr[midIndex] , v) <= 0 )
        {
            minIndex = midIndex;
        }
        else
        {
            //不需要 midIndex - 1，防止 minIndex == maxIndex
            maxIndex = midIndex;
        }
    }
    if(!strcmp(arr[maxIndex] , v))           //先判断序号最大的值
    {
        return maxIndex;
    }
    else if (!strcmp(arr[minIndex] , v) )
    {
```

```
            return minIndex;
        }
        else
        {
            return -1;
        }
}
```

你也许会抱怨："哇，面试这样的问题也太吹毛求疵了吧？"，是的，世界上怕就怕"认真"二字，任何简单的问题认真起来就不再简单。很多让微软和其他公司遭受巨大损失的安全漏洞，就是源于一些看似不错，其实有漏洞的边界条件检查。

要避免出现类似的问题，需要我们在写程序的时候特别留意这些容易出错的地方。下面列出一些与二分查找相关的常见问题，题目虽然都很简单，但是大家不妨试试看，为每道题写出一个正确的解答：

给定一个有序（不降序）数组 arr，求任意一个 i 使得 arr[i]等于 v，不存在则返回-1。

给定一个有序（不降序）数组 arr，求最小的 i 使得 arr[i]等于 v，不存在则返回-1。

给定一个有序（不降序）数组 arr，求最大的 i 使得 arr[i]等于 v，不存在则返回-1。

给定一个有序（不降序）数组 arr，求最大的 i 使得 arr[i]小于 v，不存在则返回-1。

给定一个有序（不降序）数组 arr，求最小的 i 使得 arr[i]大于 v，不存在则返回-1。

在写完解答之后，请大家不要停止思考，能不能接着为每道题各写出关键的测试用例呢？

扩展问题

下面一个题目是出现在笔试题目中的，有人写了一个简单的程序，判断一个单链表是否有环，如果有，把指向环开始的指针返回；如果没有环，返回 NULL。

这个程序有不少错误，我们能否在尽量保持原程序框架的基础上，修改这个程序，以得到正确的结果（如代码清单 3-19 所示）？

代码清单 3-19：简单并带有错误的环形单链表检测代码

```
LinkedList* IsCyclicLinkedList(LinkedList* pHead)
{
    LinkedList* pCur;
    LinkedList* pStart;
    while (pCur != NULL)
    {
        for(; ; )
        {
            if (pStart == pCur -> pNext)
                return pStart;
```

```
            pStart = pStart -> pNext;
        }
        pCur = pCur -> pNext;
    }
    return pStart;
}
```

第 4 章
数学之趣

——数学游戏的乐趣

研究院的天井里有热带鱼，假山，午休的躺椅，也有人在讨论瓷砖覆盖地板的问题。

这一章列举了一些不需要写具体程序的数学问题，其中的原理和解决问题的思路对于提高思维能力还是很重要的。面试的时候，我们也会考察应聘者的数学分析能力。

在理论上，我们要严格地证明一些定理和结论。在实际工作中，则不必拘泥于此，例如，在"数独知多少"这一个题目中，纯数学的证明和推理可能需要相当多的时间。如果我们只需要求出大致的上界和下界就能解决实际问题，那也未尝不可。面试者在问这些看似很"难"的题目时，事实上是期望应聘者能够反问"这个问题一定是要精确的答案吗？我能不能求出近似的解，然后再优化？"能这样反问，并且能够运用各种 Heuristic（试探，探索的）方法快速求出解答的同学，我们非常欢迎。

本书的各位作者对数学的各个分支都不很熟悉，在这里班门弄斧，还希望能得到读者的指点。

我们把不好归类的几个题目也放到了本章，面试的类型多种多样，运用之妙，存乎一心。

一些人很担心这本书会把"题库"泄露出去，"那以后的面试就没有题目了？"笔者请大家放心。微软的员工如果因为应聘者多知道了几道题目，就觉得无法面试，那这个员工还得多磨炼磨炼——也许得再作为应聘者经历几次面试吧[1]。

也有人会担心："肯定会有人把答案都背下来，到时候所有人都对答如流，那怎么办？"

如果真的有很多人能够把这几十道题目及答案、几十道扩展问题，以及它们后面的数学、计算机原理、计算机语言及应用都背得滚瓜烂熟，这首先是中国 IT 行业的好事。其次，这些人都应该来我们公司——不用参加笔试了，直接和我们联系吧！

1　微软的员工只有在工作一年以上，并且通过严格的面试者培训之后，才允许参加面试工作。

4.1 ★★
金刚坐飞机问题

国外有一个谜语:

问: 体重 800 磅的大猩猩在什么地方坐?

答: 它爱在哪儿坐就在哪儿坐。

这条谜语一般用来形容一些"强人"并不遵守大家公认的规则,所以要对其行为保持警惕。

现在有一班飞机将要起飞,乘客们正准备按机票号码(1, 2, 3, …, N)依次排队登机。突然来了一只大猩猩(对,他叫金刚)。他也有飞机票,但是他插队第一个登上了飞机,然后随意地选了一个座位坐下了[1]。根据社会的和谐程度,其他的乘客有两种反应:

1. 乘客们都义愤填膺,"既然金刚同志不遵守规定,为什么我要遵守?"他们也随意地找位置坐下,并且坚决不让座给其他乘客。

2. 乘客们虽然感到愤怒,但还是以"和谐"为重,如果自己的位置没有被占领,就赶紧坐下,如果自己的位置已经被别人(或者金刚同志)占了,就随机地选择另一个位置坐下,并开始闭目养神,不再挪动。

在这两种情况下,第 i 个乘客(除去金刚同志之外)坐到自己原机票位置的概率分别是多少?

---

1 金刚的口头禅是——我是金刚,我怕谁? 大家在旅途中可能看见过类似的事儿。

分析与解法

这两个问题之间有一处小小的区别，这个区别是如何影响最后概率的呢？

问题 1 的解法

我们可以用 $F(i)$ 来表示第 i 个乘客坐到自己原机票位置的概率。

第 i 个乘客坐到自己位置（概率为 $F(i)$），则前 $i-1$ 个乘客都不坐在第 i 个位置（设概率为 $P(i-1)$），并且在这种情况下第 i 个乘客随机选择位置的时候选择了自己的位置（设概率为 $G(i)$）。

而 $P(i-1)$ 可以分解为前 $i-2$ 个乘客都不坐在第 i 个位置的概率 $P(i-2)$，和在此前提下第 $i-1$ 个乘客也不坐在第 i 个位置上的概率 $Q(i-1)$。

于是得到如下公式（合并结果）：

$$F(i) = G(i) \times P(i-1) = G(i) \times Q(i-1) \times P(i-2) = G(i) \times Q(i-1) \times \cdots \times Q(2) \times P(1)$$

容易知道 $Q(i) = (N-i) / (N-i+1)$，$P(1) = (N-1) / N$，$G(i) = 1/(N-i+1)$

代入公式得到，$F(i) = 1/N$。

问题 2 的解法

可以按照金刚坐的位置来分解问题，把原问题从"第 i 个乘客坐在自己位置上的概率是多少"变为"如果金刚坐在第 n 个位置上，那么第 i 个乘客坐在自己位置上的概率是多少"（设这个概率为 $f(n)$）。

现在金刚坐在了 n 号位置上。如果 $n=1$ 或 $n>i$，那么第 i 个乘客坐在自己位置上的概率是 1（因为大家会尽量坐到自己的位子上，2 号乘客将选择坐到 2 号位置上……）。如果 $n=i$，那么第 i 个乘客是没希望坐到自己的位置上了（他还不至于敢和金刚 PK）。如果 $1<n<i$，那么问题似乎没有太直接的求解方式。我们来继续分解问题。当金刚坐在第 n（$1<n<i$）个位置的时候，第 $2, 3, \cdots, n-1$ 号乘客都可以坐到自己的座位上，于是我们可以按照第 n 个乘客坐的位置来继续分解这个问题。如果第 n 个乘客选了金刚的座位，那么第 i 个乘客一定坐在自己的位置上；而如果第 n 个乘客坐在第 j（$n<j \leqslant N$）个座位上，就相当于金刚坐了第 j 个座位。

把问题分解到这一步，应该可以合并问题解答。一般来讲，合并这个步骤，有可能很简单，也可能很复杂，这主要取决于问题分解的结果。本题中，合并问题的主要工具是全概率公式，也即 $P(M) = \sum_{i=1}^{M} P(i) \times P(M|i)$，这里 i 表示各种不同的情况，$P(i)$ 表示这种情况发生的概率，$P(M|i)$ 表示在这种情况下事件 M 发生的概率。

首先求解 $f(n)$（$1 < n < i$），由前面的分析可知：

$$f(n) = \sum_{j} \frac{1}{N-n+1} \times f(j), (j = 1, n+1, n+2, \cdots, N)$$

其中 j 表示第 n 个乘客坐的位置。

所以

$$f(n) = 1/(N-n+1) \times (1 + f(n+1) + \cdots + f(N)), (1 < n < i) \qquad （式1）$$

由此递推式，可得 $f(n) = f(n+1)$　$f(n) = f(n+1)$，　$(1 < n < i-1)$

将 $n=2$ 代入（式1），再利用 $f(x) = 1(x > i)$，$f(x) = 0(x = i)$，另 $1 < n$，$n+1 < i-1$ 可得：

$$f(n) = \frac{N-i+1}{N-i+2}, \quad 所以$$

$$f(n) = \begin{cases} 1 & (n = 1 \text{ 或 } n > i) \\ \dfrac{N-i+1}{N-i+2} & (1 < n < i) \\ 0 & (n = i) \end{cases}$$

则 $\sum_{n=1}^{N} \dfrac{1}{N} \times f(n) = \dfrac{N-i+1}{N-i+2}$ 就是第 i 个乘客坐在自己位置上的概率。

回顾

有些问题看起来规模太大而无从下手。这时我们可以采用分而治之的方法，这个方法有两个核心步骤：

1. 分解问题，得到局部问题的答案；
2. 合并问题的解答。

扩展问题

这个问题假设所有乘客是按照机票座位次序（1，2，3，…）登机的，在现实生活中，乘客登机并没有一定的次序。如果在金刚抢先入座之后，所有乘客按随机次序登机，并且有原来题目所描述的两种行为，那第 i 个乘客坐到自己原机票位置的概率分别是多少？

4.2 ★ 瓷砖覆盖地板

某年夏天，位于希格玛大厦四层的微软亚洲研究院对办公楼的天井进行了一次大规模的装修。原来的地板铺有 $N \times M$ 块正方形瓷砖，这些瓷砖都已经破损老化了，需要予以更新。装修工人们在前往商店选购新的瓷砖时，发现商店目前只供应长方形的瓷砖，现在的一块长方形瓷砖相当于原来的两块正方形瓷砖，工人们拿不定主意该买多少了，读者朋友们请帮忙分析一下：能否用 1×2 的瓷砖去覆盖 $N \times M$ 的地板呢？

分析与解法

$N \times M$ 的地板有如下几种可能：

1. 如果 $N = 1$，M 为偶数的话，显然，1×2 的瓷砖可以覆盖 $1 \times M$ 的地板，在这种情况下，共需要 $M/2$ 块瓷砖。

2. 如果 $N \times M$ 为奇数，也就是 N 和 M 都为奇数，则肯定不能用 1×2 的瓷砖去覆盖它。

   证明： 假设能够用 k 块 1×2 的瓷砖去覆盖 $N \times M$（N、M 都为奇数）的地板，设每块瓷砖的面积为 1×2，那么总的地板面积就为 $2k$——必为偶数，又因为 N、M 都为奇数，也就是 $N \times M$ 的地板面积肯定为奇数，与 1×2 的瓷砖所能覆盖的面积相矛盾，所以肯定不能用 1×2 的瓷砖去覆盖它。

3. N 和 M 中至少有一个为偶数，不妨设 M 为偶数，那么既然我们可以用 1×2 的地板覆盖 $1 \times M$ 的地板，也就可以简单地重复 N 次覆盖 $1 \times M$ 的地板的做法，即可覆盖 $N \times M$ 的地板。

扩展问题

1. 求用 1×2 的瓷砖覆盖 $2 \times M$ 的地板有几种方式？

   设用 1×2 的瓷砖覆盖 $2 \times M$ 的地板有 $F(M)$ 种方式，其中 F 为 M 的函数，那么第一块瓷砖的放法如图 4-1、图 4-2 所示。

图 4-1　第一块瓷砖竖着放，如图中阴影部分所示

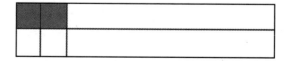

图 4-2　第一块瓷砖横着放，如图中阴影部分所示

   通过对图 4-1、图 4-2 的简单分析，我们知道第一块瓷砖的放法，要么是竖着放，要么是横着放。

当第一块瓷砖竖着放的时候，问题转换成求用 1×2 的瓷砖覆盖剩下的 2×(M-1) 的方式，即 F(M-1)。

当第一块瓷砖横着放的时候（必有另一块瓷砖放在其正下方，如图中阴影所示），问题转换成求用 1×2 的瓷砖覆盖剩下的 2×(M-2) 的方式，即 F(M-2)。

在求 F(M-1) 和 F(M-2) 时，由于第一列地板的覆盖方式已经不同，F(M-1) 种覆盖方式和 F(M-2) 中覆盖方式没有重叠，故 F(M) = F(M-1)+F(M-2)，其中，F(1)=1，F(2)=2。

读者朋友们不妨思考一下这个问题的推广形式该如何解答：

1. 用 1×2 的瓷砖覆盖 8×8 的地板，有多少种方式呢？如果是 N×M 的地板呢？

2. 用 p×q 的瓷砖能够覆盖 M×N 的地板吗？

4.3 ★★ 买票找零

在一场激烈的足球赛开始前，售票工作正在紧张地进行中。每张球票为 50 元。现有 $2n$ 个人排队购票，其中有 n 个人手持 50 元的钞票，另外 n 个人手持 100 元的钞票，假设开始售票时售票处没有零钱。问这 $2n$ 个人有多少种排队方式，不至使售票处出现找不开钱的局面？

分析与解法

解法一

从题目中可以推断出，只有手持 100 元的人才需要找 50 元。也就是说，当手持 100 元的球迷到达售票处时，售票处至少要有一张 50 元的零钱。不难看出，从队首开始往后数，任何时候，只要手持 100 元的球迷总比手持 50 元的球迷少，肯定可以把钱找开。

从这个问题可以联想到括号匹配问题。假设每个手持 50 元的球迷是一个左括号"（"，而手持 100 元的球迷是右括号"）"，要求任意一个左括号都要有一个右括号跟它对应。类似的，任意一个手持 100 元的球迷，他从售票处找回的 50 元都来自于他之前一个手持 50 元的球迷。所以，始终找得开钱的排队方式对应着合法的括号排列。

根据解决括号匹配问题的思路，可以考虑用栈来解决问题。假设存在一个栈，遍历 n 个左括号"（"和 n 个右括号"）"排成的队列，每次如果是左括号"（"（手持 50 元的球迷），则将其压入栈中；如果是右括号"）"（手持 100 元的球迷），则让栈尾的左括号"（"（手持 50 元的球迷）出栈，如果始终能够保证栈中有足够的左括号，那么该排列是一个合法的排列。

因此，可以做如下分析。第 0 个符号一定是左括号，否则该队列肯定出错。假设第 0 个左括号跟第 k 个符号匹配。那么从第 1 个符号到第 $(k-1)$ 个符号，第 $(k+1)$ 个符号到第 $2n-1$ 个符号也都是一个合法的括号序列。可想而知，k 肯定是奇数。否则，第 2 个符号到第 $(k-1)$ 个符号之间只有奇数个符号就不合法，设 $k=2i+1$（$i=0,\cdots,n-1$）。

如图 4-3 所示。

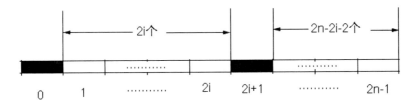

图 4-3 括号排列示意图

假设 $2n$ 个符号中合法的括号序列个数为 $f(2n)$，若第 0 个括号（左括号）与第 $k = 2i+1$（$i=0,1,\cdots,n-1$）个括号（右括号）匹配，那么剩余括号的合法序列为

$f(2i) \times f(2n-2i-2)$ 个，根据上面的分析，可以得到如下递推式：

$$f(2n) = \sum_{i=0}^{n-1} f(2i)f(2n-2i-2)$$

$$= f(0) \times f(2n-2) + f(2) \times f(2n-4) + \cdots + f(2n-4) \times f(2) + f(2n-2) \times f(0)$$

（其中 $f(0) = 1$）。这样我们可以用 $O(n \times n)$ 的时间求出问题的答案。

可以根据上述递推式，进一步得到通项公式：$f(2n) = \dfrac{1}{n+1}\dbinom{2 \times n}{n}$，又称 Catalan 数。

我们不打算在这里讲解如何推导出这个公式，但会用另一种解法得到同样的答案。

解法二

为了便于描述，这里用 1 表示持有 50 元的球迷，用 0 表示持有 100 元的球迷。那么 $2n$ 个球迷的排队就对应 n 个 1 和 n 个 0 的排列，例如：1, 1, 0, 0, 0, $\cdots$, 1。如果序列的任意前 k（$k = 1, 2, \cdots, 2n-1$）项中 1 的个数都不少于 0 的个数，我们称这样的一个序列是合法的，否则称其为非法的。显然合法的序列正好与可行的排列方式一一对应。同时，称由 $n-1$ 个 1 和 $n+1$ 个 0 组成的序列为 Sigma 序列(这个名字没有任何特别的意义)，这样的序列共有 $\dbinom{2 \times n}{n-1}$ 个，我们会在后面用到。

n 个 1 和 n 个 0 总的排列数为 $\dbinom{2 \times n}{n}$（$2n$ 个位置，选择 n 个给 1，剩下的 n 个给 0 就可以了），即合法序列数和非法序列数的总和。我们需要求解合法的序列数，但在尝试后会发现直接求解合法序列不是好办法，那就试着来求解非法序列吧。

由定义知道，在一个非法序列中，存在某个（些）k，使得序列前 k 项中 1 的个数少于 0 的个数。进一步地，存在某个（些）k，使得序列前 k 项中 1 的个数比 0 的个数刚好少 1 个（想一想为什么）。取其中最小的 k。那么这个序列的后 $2n-k$ 项中 1 的个数刚好会比 0 的个数多 1 个。将后 $2n-k$ 项的 0 换为 1，1 换为 0，于是得到一个新的序列：由 $n-1$ 个 1 和 $n+1$ 个 0 组成的 Sigma 序列。我们已经成功地将一个非法序列对应到唯一一个 Sigma 序列。

那么一个 Sigma 序列能唯一地对应到一个非法序列吗？对任意一个 Sigma 序列，存在某个（些）k，使得序列的前 k 项中 1 的个数少于 0 的个数（因为只有 $n-1$ 个 1，而有 $n+1$ 个 0）。进一步地，存在某个（些）k，使得序列的前 k 项中 1 的个数比 0 的个数刚好少 1 个（想一想这又是为什么），取其中最小的 k。那么这个序列的后 $2n-k$ 项中 1

的个数刚好会比 0 的个数少 1 个。将后 $2n-k$ 项的 0 换为 1，1 换为 0，于是得到一个新的序列：由 n 个 1 和 n 个 0 组成。而这个序列正是一个非法的序列（因为前 k 项中 1 的个数比 0 少）。我们又成功地将一个 Sigma 序列对应到唯一一个非法序列。

由此我们知道，非法序列和 Sigma 序列是一一对应的。非法的序列个数为 $\begin{pmatrix} 2 \times n \\ n-1 \end{pmatrix}$；合法的序列数，也就是可行的排队方式数则为 $\begin{pmatrix} 2 \times n \\ n \end{pmatrix} - \begin{pmatrix} 2 \times n \\ n-1 \end{pmatrix} = \frac{1}{n+1} \begin{pmatrix} 2 \times n \\ n \end{pmatrix}$。

扩展问题

1. 矩阵连乘问题：$P = a_1 \times a_2 \times a_3 \times \cdots \times a_n$，依据乘法结合律，不改变矩阵的相互顺序，只用括号表示成对的乘积，试问有几种括号化的方案？

2. 将多边形划分为三角形问题。求一个凸多边形区域划分成三角形区域的方法数。

   与此题类似的题目 1：某个城市的某个居民，每天他需要走 $2n$ 个街区去上班（他在其住所以北 n 个街区和以东 n 个街区处工作）。如果他从不穿越（但可以碰到）从家到办公室的对角线，那么有多少条可能的道路？

   与此题类似的题目 2：在圆上选择 $2n$ 个点，将这些点成对连接起来，且所得 n 条线段不相交，求可行的方法数。

3. n 个结点可构造多少个不同的二叉树。

4.4 ★★★ 点是否在三角形内

如果在一个二维坐标系中，已知三角形顶点的坐标，那么对于坐标系中的任意一点，如何判断该点是否在三角形内（点在三角形边线上也可）？

假设三角形顶点的坐标为 ABC（逆时针顺序），需要判断点 D 是否在该三角形内。

这个问题比较简单，但是可以通过多种有趣的思路来避免采用复杂的计算方式。

分析与解法

当你开始解答此题时，很可能会直接研究这个任意点与三角形的顶点或边之间的关系，进而做出判断。在试着摆放时，你可能会发现，利用垂线的交点可以进行分析（如图 4-4 所示）。

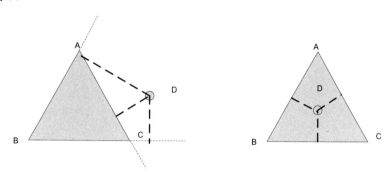

图 4-4 利用垂线信息判断点与三角形的关系

从图 4-4 中可以直观地分析出，如果点 D 在三角形内，则所有的垂线交点都在三角形的边线之内。如果点 D 在三角形之外，则垂线的交点就会在三角形边线的延长线上。

但图 4-4 的情况是否具有通用性呢？且慢！我们再考虑其他情况看看，如图 4-5 所示。如果 D 点很靠近三角形，或者此三角形是钝角三角形，那我们上面的"直观分析"都是不对的，看来我们的第一次尝试并不可取。

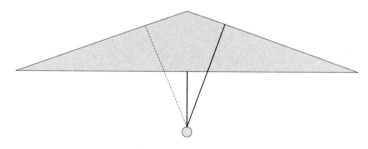

图 4-5 垂足全部在三角形以内的情况

解法一

我们再研究点和线段之间的关系，可以考虑把点 D 和其他的三个点连接起来进行分析。也就是利用图 4-6 的图形来分析这个问题。

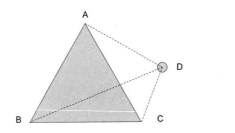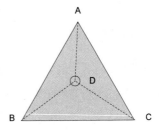

图 4-6 利用面积来判断点与三角形的关系

从图中可以看出，这个问题可以非常直观地转化为比较三角形的面积，即通过比较三角形 ABC 的面积与三角形 ABD、BCD、CAD 面积之和的大小来判断点是否在三角形内。

设 $S = $ Area（ABC）、$S_1 = $ Area（ABD）、$S_2 = $ Area（BCD）、$S_3 = $ Area（CAD）。

如果 $S = S_1 + S_2 + S_3$，那么点 D 在三角形 ABC 的内部或边上；如果 $S_1 + S_2 + S_3 > S$，则点 D 在三角形外部。

按照这种算法，计算量会大大减少（如代码清单 4-1 所示）。

代码清单 4-1

```
struct point
{
    double x, y;
};

double Area(point A, point B, point C)
{
    // 边长
    double a, b, c = 0;

    // 计算出三角形边长, 分别为a、b、c
    Compute(A, B, C, a, b, c);
    Double p = (a + b + c) / 2;
    return sqrt((p - a) * (p - b) * (p - c) * p);      // 海伦公式
}

// 如果D在三角形内, 返回true, 否则返回false
bool isInTriangle(point A, point B, point C, point D)
{
    // Area(A, B, C)函数返回以A、B、C为顶点的三角形的面积
    return(Area(A, B, D) + Area(B, C, D) + Area(C, A, D)≤Area(A, B, C))
}
```

注：此处利用了浮点计算来判断 if（Area（A, B, D）+ Area（B, C, D）+ Area（C, A, D）>
Area（A, B, C）），由于浮点有精度问题，可能出现计算误差。这不是本题的重点，它不
会影响读者理解逻辑。

解法二

仍然考虑从点和直线之间的关系着手，从下面的图 4-7 中，我们可发现如下的规律。

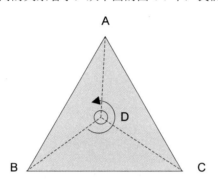

图 4-7　利用点与直线的关系

由于三角形是凸的，所以如果有一个点 D 在三角形 ABC 内，那么沿着三角形的边界逆
时针走，点 D 一定保持在边界的左边，也就是说点 D 在边 AB、BC、CA 的左边。

判断一个点 P_3 是否在一条射线 P_1P_2 的左边，可以通过 P_1P_2，P_1P_3 两个向量叉积的正负
来判断，如图 4-8 所示。

图 4-8　点关系的矢量表示

如果叉积为正，则 P_3 在射线 P_1P_2 的左边；如果叉积为负，则 P_3 在射线 P_1P_2 的右边；如
果叉积为 0，则 P_3 在射线 P_1P_2 所在的直线上。

请看代码清单 4-2。

代码清单 4-2

```
struct point
{
    double x, y;
```

```
};

double Product(point A, point B, point C)
{
    return (B.x - A.x) * (C.y - A.y) - (C.x - A.x) * (B.y - A.y);
}
//A, B, C 在逆时针方向
//如果 D 在 ABC 之外，返回 false，否则返回 true
//注：此处依赖于 A、B、C 的位置关系，其位置不能调换
bool isInTriangle(point A, point B, point C, point D)
{
    if (Product(A, B, D) >= 0 && Product(B, C, D) >= 0 &&
      Product(C, A, D) >= 0)
    {
        return true;
    }
    return false;
}
```

扩展问题

如果不包括点在边线上的情形，这些解法需要做什么修改？

若要判断一个点是否在一个凸多边形内呢？

进一步，如何判断一个点是否在一个不自交多边形（不保证为凸的）内？

或者又怎么判断一个点是否在一个四面体内呢？

4.5 ★★ 磁带文件存放优化

磁带是一种线性存储设备，一个文件在磁带上的存储区域是完整而且连续的，而多个文件的存储区域是相互独立且连续分布的，如图 4-9 所示。与今天大量使用的磁盘式存储设备不同，磁带没有扇区、柱面、磁道等概念，所以在进行文件寻址时需要耗费线性时间，即要定位到磁带上的第 n 个文件，需要依次经过前面的 $n-1$ 个文件的磁带长度。如今，磁盘式存储设备一般能以低于线性时间的效率进行寻址，但是磁带式存储设备因其低廉的价格，简单的存储结构及海量的存储空间，在今天依然被许多数据中心选为数据备份设备。

File 1	File 2	File 3	… …

图 4-9　文件在磁带上呈线性分布

大型的数据中心一般会采用一个磁带 SAN（Storage Area Network，存储区域网络）作为备份设备（如图 4-10 所示）。假设其中一盘磁带上有 n 份文件，它们的长度分别为 $L[0], L[1], \cdots, L[n-1]$，且被访问的概率分别为 $P[0], P[1], \cdots, P[n-1]$。请问怎样安排它们在磁带上的存储顺序最好？

图 4-10　一台典型的大型磁带备份设备示意图

分析与解法

首先，我们要考虑的是，何谓"最好"的存储顺序？之前提到过，磁带是一种线性存储设备，对存储于其上的第 n 个文件的寻址先要经过前面 $n-1$ 个文件的磁带长度，时间复杂度为 $O(N)$。那么，如果能找到一种文件存储顺序，使得访问这些文件所需经过的平均磁带长度最短，那么就可以获得"最佳"的访问效率，也就是所谓的"最好"存储顺序。

根据概率论里数学期望的定义，访问这些文件的平均长度为

$$E(L) = \sum_{i=0}^{n-1}(P[i] \times \sum_{j=0}^{i} L[j]) \qquad \text{（式 1）}$$

如果这些文件被访问的概率相等，即 $P[i] = p$（$i = 0, 1, \cdots, n-1$），则有：

$$E(L) = P \times \sum_{i=0}^{n-1}\sum_{j=0}^{i} L[j]$$

$$= p \times \{ n \times L[0] + (n-1) \times L[1] + \cdots + L(n-1) \} \qquad \text{（式 2）}$$

$L[j]$ 表示排在第 j 个位置的文件之长度

$P[i]$ 表示排在第 i 个位置的文件被访问的概率

从式 2 中可以看出，要让 $E(L)$ 最小，只要让 $\{ n \times L[0] + (n-1) \times L[1] + \cdots + L(n-1) \}$ 最小即可，也就是让被乘次数最多的文件长度最短，次多的文件长度次短，依次递增文件长度。用一句话来概括，就是按照文件长度由短到长地将文件存储到磁带上，即可得到最佳访问效率。

如果这些文件的长度一样，而访问的概率各不相同，又该按何种存储顺序存储文件呢？

同上一个问题的分析思路一样，我们先求出 $E(L)$ 的表达式，因为 $L[i] = 1$（$i = 0, 1, \cdots, n-1$），有：

$$E(L) = \sum_{i=0}^{n-1}(P[i] \times (i+1) \times 1)$$

$$= 1 \times \sum_{i=0}^{n-1}\{ P[i] \times (i+1) \} \qquad \text{（式 3）}$$

从式 3 中可以看出，按访问概率从大到小排列文件最好。这样可以保证查找的平均长度最小。

如果文件长度和被访问的概率都不同，何种存储顺序又是最好的呢？

从推导式中可以看出：

$$E(L) = \sum_{i=0}^{n-1}(P[i] \times \sum_{j=0}^{i} L[j])$$

我们可以先用一个具体的例子来计算一下，看看能不能发现什么规律：

假设有两个文件 A 和 B，其长度 L 分别为 10、6，而被访问概率 P 为 0.4、0.6。

那么，把文件 B 排在文件 A 前面。这样平均访问长度为 $0.6 \times 6 + 0.4 \times (6 + 10) = 10$。

由于没有办法直接利用文件的长度和访问概率来进行分析，那么我们可以分析概率/访问长度。

对于上述例子，第一个文件的 $P/L = 0.6/6 = 0.1$，第二个文件的 $P/L = 0.4/16 = 0.025$。

如果文件 A 在文件 B 前面，平均访问长度为 $0.4 \times 10 + 0.6 \times (6 + 10) = 13.6$。

其中，第一个文件的 $P/L = 0.4/10 = 0.04$，第二个文件的 $P/L = 0.6/16 = 0.0375$。

我们可以根据上面的推导，判断出 $P[i]/L[i]$ 的值从大到小排列即为最佳存储顺序。

4.6 ★★★ 桶中取黑白球

有一个桶，里面有白球、黑球各 100 个，人们必须按照以下的规则把球取出来：

1. 每次从桶里面拿两个球；

2. 如果是两个同色的球，就再放入一个黑球；

3. 如果是两个异色的球，就再放入一个白球。

问：最后桶里面只剩下一个黑球的概率是多少？

分析与解法

拿到这个问题的时候，很多读者可能会被"100"这个数字吓倒，然后陷入痛苦的思索中。是不是要记录几百次的操作才可能得到结果呢？该怎么处理球的不同组合呢？分析这种问题，如果仅仅依靠枚举的思路，很难得到期望的结果。相反，如果先通过规模比较小的情况（比如假设黑白球各 10 个、各 5 个甚至各 2 个）来分析和推断，然后找出其内在的规律，并归纳总结，答题就会比较容易了。

解法一

因此，让我们从题目条件出发，先让自己的脑海中浮现出一个大桶，桶里面有白球和黑球各两个，然后开始取球。

为了更好地描述问题，我们可以用一个 set（黑球数目，白球数目）来表示桶里面黑球和白球的个数。对于每种球各两个的情况，就可以把桶内黑球、白球表示为 $(2, 2)$，第一个数表示黑球的数目，第二个数表示白球的数目。例如，我们可以用 $(-2, 0)$ 来表示黑球数目减少了两个，而白球的数目不变。类似地，$(0, -2)$ 用来表示减少了两个白球，而黑球的数目不变。我们可以通过定义如下的关系来说明对球的操作：

$$(a, b) + (x, y) = (a+x, b+y)$$

$$(a, b) - (x, y) = (a-x, b-y)$$

这样，每次对球的操作，都可以表示为相应的符号操作。

根据获取黑白球的规则，我们可以得到如下推论。

1. 由于每次取出两个球之后，均只会放回一个球，那么，每经过一次操作，桶内球的总数会减少一个。也就是说，球的个数肯定会逐步减少，最后减少到规模在我们可控的范围之内。

2. 从桶中取出两个球之后，只可能进行下列三种操作之一。

   取出的是两个黑球，则放回一个黑球：$(-2, 0) + (1, 0) = (-1, 0)$

   取出的是两个白球，则放回一个黑球：$(0, -2) + (1, 0) = (1, -2)$

   取出的是黑球白球各一个，则放回一个白球：$(-1, -1) + (0, 1) = (-1, 0)$

根据上面的规则，对于 $(2, 2)$ 的情况：

第一次操作之后，结果是（1,2）或（3,0）。

第二次操作之后：

对于（1,2）的情况：如果是取两个白球，那么剩下的球为（2,0）；如果各取一个，那么结果为（0,2）。

对于（3,0）的情况：只能取两个黑球，那么结果显然为（2,0）。

第三次操作之后：

对于（2,0）的情况，结果只能为（1,0）。

对于（0,2）的情况，结果同样也只能为（1,0）。

从上面的推断可以看出：

1. 每次都会减少一个球，那么最后的结果肯定是桶内只剩一个球。要么是黑球，要么是白球。

2. 每次拿球后，白球数量要么不变，要么就是两个两个地减少。

可以得出，最后不可能剩余一个白球，那么必然是黑球了。

解法二

前面的分析似乎过于具体，我们从数学的角度抽象一下，再次回过头来看题目条件：

1. 如果是两个同色的球，就再放入一个黑球；
2. 如果是两个异色的球，就再放入一个白球。

根据上面两个条件，可以类似地想到离散数学中的异或（XOR）：

两个相同的数，异或等于0。

两个不同的数，异或等于1。

由于当球不同时，就可以再放入一个黑球。那么我们只能把黑球赋值为0，白球赋值为1了。

脑海中浮现的大桶中将不再装着黑球和白球，而是100个1和100个0。

对于每次操作可以做这样的抽象：每次捞出两个数字做一次异或操作，并将所得的结果（1或0）丢回桶中。这样每次操作的过程都不会改变所有球权值的异或值。

同样可以考虑用比较少的数据来说明这个问题。

假设黑、白球各两个，参数为 (2, 2)，假设操作过程如下。

1. 取出两个黑球，放回一个黑球。0 XOR 0 = 0，剩下的结果为 (1, 2)。

2. 取出一黑一白，放回一个白球。0 XOR 1 = 1，剩下的结果为 (0, 2)。

3. 最后只能取出两个白球。1 XOR 1 = 0，剩下的结果为 (1, 0)。

因为异或满足结合律，即 (a XOR b) XOR c = a XOR (b XOR c)，那么上面操作的顺序并不会影响后面的结果。

从上面的推导中可以看出，取球的过程相当于把里面所有的球进行异或操作，也就是说 1 XOR 1 XOR 0 XOR 0 = 0。

因此，剩下一个球的时候，桶中的权值等于初始时刻所有球权值的异或值，也就是 0。所以剩下一个球的时候一定是黑球。

从上面的解法可以看出，分析复杂问题，最有效的方法就是通过简单的例子进行分析，然后根据归纳出的结论分析结果。适当的数学抽象在解决问题的过程中往往有画龙点睛的作用。

扩展问题

1. 如果桶中球的个数为黑白各 99 个，那么结果会怎样？

   根据前面的分析，我们已经清楚地知道，可以通过对所有的数字进行异或运算来得到结果，最后异或运算的结果为 1。也就是说，最后会剩下一个白球。

   同样，我们可以很容易地发现：如果每种球的个数为偶数，那么最后剩下的一定是黑球；如果球的个数是奇数，那么最后剩下的一定是白球。

2. 如果黑白球的数量不定，结果又会怎样？

从前面的分析中可以看出，事实上，我们不用太在乎球的数量，只需在乎异或运算的结果就行了。因此，对于球的数目任意的情况，同样只需看最后异或运算的值即可。

4.7 ★★ 蚂蚁爬杆

有一根 27 厘米的细木杆，在第 3 厘米、7 厘米、11 厘米、17 厘米、23 厘米这五个位置上各有一只蚂蚁。木杆很细，不能同时通过两只蚂蚁。开始时，蚂蚁的头朝左还是朝右是任意的，它们只会朝前走或调头，但不会后退。当任意两只蚂蚁碰头时，它们会同时调头朝反方向走。假设蚂蚁们每秒钟可以走一厘米的距离。编写程序，求所有蚂蚁都离开木杆的最短时间和最长时间，如图 4-11 所示。

图 4-11

分析与解法

解法一

面试中有些问题，其表面的复杂性，会导致应聘者使用蛮力（brute force）来解决。对于这道题，应聘者可能会考虑枚举蚂蚁的初始朝向，模拟每一个蚂蚁的运动来解决。程序将既缺乏可读性，又缺乏灵活性且效率低下，显然不足以打动面试者。

解法二

其实每个复杂问题的背后，都有一些简单的规律，无论是在面试中还是在实际工作中都是这样。而这种化繁为简的能力正是面试者所期望的。问题是求所有蚂蚁离开木杆的时间，并不需要具体蚂蚁的运动信息，因此就有了利用简便方法的机会。

首先对蚂蚁的运动情况进行分析。当两个蚂蚁碰头的时候，会发生怎样的情况？

图 4-12 是两只蚂蚁碰头过程的示意图，从上到下分别为碰头前、碰头、碰头后。

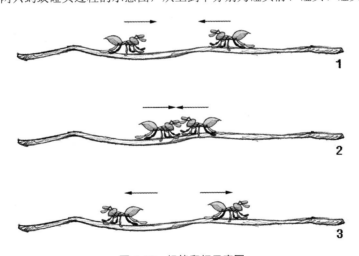

图 4-12　蚂蚁爬杆示意图

从图 4-12 中可以分析出，虽然两个蚂蚁相遇后是掉头往反向走，但是，可以"看成"两个蚂蚁相遇后，擦肩而过。也就是说，可以认为蚂蚁的运动是独立的，是否碰头并不是重点。

这样，虽然每个蚂蚁运动的轨迹都与原来不一样了，但所有蚂蚁离开木杆的最短时间和最长时间是不变的。只需分别计算每个蚂蚁离开木杆的时间，即可求出所有蚂蚁离开木杆的时间了。

这样，程序只需遍历所有蚂蚁，把每个蚂蚁走出木杆的最长时间（蚂蚁向离自己较远的一端走去），最短时间（蚂蚁向离自己较近的一端走去）分别求出来，得到最大值，就是所有蚂蚁离开木杆的最短时间和最长时间。

伪代码如清单 4-3 所示。

代码清单 4-3

```
void CalcTime(double Length,      // length of the stick
              double *XPos,       // position of an ant, <=length
              int AntNum,         // number of ants
              double Speed,       // speed of ants
              double &Min,        // return value of the minimum time
              double &Max)        // return value of the maximum time
{
    //parameter checking.  Omitted.

    //total time needed for traveling the whole stick
    double TotalTime = Length / Speed;

    Max =0; Min = TotalTime;
    for(int i = 0; i < AntNum; i++)
    {
        double currentMax = 0;
        double currentMin = 0;
        if(XPos[i] > (Length / 2))
        {
            currentMax = XPos[i] / speed;
        }
        else
        {
            currentMax = (Length - Xpos[i]) / speed;
        }
        currentMin = TotalTime - Max;

        if (Max < currentMax)
        {
            Max = currentMax;
        }

        if (Min < currentMin)
        {
            Min = currentMin;
        }
    }
}
```

事实上，这个程序可以再进一步优化，由于所有蚂蚁的速度是一样的，所以蚂蚁位置直接决定了蚂蚁离开木杆的时间。在程序中可以算出两个值之后（分别是离中点最近的一点和离任一末端最近的一点），再计算时间即可。

扩展问题

1. 第 i 个蚂蚁，什么时候走出木杆？

2. 如果蚂蚁在一个平面上运动，同样也是碰头后原路返回（这样和弹性碰撞不同，不能等同于两个蚂蚁交换继续前进），问蚂蚁如何走出平面？

3. 问蚂蚁一共会碰撞多少次？

4. 两人 A（速度为 a），B（速度为 b）在一直路上相向而行。在 A、B 距离 s 的时候，A 放出一只鸽子 C（速度为 c），C 飞到 B 后，立即调头飞向 A，遇到 A 后又飞向 B⋯⋯就这样在 AB 间飞来飞去，直到 AB 相遇。问这期间鸽子共飞了多少路程？

5. 轮船（速度为 a）在长江（速度为 b）里逆流而行。某个时刻，从船上落下一个救生圈到水中。一个小时后，船员才发现这一情况，于是调头去找。问什么时候轮船可找到这个救生圈？

4.8 ★★ 三角形测试用例

前来面试研发职位的同学大部分都觉得"测试"是一个很容易的事情，但是事实并非如此。测试和开发还是有些不一样的。打个比方，看到一杯半满的水，从乐观的角度看，会觉得——杯子一半都满了！而从悲观的角度来看——杯子还有一半是空的！测试工程师必须具备从各种角度看问题，找出可能缺陷的能力。当团队中别的同事欢呼"项目快要完成了"的时候，测试工程师必须能看到杯子里还有什么地方是空的。

我们举一个判定三角形的例子：输入三角形的三条边长，判断是否能构成一个三角形（不考虑退化三角形，即面积为零的三角形），是什么样的三角形（直角、锐角、钝角、等边、等腰）。

函数声明为 byte GetTriangleType(int, int, int)。

  1. 如何用一个 byte 来表示各种输出情况？

  2. 如果你是一名测试工程师，应该如何写测试用例来完成功能测试呢？

分析与解法

问题 1 的解法

首先我们把需要考虑的状态简单分为三角形和非三角形两种，其中三角形又包括直角、锐角、钝角、等边、等腰。题目要求用一个 byte 来表示各种输出结果，一个 byte 为 8 个 bit，能够表示 0~255，即一个 byte 可以表示 256 种状态，自然我们可以穷举所有可能的三角形状态，然后对其一一编号，如将非三角形编号为 0、直角三角形编号为 1、锐角三角形编号为 2，以此类推。但考虑，一个直角三角形同时也可能是等腰三角形，一个等边三角形同时也是锐角三角形，那么在上述编码的基础上，要想表述更精确，需要继续扩展编码。但这样的编码方式使得编码结果没有规律可循，容易造成混淆。有没有更好的表达方式呢？我们可以考虑按标志位编码，将 1 个 byte 从右到左（或者从左到右）依次按位赋予含义，如表 4-1，第 0 位表示等腰，第 1 位表示等边，等等。各位取 1 表示该状态为真，其中第 7 位表示该状态是否为三角形，是则为 1，否则为 0。那么便可很方便地表示几种状态同时存在，如 10 010 001 则表示这是一个等腰直角三角形。剩余的第 6 位和第 5 位可以留作错误编码，比如用于表示两边之和小于第三边等，读者可自行设计，这里为了简单起见，所有的非三角形我们只将三角形标志位（第 7 位）设置为 0，如表 4-1 所示。

表 4-1

7	6	5	4	3	2	1	0
三角形标志位			直角	锐角	钝角	等边	等腰

问题 2 的解法

可能很多读者会认为，具备初中数学常识的同学都能比较容易地写出算法。从测试的角度来看，貌似也不会太复杂吧？其实不然，作为一名测试者，要测试一个程序，具体的工作就是要分析程序可能出现的漏洞，并编制测试用例来有针对性地进行尝试，观察程序是否正常工作。通常测试可分为以下三个方面：程序在正常输入下的功能测试，测试程序在非法输入时的表现，测试程序对边界值附近输入的处理。对于"三角形判定"这道题目，测试用例看起来应该是这样的：

预期输入：a，b，c（三个数值，代表三条边的长度）。

预期输出：采用问题 1 中的编码输出，即非三角形或三角形的具体状态。

1. 程序在正常输入下的功能测试，如表 4-2 所示。

表 4-2

用例 id	输入	预期输出	描述
1	(4, 1, 2)	00000000	非三角形
2	(5, 5, 5)	10001011	等边三角形
3	(2, 2, 3)	10000001	等腰三角形
4	(3, 4, 5)	10010000	直角三角形
5	(2, 3, 4)	10000100	钝角三角形
6	(100, 99, 2)	10001000	锐角三角形

提示：需要交换三边长度顺序以确保对每条边的判断，如对用例 1 还需要测试 (1, 2, 4) 及 (2, 4, 1) 等 5 组用例（后面的用例应做相同的操作）。

2. 测试程序在非法输入时的表现，如表 4-3 所示。

表 4-3

用例 id	输入	预期输出	描述
8	(0, 1, 2)	00000000	0 值
9	(−1, 1, 2)	00000000	负值
10	(a, 1, 2)	00000000	类型错误

3. 测试程序对边界值附近输入的处理（假设 $1 <= a, b, c <= 100$），如表 4-4 所示。

表 4-4

用例 id	输入	预期输出	描述
11	(50, 50, 1)	10000001	等腰三角形
12	(50, 50, 2)	10000001	等腰三角形
13	(100, 100, 99)	10000001	等腰三角形
14	(100, 100, 100)	10001011	等边三角形
15	(50, 50, 100)	00000000	非三角形
16	(1, 1, 1)	10001011	等边三角形
17	(1, 1, 2)	00000000	非三角形
18	(1, 1, 99)	00000000	非三角形
19	(1, 1, 100)	00000000	非三角形

提示：中间值通常能被正确处理，而边界值则往往因为判断语句使用<、>还是<=、>=
　　　而引起错误。

因为篇幅关系，以上表格中尚未包括换位枚举。对于一个简单的三角形判定问题，测试
用例也远不止这 20 个。在真正严格的测试，尤其是在自动化测试中，为了测试充分，
这样的做法是有价值而且必要的。

微软的笔试题里曾出现过不少类似的题目，很多人只能给出 4~5 个测试用例，事实上，
只有给出 15~20 个测试用例才能得到较高的分数。

扩展问题

1. 如果三角形的各个边长是浮点数，测试用例会有什么变化呢？

2. 如果你负责测试文本编辑软件 Word 的"另存为……"（Save As …）功能，你
能写出多少有条理，有组织的测试用例？

4.9 ★★★
数独知多少

通过前面题目（1.15 节"构造数独"）的介绍，相信大家都已经很熟悉数独游戏了，我们还有几个"小"问题没有解决。

图 4-13 是一个已完成的数独，可以看出，图中每一行、每一列和九个 3×3 的小矩阵都没有重复的数字出现。

1	2	3	4	5	6	7	8	9
4	5	6	7	8	9	1	2	3
7	8	9	1	2	3	4	5	6
2	3	4	5	6	7	8	9	1
5	6	7	8	9	1	2	3	4
8	9	1	2	3	4	5	6	7
3	4	5	6	7	8	9	1	2
6	7	8	9	1	2	3	4	5
9	1	2	3	4	5	6	7	8

图 4-13　数独游戏 1

图 4-14 是另一个填好的数独。

1	2	5	8	6	4	3	9	7
8	6	4	7	3	9	1	5	2
3	9	7	1	5	2	4	8	6
7	4	8	5	1	6	9	2	3
5	3	2	9	4	8	7	6	1
9	1	6	3	2	7	8	4	5
2	5	1	4	9	3	6	7	8
6	8	9	2	7	1	5	3	4
4	7	3	6	8	5	2	1	9

图 4-14　数独游戏 2

问题

一共有多少种不同的数独解答呢？其中有多少种是独立的解答呢？

如果我们要用一个简单的字符串来表示各种数独（例如：上面的数独可以用"125864…685219"来表示），如何在保证——对应的基础上，让字符串的长度最短？

分析与解法

有多少种数独的解答呢？在这些解答中，独立的解答有多少呢？现在我们假设面试者给你出了这个问题，你也许会想——啊呀，如果我提前背下"数独总数"这个答案和证明就好了……

其实，面试者不是在考你的记忆力，面试者要看到的是应聘者如何思考，如何着手解决有挑战性的问题。

很多应聘者听到这个问题，就陷入了沉思，或者急忙开始演算。其实解决问题的第一步，就是要明确问题到底是什么，这和做软件项目类似——如果客户告诉你："我想做一个网站……"

你不会马上打断用户："好！不要再说了，你回去吧，三个月后网站交付！"你会进一步去问，什么样的网站？网站要解决什么问题？用户是谁？类似的网站有那些……

同样，对于"数独的所有解答"这一问题，你应该反问："'独立'是什么意思？所有解答是精确到个位数的答案，还是一个估计值？"

谈到"独立"，就要研究独立的定义。我们可以看出，任意交换数独的两个数字（例如：图 4-13 中所有"1"都变成"9"，同时"9"都变成"1"），得到的仍是一个合法的数独解答。那么，我们可以定义：如果两个数独解答可以通过这种方式转换得到对方，则它们不是独立的。

基于上述的定义，每个数独解答都可以通过上述的转化，把它们九宫格的左上 3×3 小格转化为图 4-15 的"标准型"。

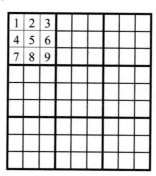

图 4-15　标准型九宫格

不考虑是否独立的情况下，一个空的数独有 N 个解答，那么考虑了上述的等价关系之后，独立的解答数目应该是 $N/(9!)$。[1]

关于解答的总数，面试者想要的其实只是一个近似的答案。如果应聘者能够在短时间内通过分析，把大问题分解为若干个子问题，然后推导出这个答案的上界和下界，就算很不错了[2]。

我们在这里展示一种用探索（heuristic）的方法估计解答总数的思路。数独的 9 个子块标记如图 4-16 所示。

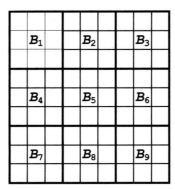

图 4-16　数独的 9 个子块

为了方便讨论，称 B_1、B_2 和 B_3 组成一个"块行"，如果一个解使得"块行"内每行每块都恰好包含 1 到 9 这九个数字，则称该解为一个"块行解"；称 B_1、B_4 和 B_7 组成一个"块列"，如果一个解使得"块列"内每列每块都恰好包含 1 到 9 这九个数字，则称该解为一个"块列解"；如果九个数字在一个块内按如下方式排列，则称其为"标准型"（如图 4-17 所示）。

1	2	3
4	5	6
7	8	9

图 4-17　数独的标准型排列

首先讨论有多少组"块行解"。假设 B_1 是"标准型"，一旦我们能得到一个基于 B_1"标准型"的"块行解"，我们就能通过一个 1 到 9 的"置换"得到另一个"块行解"（"置

1　如果考虑等价关系翻转/旋转呢？这是一个有一定挑战性的问题，留给读者思考。
2　有应聘者一开始就断言数独的总数不会超过 9 个，并花了很多时间证明这一点，不过没有证明出来。

换"是指每个数字都变化为 1 到 9 中的一个数字，变化后的数字依然是 1 到 9，九个不重复的数字）。显然这样的"置换"共有 9!个，所以如果基于 B_1 "标准型"的"块行解"有 N 个，则"块行解"总共有 9!×N 个。

下面讨论基于 B_1 "标准型"的"块行解"个数。B_2 和 B_3 第一行的构成有两种可能性：由 B_1 的第二行或第三行构成（"纯粹型"），或者由 B_1 第二行第三行混合构成（"混合型"）。"纯粹型"如图 4-18 所示。

1	2	3	{4,	5,	6}	{7,	8,	9}
4	5	6	{7,	8,	9}	{1,	2,	3}
7	8	9	{1,	2,	3}	{4,	5,	6}

图 4-18 纯粹型

每一行中的 3 个元素都可以任意交换，并且 B_2 和 B_3 位置也可以交换，所以共有 $2×(3!)^6$。"混合型"如图 4-19 所示。

1	2	3	{4,	5,	7}	{6,	8,	9}
4	5	6	{8,	9,	a}	{7,	b,	c}
7	8	9	{6,	b,	c}	{4,	5,	a}

图 4-19 混合型

其中 a、b、c 表示 1、2、3 所在位置，a 可以是 1、2、3 中的任何一个数，每一行中的 3 个元素都可以任意交换，B_2 和 B_3 位置可以交换，此外 B_2 和 B_3 的第一行共有如下九种可能性。

$$\{4,5,7\}|\{6,8,9\}$$
$$\{4,5,8\}|\{6,7,9\}$$
$$\{4,5,9\}|\{6,7,8\}$$
$$\{4,6,7\}|\{5,8,9\}$$
$$\{4,6,8\}|\{5,7,9\}$$
$$\{4,6,9\}|\{5,7,8\}$$
$$\{5,6,7\}|\{4,8,9\}$$
$$\{5,6,8\}|\{4,7,9\}$$
$$\{5,6,9\}|\{4,7,8\}$$

所以共有 $3×2×9×(3!)^6$。因此"块行解"共有 $9!×(2×(3!)^6+3×2×9×(3!)^6)=948\,109\,639\,680$。

同理，"块列解"也有 948 109 639 680 组解。

满足每个子块都由 1 到 9 填充的解共有 $N=(9!)^9$。"块行解"有 948 109 639 680，九宫格内有三个"块行"，所以满足每行每块都由 1 到 9 填充的解共有 $M=948\ 109\ 639\ 680^3$。满足块行限制解在满足块限制解中所占的比例为 $k=M/N$。同理满足块列限制解在满足块限制解中所占比例也为 $k=M/N$。假设以上两个比例相互独立（事实上它们并不完全独立），则同时满足块行列限制解在满足块限制解中所占比例约为 k^2，因此同时满足块行列限制的解（即空九宫格的解）总数约为 $N\times k^2=948\ 109\ 639\ 680^6/(9!)^9\sim 6.657\ 1\times10^{21}$。该估计结果与精确结果 6.671×10^{21} 相差大约 0.2%。[1]

再考虑第三个问题，如果现在有一个数独答案，我们怎么记录这个答案呢？最直接的方法我们可以从上到下，从左到右记录每一个数字。比如对于图 4-20，

1	2	3	4	5	6	7	8	9
4	5	6	7	8	9	1	2	3
7	8	9	1	2	3	4	5	6
2	3	4	5	6	7	8	9	1
5	6	7	8	9	1	2	3	4
8	9	1	2	3	4	5	6	7
3	4	5	6	7	9	1	2	
6	7	8	9	1	2	3	4	5
9	1	2	3	4	5	6	7	8

图 4-20　数独答案记录

数独可以记录为

123456789456789123789123456234567891567891234891234567345678912678912345912345678。

每个数字用一个 char 来存储的话，需要空间 81byte。如果用 4bit 表示一个数字，仍需要 40.5byte。

你也许很快可以发现，我们只需要记录数独左上 8×8 方阵中的 64 个数字，其他 17 个数字必然可以从这 64 个数字中推出来。这样，我们还使用上述最简单编码，则只需要 32byte，记录数独为

123456784567891278912345234567895678912389123456345678916789 1234。

---

1 参考文献: *http://www.afjarvis.staff.shef.ac.uk/sudoku/felgenhauer_jarvis_spec1.pdf*。

肯定还有很多方法可以进一步压缩空间，例如每一个数字（1~9）用 4 个位就可以表示，又比如，如果 12 是相邻两个数字，它们可以当作整数“12”而不造成歧义，两个数字才需要 4bit。各种方法不一而足。那么，最少需要多少空间呢？也就是这个问题的下界是多少呢？

在上一个问题中，聪明的读者可能已经找到了答案，在不考虑等价的情况下，有 6 670 903 752 021 072 936 960（6.7×10^{21}）个不同的数独。如果我们使用 k bit 空间，我们最多能表示 2^k 种不同的数独。那么，我们需要的最少空间至少要能够表示出所有这些数独：

$$2^k \geqslant 6.7\times10^{21} \qquad 即\ k > 73，约\ 8\text{byte}$$

我们很好地利用了每一个 bit，好处就是节省空间。一般来说，如果找到这样的编码方案，那么这个编码译码算法的难度会比上面的方案复杂。读者可以继续寻找更加节省空间的编码方案。

扩展问题

如果要编码表示一个不完全的数独（如图 4-21 所示），什么方法比较好？能否写程序实现你的算法？

		7	1	4		8		6
1				8	9		7	2
8					2	3	4	
3		4		1		9	5	7
	1	9	2	3	7	6	8	
7	6	8		5		2		3
	7	2	4					8
9	3		7	6				5
4		5		2	1	7		

图 4-21 一个不完全的数独

4.10 ★ 数字哑谜和回文

人越大越聪明还是越大越笨？最近笔者看了一些小学低年级的"奥数"题目，把脑袋拍痛了，还做不出来，真想列几个二元一次方程，把解求出来——不过小学低年级还没有学方程，所以这个不算；笔者也想干脆写个程序，用蛮力搜索的方法，把答案找出来算了，这个肯定也不是正确的解法。看来我们"大人"依赖于"方程""程序"太多了，脑子变得不灵活了。

下面的问题，可以用小学三年级的方法解决，也可以用初中列方程式的办法解决，还可以用大学的高级编程语言解决。读者有没有兴趣尝试和比较一下各种解法？

1. 神奇的 9 位数。能不能找出符合如下条件的 9 位数：

   这个数包括了 1~9 这 9 个数字；

   这个 9 位数的前 n 位都能被 n 整除，若这个数表示为 $abcdefghi$，则 ab 可以被 2 整除，abc 可以被 3 整除…… $abcdefghi$ 可以被 9 整除。

2. 有这样一个乘法算式：

   人过大佛寺×我=寺佛大过人

这里面每一字都代表着一个数字，并且不同的字代表的数字不同，你能把这些数字都找出来吗？

分析与解法

问题 1 的解法一

假设这个 9 位数是 *abcdefghi*，根据题目要求，每个字符对应一个 1~9 之间的数。习惯写程序的人，可以用嵌套循环（对 $a, b, \cdots, i$ 进行循环，遍历各种可能的组合）来搜索正确的解。

这样的搜索，效率必然很低，因此可以考虑使用剪枝来优化性能。剪枝的概念，跟走迷宫避开死胡同差不多。如果把搜索比作遍历一棵树，那么剪枝就是将树中的一些不能到达解的枝条"剪"掉，以提高算法的性能。

比如在循环到 *b* 等于奇数时，由于 *ab* 必须被 2 整除，因此奇数已经不满足条件了，那就可以不用搜索 *b* 等于奇数的所有 9 位数，而直接对 *b* 加 1。剪枝后程序的效率应该会有大幅度地提高。

问题 1 的解法二

我们还可以试一试用逻辑推理的办法求解这个问题，假设每个字符目前都可以对应 1~9 之间的任何数字：

```
a    1 2 3 4 5 6 7 8 9
b    1 2 3 4 5 6 7 8 9
c    1 2 3 4 5 6 7 8 9
d    1 2 3 4 5 6 7 8 9
e    1 2 3 4 5 6 7 8 9
f    1 2 3 4 5 6 7 8 9
g    1 2 3 4 5 6 7 8 9
h    1 2 3 4 5 6 7 8 9
i    1 2 3 4 5 6 7 8 9
```

我们把"整除"的条件列出来，见下：

```
a 被1整除，任何数都能满足这个条件。a 可以是1~9中的任何数。
ab 被2整除
    b 等于 2 4 6 8
abc 被 3整除
    （a+b+c）被3整除
abcd 被4整除
    d 等于 2 4 6 8
    cd 被4整除
abcde 被 5 整除
    e 等于 5
```

```
abcdef 被 6 整除
    f 等于 2 4 6 8
    （a+b+c+d+e+f）被3整除
abcdefg 被 7 整除
    abcd - efg 能被7整除（考虑到7能整除1001）
abcdefgh 被 8 整除
    h 等于 2 4 6 8
    fgh 能被8整除
abcdefghi 被 9 整除
    （a+b+c+d+e+f+g+h+i）被9整除，肯定成立
```

根据上述的充要条件，可以将各个字母取值范围缩小为

```
a    1 3 7 9
b    2 4 6 8
c    1 3 7 9
d    2 4 6 8
e    5
f    2 4 6 8
g    1 3 7 9
h    2 4 6 8
i    1 3 7 9
```

我们还有下面的条件没有用上：

```
(a+b+c)被3整除
cd 被4整除
(d+e+f)被3整除
abcd - efg 能被7整除 （考虑到7能整除1001）
fgh 能被8整除
```

由于"（d+e+f）被 3 整除"，并且 $e = 5$，所以 $d+f$ 必须是 $3k+1$ 的形式，才能保证整除性。因此我们有下面 4 种可能：

（$d=2, f=8$），（$d=4, f=6$），（$d=6, f=4$），（$d=8, f=2$）

又由于 cd 被 4 整除，$cd = 12, 16, 32, 36, 72, 76, 92, 96$。我们得到：$d = 2$ 或 6，对应地，f 等于 8 或 4。

看其他条件：

```
fgh 能被8整除
fgh = 816, 832, 872, 896, 416, 432, 472, 496
f=8时，d=2，故 h 不能等于2，
f=4时，d=6，故 h 不能等于6
fgh = 816, 896, 432, 472
```

进一步简化的结果，我们得到：

```
a    1 3 7 9
b    4 8
c    1 3 7 9
d    2 6
e    5
f    8 4
g    1 3 7 9
h    6 2
i    1 3 7 9
```

尚未使用的条件有：

"(a+b+c) 被3整除"

"abcd - efg 能被7整除"（考虑到7能整除1001）

这样，我们可以推断出：

```
cd = 12, 16, 32, 36, 72, 76, 92, 96
df = 28, 64
fgh = 816, 896, 432, 472
b = 4或8
b = 4, ac=17, 71
b = 8, ac= 13, 31, 19, 91, 37, 73, 79, 97
h = 6或2
h = 6, g= 1 or 9, gi = 93
h = 2, g= 3 or 7, gi = 31, 37, 73, 79
bdfh = 4286或8642
bdfh = 4286时,
    ac = 17, 71
    gi = 93
    acgi = 1793, 7193
bdfh = 8642时,
    ac= 13, 31, 19, 91, 37, 73, 79, 97
    gi = 31, 37, 73, 79
    acgi = 1379, 3179, 1937, 1973, 9137, 9173, 7931, 9731
```

剩下 10 个组合，需要使用 "$abcd - efg$ 能被 7 整除" 判别。

最后得到的解是：381654729。经历这样的过程得到了答案，会不会比写程序更快呢？

问题 2 的解法

人过大佛寺，寺佛大过人。

真是有趣的回文。我们尝试用 "大人" 的办法来解决（如代码清单 4-4 所示）。

代码清单 4-4

```c
#include <string.h>
int main()
{
    bool flag;
    bool IsUsed[10];
    int number, revert_number, t, v;

    for(number = 0; number < 100000; number++)
    {
        flag = true;
        memset(IsUsed, 0, sizeof(IsUsed));
        t = number;
        revert_number = 0;

        for(int i = 0; i < 5; i++)
        {
            v = t % 10;
            revert_number = revert_number * 10 + v;
            t /= 10;
            if(IsUsed[v])
                flag = false;
            else
                IsUsed[v] = 1;
        }
        if(flag && (revert_number % number == 0))
        {
            v = revert_number / number;
            if(v < 10 && !IsUsed[v])
                printf("%d * %d = %d\n", number, v, revert_number);
        }
    }
    return 0;
}
```

像这样变量太多，可能的解也不少的情况，用程序去处理可能会比较快。但是对于一些有提示的问题，用小学学到的数学知识，加上简单的推理，就可以完成。如果这道题目简化为：

人过大佛寺×4=寺佛大过人

也许你在纸上写写画画 5 分钟就可以搞定。

而同样的 5 分钟时间，刚够你启动电脑，登录用户，打开最新最强有力的编程集成环境（例如 Visual Studio 2008 IDE），运用"项目向导（Project Wizard）"，回答了若干问题后，得到了一个空的 C++ 控制台项目。

我们太依赖电脑，也许正因为我们懒得思考。

扩展问题

问题 1

上面的"人过大佛寺 × 我 = 寺佛大过人"等式，这种带有"回文"特性的对称的美，让人愉悦。"回文"在中国传统文学中有不少有趣的故事。苏东坡写过一首回文诗：

> 潮随暗浪雪山倾，远浦渔舟钓月明。
>
> 桥对寺门松径小，槛当泉眼石波清。
>
> 迢迢绿树江天晓，霭霭红霞晚日晴。
>
> 遥望四边云接水，碧峰千点数鸥轻。

这首诗，顺着读下来，读者仿佛看到了从月夜景色到江天破晓的画面。而反过来读，就变成了：

> 轻鸥数点千峰碧，水接云边四望遥。
>
> 晴日晚霞红霭霭，晓天江树绿迢迢。
>
> 清波石眼泉当槛，小径松门寺对桥。
>
> 明月钓舟渔浦远，倾山雪浪暗随潮。

仿佛是一幅从黎明晓日，到渔舟唱晚的画卷。

回文修辞在英语中也有，比如，"Able was I ere I saw Elba"，这句话形式上对称了，但意境上似乎不能和上面提到的中文回文同日而语。

与回文诗对应的回文数，也有着严格的对称美，不论是从左向右顺读，还是从右向左倒读，结果都是一样的，例如：323、4554 都是回文数。

在两位数中，回文数有 11, 22, 33, …, 99；在三位数中，有 111, 121, 131, …, 222, …那么，N 位回文数的个数总共有多少呢？数字回文难言意境，但是也许可以在数量上取胜？[1]

---

1 刘炯朗教授曾于 2007 年 4 月份在微软亚洲研究院做了一次精彩的演讲——"数与诗的后现代对话"，其中提到回文诗及各种数与诗的有趣故事，详情参见 www.msra.cn 网站。

问题 2

这本书的作者全部是男士，但事实上微软公司里有不少优秀的女员工和女实习生。她们不仅是"半边天"，而且往往发挥着"一个顶俩"的作用。下面一道题目就是作者们献给女员工的：

$$(he)^2 = she$$

"他"的平方等于"她"，读者们能把 h、e、s，代表的数字找出来么？

问题 2 的推广：大家一般都"假定"（assume）我们说的数字是十进制，很多创意都被一些"假定"给限制住了。如果不是十进制，那么我们上面的各个等式还有解吗？试试看，也许解法更精彩。

4.11 ★★★ 挖雷游戏的概率

让我们再回到挖雷（Minesweeper）游戏，游戏开始时用户的第一次点击点并不会碰到任何地雷，程序在此之后才开始随机放置地雷。第二次点击的时候就要小心了，可能一下就"遇雷身亡"了。

我们看一个例子，在 16×16 的地雷阵中，有 40 个地雷。用户点击了两下，出现如图 4-22 的局面。我们分析图中的这一个局部（如图 4-23 所示）。

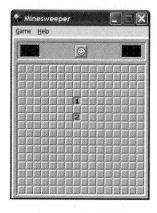

图 4-22 挖雷游戏

图 4-23 挖雷的游戏局部

问题 1：当这个游戏有 40 个地雷没有被发现的时候，A、B、C 三个方块有地雷的概率（$P(A)$，$P(B)$，$P(C)$）各是多少？

问题 2：这个游戏局面一共有 16×16 = 256 个方块，$P(A)$、$P(B)$、$P(C)$ 的相互大小关系和当前局面中地雷的总数有什么联系吗？比如，当地雷总数从 10 个逐渐变化到 240 个，$P(A)$、$P(B)$ 和 $P(C)$ 的三条曲线是如何变化的[1]？它们会不会相交？◆◆◆

---

[1] 面试者经常碰到应聘者号称自己精通 MATLAB，这道题目可以让 MATLAB 高手显示一下自己的风采。

索 引

INDEX

创作后记

邹欣

现任微软亚洲研究院技术创新组研发主管。他从 1996 年至 2003 年在微软 Outlook 产品团队从事开发工作，2003 年至 2005 年，在微软 Visual Studio Team System 产品团队负责软件质量管理工具的开发。加入微软前，邹欣从事过商用 Unix 系统、GPS/GIS 软件开发以及软件测试工作。他在 2007 年出版了《移山之道——VSTS 软件开发指南》一书。他于 1991 年获北京大学计算机软件专业学士学位。1996 年获美国 Wayne State University（韦恩州立大学）计算机软件专业硕士学位。

2008 年春节长假的最后一天晚上，我把最后一批修改过的稿子通过电子邮件发给了编辑们，当时觉得心情非常轻松——终于 RTM（Release To Manufacturer）了。

除了对其他作者、审阅者、编辑们的再次感谢，我不想多说什么，倒是想贴一幅图展示这一本书的创作过程，图中的两条曲线，一条是我和其他作者交流的 E-mail 数量；另一条则是我和编辑们就这本书交流的 E-mail 通信数量[1]。

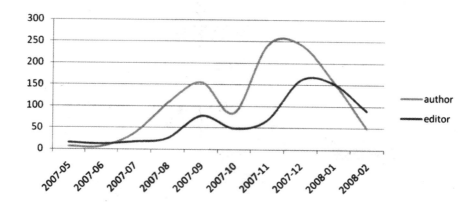

---

1 还有一条曲线是我们在 Team Foundation Server 上修改的次数，但是线太多了觉得不美。这两条足以说明问题。

谚语说，画意能达万言，不同的人有不同的一千句话来解读这些曲线。我只想说明一下为什么曲线在 2007 年 10 月左右会有大幅度的下降。一个原因是，那时候，我们写了不少题目，自己觉得该写的都写了，但是题目中很难看出来"美"，大家得喘口气，从审美疲劳中恢复过来，不能一味去 Drive。另一个原因是，编辑们也看出来书稿的质量并不像原来想象的那么好，有人建议干脆去掉"美"，封面直书"面试心得"或"我是如何打入微软的"即可——市面上质量一般的面试书也卖得很好，我们不如也乘势赚一笔算了。我们原定 11 月份出版，如果这时，大家扛不住，稀里糊涂出了书，我想这一定不是一件美事。这的确是项目比较黑暗的时期，后来责任编辑之一也离开了。

后来呢？从图上可以看出来，我们经过 10 月份的喘息后，增加了人手，奔向了一个新的里程碑（milestone），大家针对一些难题紧咬不放，从办公桌讨论到餐桌上；砍掉一些不够"美"的题目；请了三位同事给我们专门挑错；我的"drive"也升级到"hard drive"——以请吃午饭为名，和每一位作者逐句复审，如果 E-mail 没有回复，就打电话……

当年背诵的古文里有"骐骥一跃，不能十步，驽马十驾，功在不舍"这样的话，也许开始大家都自以为是骐骥，蹦蹦跳跳，搜罗一些题目，辅以伪代码，并掺杂若干幽默，就大功告成。没想到后来才发现我们都是一群驽马，一匹马蹦跶不出什么名堂，要团结协作，长途跋涉，中途还要歇息几次，方能到达目的地。成功关键在于"功在不舍"这一句话。

软件开发有一个阶段很少有人提及，叫"death march"。就像军队攻城，一队队士兵冒着炮火出击，伤亡无数，但是敌人还是那么强大，火力看似依旧那么猛，但是焦头烂额的指挥官还是下令新的士兵继续出发，开始新的 march。在软件开发中，这个阶段就是你每天都加班写程序，改 bug，但是 bug 不见少，第二天，第三天，下一周，下一个月……还是这样。经过"death march"，最后，有些军队破城而入；最后，有些软件成功发布；最后，有的书出版了。

这书到底怎么样，还得读者说了算——我相信群众。

刘铁锋

湖北仙桃人，2006 年毕业于华中科技大学机械科学学院，获工业工程硕士学位。现就职于微软亚洲研究院搜索技术中心，从事搜索引擎软件开发工作。他醉心技术，以抽丝剥茧、揪出问题为平生快事。工作之余，以读书为乐，然杂而不精。相信天道酬勤，笨鸟唯有先飞。

实在很难相信，我这个不容易坚持做完且做好一件事情的人，竟然花了近一年的时间和大家一起创作出了一本书。

历经重重修改、审阅，这本《编程之美——微软技术面试心得》的编写已经接近了尾声。

这一年的时间，也正是我到微软工作的第一年，刚刚经历了从一个求职者、软件工程师到面试者的角色转变。而这个过程，也伴随了整本书的出版过程。

作为一个曾经的求职者，当时自己能够做的，就是搜集和整理在网络上搜刮到的所有题目。算法题、智力题及各种面经。把各种题目做到让自己条件反射为止。而这本书的创作过程之初，也同样如此。把自己经历过的、网络上看到的、同事们讨论过的题目统统都拿过来，进行分类和研究，作为撰写书籍的原材料。虽然美中不足的是有些题目的分类略微牵强，但是，从分类的结果来看，也基本上代表了微软面试会经常探测求职者的几个方面：Problem Solving、Coding Skills、Algorithm Analysis Skills。

而作为一个软件工程师，编写程序是本职工作。每个新人必受的打击，就是 Code Review。在这个 Review 的过程中，你能够体会到多年的编程经验表现在什么地方。你会发现 Review 之后，就算是短短的几十行代码可能会一行都不能用。的确如此，在你的产品发布出去之后，希望它能够稳定使用，不出任何问题（当然，这是理想情况）。你会发现需要考虑的，实在有太多的问题。

在完成了第一个项目之后，回过头来再看看同事们的解答，以及中间附上的代码，就能够清楚地从自己写的代码中看出编程的功力。通过自己的工程实践、思考同事们在 Code Review 过程中对代码提出的种种质疑，以及处理种种程序在实际运行中碰到的问题，我也积累了更多的思考，并且更加了解应该通过题目给读者传递怎样的信息。

而当自己开始面试求职者的时候，也有更多的收获。在面试的高峰期，一周之内大概会有 3 个电话面试，3 个 On Site 面试。在 HR 统计的结果中，我手上的通过率不到 20%。在面试的过程中，我也会直接拿书稿中的题目来挑战面试者，希望能够看到有精彩的解法。同时，也是对题目的一个有益的补充。然而，怎样的面试题目才能挑选出一个合格的软件工程师？反过来，换到读者的角度，这个问题应该是，微软到底会出怎样的题目来甄别求职者？

以我个人的经验来看，分析问题的方法更加重要。这也是本书努力想传达给读者的重要信息。

从分析的套路上来说，作者们也都是通过先提供一个简单的方法，然后试图找出一个更好的办法，这样不断地挑战自己的智力来分析题目。

而这个过程，也正是面试者和求职者的互动过程。这种套路也是通过解每一道题目教会读者如何分析问题的一个套路。

正所谓"无招胜有招""万变不离其宗"。题目只是一个表象，面试的过程中希望看到的是求职者真正的实力。

所以，也真心盼望读者能够在阅读本书的过程中，体会到面试者到底想通过题目考察出哪些方面的能力。

在本书的创作过程中，我从邹欣老师身上学到了不少东西。他也让我明白了一个道理：不怕慢，就怕站。方向确定后，只要天天有行动，最终一定能够有结果。计划一定是要以执行为依托的。

限于作者们的水平，每一道题目的解答绝非尽善尽美，甚至还会有潜在的 bug。也切盼能够得到读者的反馈。

莫瑜

2006 年毕业于中山大学计算机科学系，获硕士学位。他热爱编程，曾多次参加 ACM 程序比赛，现为微软亚洲研究院搜索技术中心软件开发工程师。

转眼一年过去了，《编程之美——微软技术面试心得》就要出版了。

回想大家一起合作的日子，我自己学到了很多东西。当初，看到邹欣老师的倡议，觉得创作这样的一本书还是挺有意义的，并且抱着跟其他优秀同事学习的想法，有幸成为了一位"作者"。其实，我觉得把我的名字挂在书上，有点尸位素餐的感觉，在编写《编程之美——微软技术面试心得》的过程中，我贡献甚微。相反，伴随着我从学生到软件开发工程师的角色转变，其他作者无形中给我上了一堂课。

最开始，我们收集题目，大家一起讨论改进各个问题的解法，然后去掉一些面试时并不合适的问题，手头也有了不少草稿。我一度认为，一切进展得都很"顺利"，应该很快就"大功告成"了。但很快地，我发现这些草稿离"书"的要求还很远。后来，事实也证明后面的工作才是最重要的。其实我是一个不太会表达的人，写作文对我来说从来都是一件头痛的事情（写这篇文章的时候也不例外）。刚开始，我总是三言两语就写完自己的想法，有时甚至是不成熟的想法，然后就以为差不多了。相反，其他同事在这方面就做得很好，更懂得如何去把一个问题描述清楚，写得有条理、通俗易懂。如何进行版本维护？如何保证写作风格尽可能地统一？如何把一件看似简单的事情做好？这些问题，我压根就没有考虑过。

类似地，在软件开发方面，可能也有不少跟我一样的微软新员工，觉得自己大大小小的程序也写了一些，软件开发也就是写写几行程序，没太大问题。以前自己写程序的时候，可以随意地按自己喜欢的方式做，不会考虑变量名的命名，也不用考虑函数的接口，反正整个程序都在自己心里。这就有点像是我们自己随意记录的草稿和笔记，也只是给自己看，不考虑会有其他人阅读。因为这草稿和笔记别人根本看不明白。这样想来，做软件开发和写一本书还真是有很多相似之处。写书，希望相关的读者能读懂；而写软件也希望能让用户用得明白。一个团队合作开发软件，就像一伙人一起写一本书。因为你的代码需要维护，因为多人合作开发，而不是"单兵作战"，如何设计和定义模块接口，管理维护代码？我们再也难以做到整个程序都在自己的掌控之中。还有，如何写可靠安全的代码呢⋯⋯这些是软件开发中经常碰到的问题，也是面试时应聘者容易忽略的问题。

当年，我在微软面试的时候，曾碰到一个问题：完成下面归并排序函数，将有序数组 arrX 和 arrY 归并排序的结果存到 arrZ 数组中。

```
Bool MergeSort（int* arrX, int nX, int* arrY, int nY, int*arrZ, int nZ）
```

在面试房间的白板上，我很快就把整个程序写完了，然后开始想后面有些什么难题呢？但面试者简单的几句话就让我无言以对——"你有没有考虑数组指针 arrX 和 arrY 是否为空？它们的分配空间是否可能重叠？"那时，我还认为这些太苛刻了吧。

但在实际软件开发的时候，若略忽了这些细节，可能会带来潜在的 bug。以前，我觉得一个出错的可能性为百万分之一的程序尚可忍受，但在类似搜索引擎这种每天被大量用户使用的软件系统上，这样的错误却是无法容忍的。

对我个人来说，参与创作《编程之美——微软技术面试心得》，给了我与其他同事合作及一起学习的机会。虽然读者们不能像我一样亲历写书过程受到启发，但相信读者们也可以从书中或难或易的问题里得到一些启发。一本书的出版，就像一个新的软件系统的发布和上线。出版（发布）前的心情总是很复杂，既兴奋却多少也有些担心。兴奋，是因为我们的努力可能会带给读者帮助，希望大家能从中得到一些启发，即使在面试的时候并不一定会碰到这些具体的问题；担心，当然是害怕由于我们的疏忽，时间和水平的有限而存在潜在的 bug，希望读者们多指正。

李东

重庆大学计算机学院研究生，微软亚洲研究院实习生。

他来自闽东屏南县路下乡方圆村，喜爱足球，认为足球与编程都是富有激情的。他在写书之余，参加了七个公司的面试，有五个公司向他发出了邀请，目前他正在考虑中。

2008 年春，我们创作的《编程之美——微软技术面试心得》即将出版了！

回想《编程之美——微软技术面试心得》的诞生和成长，感慨颇多。应该是在 2007 年 4 月的某一天，与邹老师一起吃饭的时候，就听邹老师说想编写一本关于编程算法方面的书。其实在此之前，邹老师隔三差五就会发些算法题 Challenge 我们全体 TTG 的 Intem，大家的热情也很高涨，其中有道控制 CPU 占用率曲线的题，据说邹老师用此题"干掉了"不少人。有实习生经过努力，用几行程序就画出了很平滑、很美的正弦曲线。

几天后，邹老师发信问我和张晓是否愿意加入创作小组，我大喜，生平第一次能搭上写书的边，而且秋季就要找工作了，应该很能锻炼自己，于是欣然答应。小组很快成立起来了，铁锋负责收集题目，莫瑜负责解题，张晓、陈远和我负责 Review 莫瑜解的题。邹老师则负责统筹全局。后来梁举、胡睿相继加入创作小组，随着书稿越来越厚，参与的人也越来越多，包括研究院的众多研究员和博文视点编辑部的众位老师。这里不再一一列出，详见此书致谢。

以前总觉得只要是个人他就能够写书，但从来没有想到过创作一本书这么难。众位作者绝不想让这本书成为一本习题集，我们尽自己最大的努力，去努力呈现编程和算法世界中的美。在创作过程中，我们采用微软敏捷开发和 TFS（Team Foundation Server）来管理文档和进度。每一个题都作为一个独立的工作项（Task）存在。打开每一个工作项，你都会发现，其中都有 10 多个文档，每一个文档都是一次更新后的版本，也就是说，每一个题都经过众多作者的 10 多次迭代编写而来。而高霖作为本书的装帧设计师（Designer），为本书设计了全套的封面、封底和众多插图，而这些画也都是在被大家

"枪毙"了 N 次（N＞=10）之后才最终定稿。该书凝聚了大家多少的心血，由此可见一斑，在编写的后期，邹老师和铁锋等人继续带领着我们对文稿进行字斟句酌的修改，不轻易放过任何一个有瑕疵的地方。

我有幸成为本书的创作者之一，其实我也是本书的受益者之一。我今年研三，正如前面所提，投入了 2007 年秋季的招聘大军，正是编写《编程之美——微软技术面试心得》，为我在激烈的竞争中取胜增添了很重要的筹码，今年 7 月我将前往微软上海 Windows Live Mobile 就职，担任的职位是 SDET。本书的作者中，不乏像莫瑜这样的 ACM 大牛，我常常直接杀到他的位置上与他讨论问题，正是由于有着众多作者激烈的讨论，才常常有令人拍案的想法迸出，而我在这一过程中也学习到了很多知识。在去年秋季的应聘过程中，我常常会被问到《编程之美——微软技术面试心得》中的题目，可能有人说，那就是你运气好了，但我在这里绝不是说大家将看到一本面试秘籍，或者说大家把这里面的题都背下来就万事大吉了。其实即使我在被问到书中的题目时，都会很坦诚地告诉面试官，这个题我做过。我想说的是，《编程之美——微软技术面试心得》希望呈现给读者的是解题的思路和过程，也就是说，当你遇到一个问题时，该如何去分析和解决问题，这才是本书努力想与读者分享的地方。也只有懂得了如何分析问题和如何解决问题，才能够真正体会到编程和算法的美。希望读者在阅读本书的时候，能够抱着一颗寻找美的心，先自己独立思考每一个题目的解法，再阅读书中的思路和解法，比较自己的思路和书中思路的差异，努力从中掌握分析问题和解决问题的方法。最后，我想告诉大家，近期，微软亚洲研究院将每周在官方网站上连载《编程之美——微软技术面试心得》中的题目，欢迎大家到网站上参与题目的讨论和解答，也希望《编程之美——微软技术面试心得》能够将美的享受带给每一位读者，谢谢。

张晓

清华大学高等研究所博士生，微软亚洲研究院实习生。他在天津度过了 18 年快乐的时光，又在清华电子系学习了 4 年。本科期间，参加过不少科技活动，虽然没有多少拿得出手的成绩，但一直在努力。他在一群喜欢计算机、热爱编程的同学们和老师的熏陶下，对计算机技术产生了浓厚的兴趣，并在本科毕业时决定来到微软亚洲研究院实习，投身于软件行业。张晓在工作之余，喜欢阅读高科技企业家的传记，梦想以技术服务社会，让高质量、个性化的信息触手可及。

《编程之美——微软技术面试心得》创作组的正式成立是 2007 年 6 月初，但其实我和本书的缘分在 4 月份就已经开始了。

那时我刚到 IEG 组实习，有一天收到了邹老师的邮件，说是为了提高 IEG 实习生的编程能力，让我们解一个编程的趣味题，解得好有奖励。从这天起，邹老师就经常给我们发类似的编程题目。这些题目有些本身就很有意思，比如与下棋、游戏有关的。有些问题还包括很多扩展问题，由浅入深，越到后面问题越有挑战性。在那段时间里如果你看到希格玛大厦四层西南区有几个人围着几张纸坐在一起作冥思苦想状，那多半就是在想这些题的解法。我也经常会在宿舍"卧谈"时跟室友聊这些题目，室友们也很感兴趣。每次和公司同事或室友讨论，总能让我领悟一些新的东西。这些题目就是《编程之美——微软技术面试心得》的前身。

到了 6 月初的时候，《编程之美——微软技术面试心得》创作组就正式成立了。我被分配的任务是理解牛人给出的解法，并用易于理解的语言叙述出来。这个任务让我有两方面的收获，一方面书中的问题很多都有一定的难度，牛人给出的解法虽然简短但并不很直观，但一旦理解这些算法的内涵就往往能够让我对编程有新的认识。另一方面，用读者易于理解的语言描述技术问题也不容易，这也锻炼了我的写作能力。

为了管理写作的进度和保存历史数据，我们还在邹老师的主持之下设立了有"微软特色"的沟通机制。那就是在 Visual Studio Team Suite（VSTS）上把所有计划要写的题目做成

Work Item，给每个 Work Item 设置 3 种状态：Active、Peer Review 和 Editor Review。每一道题最开始都处于 Active 状态，在经过答案的产生和润色之后进入 Peer Review 阶段。在这个阶段，会有其他作者来检查这道题目的解答中是否存在漏洞。如果该答案在 Peer Review 中出现过多问题，会被退回给原作者，并重新设置为 Active 状态；如果通过，则会设置成 Editor Review 的状态，也就是送交编辑们编辑校对了。到了本书创作的后期，可以看到每一道题对应的 Item 下都有很多的附件，最初的版本、改过一遍的版本、改过第二遍的版本……而每一篇文档中都会有很多 Comment，从格式到内容，从语言到算法，密密麻麻地布满了整个文档。甚至于可以看到在一篇文档的某一处有多种颜色的 Comment，那是几位作者在为一种解法而辩论。

在 VSTS 上"文斗"不过瘾的时候，作者们也会相约去"武斗"。武斗的场所一般是冰箱旁或者鱼缸边，武器限于牙齿和纸笔，武斗的结果一般是武斗双方都对问题认识得更深了，而且有时一些新的 idea 也会在"武斗"中产生。我建议读者在阅读本书时，多和周围的朋友动嘴动笔切磋讨论。

另外，虽然书中的题目比较多，而且从题目上来看也没有什么联系。但是在我接触了一定数量的题目之后，发现它们之间在解法上还是有很多内在联系的。比如变量的设置、对数组的遍历方式，等等。希望读者在阅读时，能把不同题目之间的解法联系起来思考，这样更有可能抓住问题的本质。

梁举

2007 年毕业于北京大学考古文博学院，获得文物保护专业历史学学士及计算机软件专业理学学士学位（双学位），目前在微软亚洲研究院搜索技术中心从事开发工作。

在很久以后才意识到 BOP 原来是"Beauty of Programming"的缩写——在我设置了 outlook 里 bop puzzle 目录接收 bop 组的邮件很久以后。

BOP，《编程之美——微软技术面试心得》，虽然标着"面试心得"有些落俗，但或许会让更多的人在看到副书名时受到较强的阅读刺激（我是倾向于"编程之美"这一书名的）。

接触 BOP 于 2007 年 8 月——来微软入职一个月后。而大约在一年前，我还在为找工作做准备：写简历，在网上看笔试面试题，也包括面经，似乎也在图书馆的新阅览室里读过一本简历/面试相关的书（后来也证明，这些确有帮助）。

2007 年 7 月入职，然后是很多的 Training。邹欣是其中一个 Engineering Training 的 Coach。一次，他在邮件中给了一个有趣的 Stone Quiz，而我给了一个数学解，就幸运地来到 BOP 创作小组了。

当时 BOP 的题库都基本定了，初步的解答也有。接下来须要做的是 Review，包括解法的验证、给出新的算法、文字语言润饰、代码规范、标点符号、字体大小颜色等。题目的状态从 Active（待修阅）到 Peer Review（我们修阅后）到 Editor Review（出版社修阅后）再到 Active，如此多轮往返，直到大家都满意。这本书不在我们的 Commitment 之内，没有分配常规的工作时间，所以很多的时候大家会用周末开会，或者晚上在中餐馆小聚，谈下各自的进度，或者中午在日餐馆，一起 Review 一组题目。在这个过程中，也很是享受，能分享到别人算法的美妙，自己也会在细节处求精（后来因为项目很紧，没有更多的投入，有很多歉意）。

在以往的面试中，我多次被问到，为什么选择计算机。源于兴趣——而这又多是缘于数学。虽然大概小学就喜爱数学的，但真正窥见数学其美是在高中图书馆的书堆里读了《趣味数论》，书里也列举了很多有趣的数论题目，并用通俗简单的语言从多个角度给出了优美的解答。很多年过去了，后来虽没有学数学专业，却仍是记得那本书，以致即使对于学文的人，我也会推荐他们读这本关于数论的书。

现在，对于学计算机的年轻人，我也会向他们推荐《编程之美——微软技术面试心得》，对于非学计算机的年轻人，我也会推荐《编程之美——微软技术面试心得》，相信书中用通俗简单的语言解说的优美思想也会吸引他们的兴趣，让他们受益。

希望《编程之美——微软技术面试心得》能让更多的人进入程序世界，感受这个世界中引人入胜的美。

胡睿

浙江人。2006 年毕业于清华大学自动化系，获工学
硕士学位。现就职于微软亚洲研究院搜索技术中心，
从事多媒体搜索研发工作。他很喜欢的一段关于青春
的论述是：

"Youth is not a time of life; it is a state of mind; it is
not a matter of rosy cheeks, red lips and supple kness; it
is a matter of the will, a quality of the imagination, a
vigor of the emotions; it is the freshness of the deep
springs of life."

很久以前就听说邹欣老师要出一本微软亚洲研究院关于编程艺术的书，但是自己很晚才
加入到这个人才济济的编写团队中来，也因此错过了许多的故事。究其原因，大概有两
条：一是因为邹欣老师当年是自己的面试者，而且当年他给我出的第二道题目我当时并
没有给出很好的结果，想起这个，心里总是有些忐忑；二是自认为对于编程的认识并不
能说有多么深刻精辟，自己和印象中的那种大师风范好像还相差非常远，怕在众多的武
林高手面前献丑丢脸。因此也就犹豫到今年 9 月份才真正加入这个队伍做一点事情，
"Better later than never"，后来发现，能够有幸加入到这样一个团队做这么一件有意义
的事情，机会实在很难得。

自认为不是程序设计天才，但对于那些传奇的程序设计大师境界，"虽不能至，心向往
之"。自己看过不少关于计算机和程序设计方面的书籍，面试过一些程序员，也在实际
的工作中遇到过很多的编程问题，对于程序设计有了自己的一些体会。程序设计其实本
质上是一个知识和能力综合应用的过程。要编写出好的程序来，基础知识很重要，如果
基本的数据结构和经典的算法都不知道，很难编出很好的程序来；但是当你有了一定的
基础，基本了解了常用的数据结构和算法以后，想象力和思维方式就更为关键，正如爱
因斯坦所说："想象力比知识更重要"。知道什么时候在什么样的问题上采用什么样的
算法和数据结构，非常不容易；如果还能够将一些常用的算法和数据结构针对特定的问
题做一些优化和修改，甚至创造出一些新的数据结构和算法，就更为难得。

计算机方面的书籍很多，讲述基本算法和常用数据结构的书也不少，《编程之美——微

软技术面试心得》的创作思想和一般的编程书籍不大一样，全书并不是给大家讲解一些计算机和程序设计的理论知识，而是通过分析讲解实际生活中的一些问题，来启迪大家的思路，让大家体会程序设计的思维方式。这本书的独特之处就在于，它更强调的是描述程序设计的思维方式，分析的是将实际问题抽象为计算机程序设计问题，并找到最优算法的过程，并且花了很多精力来比较各个算法的优劣，并分析各个算法的复杂度。

参与创作这本书，通过和邹欣老师以及其他作者之间的交流和讨论，我接触到了很多以前从未碰到的新奇问题，学到了很多精巧的解法，更重要的是，开阔了自己的思路，也认识到了程序设计科学和艺术的博大精深，需要用一辈子去学习、提高。我希望，读者朋友们也能通过这本书得到自己的收获。

陈远

西北工业大学计算机系研究生，微软亚洲研究院实习生。

他自认为性善讷言，敏于思而疏于行，天性乐观，兴趣甚广，喜怒易形于色。少尝立志博览群书，通晓万术。奈何天资愚钝，虽勤奋有余，然灵巧不足，岁月蹉跎，终仅习得一长技在身，曰："专业做网站"，遂以此技为安身立命之本。他热衷技术，善举一反三，学以致用，以追求极致卓越为己任，坚信编程与生活一样，都是严肃而富有艺术性的。

我应该算是最早知道将要编写《编程之美——微软技术面试心得》这本书的几个人之一。那时邹欣老师正在对《移山之道——VSTS 开发指南》进行最后的润色，而我还在学校里上研究生课程，生平第一次接受正统的计算机专业教育。当邹老师问我要不要参与编写时，作为一名自诩的"文学青年"而不是"计算机高手"，我毫不犹豫地答应了。

我本科读的是航空学院，在大二时闲得无聊抱着玩的心态才开始自学编程，凭着热情和兴趣就一头扎了进来。但是，我心里一直有种隐隐的痛，我可以熟练使用 ASP.NET、AJAX 很快地做出一个网站来，却对一些基本的数据结构、算法一知半解。唯一一次认真去读《数据结构》那本书还是保研机试前一夜临时抱佛脚，通宵看了排序、树、图之类常考的重点。虽然最后考出来成绩不错，但自己斤两多少，自己最清楚。所以实际上我对许多公司偏重算法的面试一直以来都抱有一种畏惧感和神秘感，而且非常仰慕那些受过 ACM、ICPC 训练的同学，尤其是那些能很快分析出问题复杂度的人。

但是毕竟我不是科班出身，而且只在学校里面做过一些简单的网站项目，这让我在很长一段时间里都抱有一种误解，即认为工程能力和算法解题能力是不相干的两回事，佐证就在于有些人可以很轻松地解出一些算法题却无法用 C#写一个真正可用的软件；而像我一样的人可以轻车熟路写出一个"看上去很美"的 CMS 系统，但面对一些课本上的算法题时却手足无措。而且更要命的在于，简单的网站做多了，我逐渐认为做工程不需要所谓的算法，算法好只能让人拿到更高的课程分数或者竞赛奖项，而在计算机科学这一非常讲究实践的领域中，只有良好的工程能力才有办法真正实现某个项目。于是，在很长一段时间里，我对那些能通过解出很难的算法题拿到很好的 offer 的人都嗤之以鼻，并对那些公司的招聘标准感到疑惑不解——明明是我更能干活，实践经验和能力上更强，凭什么不要我而是他们呢？

我觉得我最大的幸运在于，随后的一些经历让我很快走出了这个误区。在本科的最后一个学期，我幸运地获得了一个前往微软亚洲研究院实习的机会（面试时考了我一道智力题而不是算法题）。在实习过程中，我才"真正"地做了一个软件项目，并且通过和其他实习生的交流，"耳濡目染"地看到了许多现实中的研究性软件的开发过程，这些经历带给了我许多前所未有的体验。在现实的软件开发中你会看到各种形式各异的需求，比如在一定数量的帖子中找出发帖最多的"水王"，在这之前我开发过的网站最多也不过几千条记录，所以我即使用最简单的遍历也能很快实现这一功能，但是当你面对的是十万甚至百万级别的现实数据时，问题就从最基本的"实现"变成了"更快更高效地实现"了！令我汗颜的是，我往往只能用效率最低的复杂度实现类似的功能，而如何更优雅更高效地实现它，常常感到力不从心。

这些经历让我逐渐意识到，我所沾沾自喜的工程实践能力实际上是一种"实现"的能力，而在解决现实世界的实际问题时，更需要的是一种"优美的实现"，因为只有在可接受的时间或空间约束条件下的实现才是真正能解决问题的答案。而如何找到所谓的"优美的实现"，一个人的算法能力在这里就起到了决定性的作用。算法实际上是对现实问题的抽象，因为现实问题是复杂的，我们可以把它抽象成模型。寻找合适的数据结构表示问题模型，并通过分析，寻找到对应的解决算法，这种抽丝剥茧的思维方式将会使得开发者事半功倍。那句著名的"软件=算法+数据结构"并非空穴来风，我也从这些经历中逐渐理解了微软等公司的招聘标准实际上没有错，因为他们需要的是能真正通过分析来解决实际问题的人。如果把工程实践能力比作一辆车的轮子，那只能说明这辆车具有了移动的能力，而让这辆车能又快又稳地运行，则需要算法分析能力这台强劲的发动机驱动，这两种能力是相辅相成的。

我觉得自己更大的幸运在于，逐渐明白了这些道理后，参与创作了《编程之美——微软技术面试心得》这本书。编书的过程也是我自己动手解里面一道道有趣题目的过程，期间我对一个个优美、巧妙的解法拍案叫绝，在遇到难题或想不通的时候，就通过与其他编者一起讨论解决，这些经历都让我不断体会到"解法之美"和"问题之美"。《编程之美——微软技术面试心得》里的许多题目实际上都来源于现实项目中所遇到的具体问题，它们或是实际问题的简化，或是改头换面以其他有趣的场景表示出来。但是万变不离其宗，通过把问题抽象化，并运用算法分析寻找解决方案将是解题的利器。这种思考方式也是我们希望通过本书传递给读者们的。祝大家能在阅读的过程中体会到"美"的无处不在。◆